广义 Birkhoff 系统动力学

梅凤翔 著

科学出版社

北京

内 容 简 介

本书全面系统地论述广义 Birkhoff 系统动力学，包括 Birkhoff 系统动力学、广义 Pfaff-Birkhoff 原理和广义 Birkhoff 方程、广义 Birkhoff 系统的积分方法（I~IV）、二阶自治广义 Birkhoff 系统的定性理论、广义 Birkhoff 系统动力学逆向题、广义 Birkhoff 系统的运动稳定性等。

本书可作为高等学校力学、数学、物理学，以及工程专业高年级本科生和研究生的教学参考书，亦可供有关教师、科技工作者参考。

图书在版编目(CIP)数据

广义 Birkhoff 系统动力学/梅凤翔著. —北京：科学出版社，2013
ISBN 978-7-03-036858-4

I. ①广… II. ①梅… III. ①系统动态学–研究 IV. ①N941.3

中国版本图书馆 CIP 数据核字(2013) 第 040030 号

责任编辑：刘信力／责任校对：朱光兰
责任印制：张 伟／封面设计：陈 敬

科 学 出 版 社 出版
北京东黄城根北街 16 号
邮政编码：100717
http://www.sciencep.com

北京京华虎彩印刷有限公司 印刷
科学出版社发行 各地新华书店经销
*
2013 年 4 月第 一 版 开本：B5 (720×1000)
2018 年 6 月第二次印刷 印张：13 3/4
字数：262 000

定价：98.00 元
(如有印装质量问题，我社负责调换)

前　　言

1927 年美国数学家 Birkhoff (1884~1944) 出版名著《动力系统》, 书中提出一类新型积分变分原理和一类新型运动微分方程. 美国强子物理学家 Santilli 将 Birkhoff 的结果推广到它包含时间的情形, 并于 1978 年提出 Birkhoff 力学一词. Birkhoff 力学是量子力学出现之后经典力学的新发展.

1993 年作者在《中国科学》上发表文章《Birkhoff 系统的 Noether 理论》, 在研究 Pfaff 作用量在群的无限小变换下的广义准不变性时, 使 Birkhoff 方程出现了附加项, 并称之为广义 Birkhoff 方程. 2007 年作者与合作者在《北京理工大学学报》上发表文章《广义 Birkhoff 系统动力学的基本框架》, 将 Pfaff-Birkhoff 原理加以推广, 并由此推导出了广义 Birkhoff 方程. 以广义 Pfaff-Birkhoff 原理和广义 Birkhoff 方程为基础, 研究广义 Birkhoff 系统的各类动力学问题, 就组成了本书的内容. 本书采用传统的分析力学研究方法, 提出基本原理, 由原理导出运动微分方程, 研究方程本身和积分方法以及各种应用.

全书共分 9 章. 第 1 章 Birkhoff 系统动力学, 包括 Birkhoff 方程和 Pfaff-Birkhoff 原理、完整力学系统和非完整力学系统的 Birkhoff 动力学、Birkhoff 系统的积分理论、Birkhoff 系统动力学逆问题、Birkhoff 系统的运动稳定性, 以及 Birkhoff 系统的代数和几何描述等, 该章为后续章节的基础. 第 2 章广义 Pfaff-Birkhoff 原理和广义 Birkhoff 方程, 包括 Pfaff-Birkhoff 原理的推广. 广义 Birkhoff 方程的导出、广义 Birkhoff 系统的两类积分及降阶法、系统的时间积分定理、系统的随机响应, 以及系统与梯度系统的关系等, 该章为全书的基础. 第 3 章 ～ 第 6 章为广义 Birkhoff 系统的各种积分方法, 包括 Poisson 方法、对称性方法、积分不变量、场方法、势积分方法、Jacobi 最终乘子法等. 第 7 章二阶自治广义 Birkhoff 系统的定性理论, 包括奇点类型、稳定流形、不稳定流形等. 第 8 章广义 Birkhoff 系统动力学逆问题, 包括方程的组建、方程的修改、方程的封闭等. 第 9 章广义 Birkhoff 系统的运动稳定性, 包括平衡稳定性、相对部分变量的稳定性、平衡状态流形的稳定性、运动稳定性, 以及梯度表示的稳定性等.

作者感谢国家自然科学基金 (批准号 10772025, 10932002) 以及北京市一般力学和力学基础重点学科基金的资助, 感谢北京理工大学力学系和数学系同事们的关心和支持.

　　限于作者水平, 书中难免有疏漏, 敬请读者指正.

作　者

2012 年仲夏

目　　录

第 1 章　Birkhoff 系统动力学

文献 [1] 给出 Birkhoff 系统动力学的基本理论框架, 包括 Birkhoff 方程和 Pfaff-Birkhoff 原理、完整力学系统和非完整力学系统的 Birkhoff 动力学、Birkhoff 系统的积分理论、Birkhoff 系统动力学逆问题、Birkhoff 系统的运动稳定性, 以及 Birkhoff 系统的代数和几何描述等.

作为后续章节的基础, 本章简要介绍 Birkhoff 系统动力学的主要内容.

1.1　Birkhoff 方程和 Pfaff-Birkhoff 原理

1.1.1　Birkhoff 方程

Birkhoff 方程有形式 [2]

$$\left(\frac{\partial R_\nu}{\partial a^\mu} - \frac{\partial R_\mu}{\partial a^\nu}\right)\dot{a}^\nu - \frac{\partial B}{\partial a^\mu} - \frac{\partial R_\mu}{\partial t} = 0 \quad (\mu,\nu = 1,2,\cdots,2n) \tag{1.1.1}$$

这里相同指标表示求和, 下同. 这是美国强子物理学家 Santilli R M 于 1978 年建议命名的, 而 Birkhoff 的原著中不含时间 t [3]. 方程 (1.1.1) 中的函数 $B = B(t, \boldsymbol{a})$ 称为 Birkhoff 函数, 而 $2n$ 个函数 $R_\mu = R_\mu(t, \boldsymbol{a})$ 可称为 Birkhoff 函数组 [1].

自治情形和半自治情形的 Birkhoff 方程具有相容代数结构, 并且具有 Lie 代数结构.

当取

$$a^\mu = \begin{cases} q_\mu & (\mu = 1, 2, \cdots, n) \\ p_{\mu-n} & (\mu = n+1, n+2, \cdots, 2n) \end{cases}$$

$$R_\mu = \begin{cases} p_\mu & (\mu = 1, 2, \cdots, n) \\ 0 & (\mu = n+1, n+2, \cdots, 2n) \end{cases} \tag{1.1.2}$$

$$B = H$$

则 Birkhoff 方程 (1.1.1) 成为 Hamilton 方程

$$\omega_{\mu\nu}\dot{a}^\nu - \frac{\partial H}{\partial a^\mu} = 0 \tag{1.1.3}$$

其中

$$(\omega_{\mu\nu}) = \begin{pmatrix} 0_{n\times n} & -1_{n\times n} \\ 1_{n\times n} & 0_{n\times n} \end{pmatrix} \tag{1.1.4}$$

1.1.2   Pfaff-Birkhoff 原理

积分

$$A = \int_{t_0}^{t_1} (R_\nu \dot{a}^\nu - B)\mathrm{d}t \tag{1.1.5}$$

称为 Pfaff 作用量. 等时变分原理

$$\delta A = 0 \tag{1.1.6}$$

带有交换关系

$$\mathrm{d}\delta a^\nu = \delta \mathrm{d} a^\nu \quad (\nu = 1, 2, \cdots, 2n) \tag{1.1.7}$$

及端点条件

$$\delta a^\nu \big|_{t=t_0} = \delta a^\nu \big|_{t=t_1} = 0 \tag{1.1.8}$$

称为 Pfaff-Birkhoff 原理. 这个原理是一个普遍的一阶积分变分原理. 当取式 (1.1.2) 时, 原理 (1.1.6) 成为 Hamilton 原理.

将原理 (1.1.6) 表示为形式

$$\delta A = \int_{t_0}^{t_1} \left[\left(\frac{\partial R_\nu}{\partial a^\mu} - \frac{\partial R_\mu}{\partial a^\nu} \right) \dot{a}^\nu - \frac{\partial B}{\partial a^\mu} - \frac{\partial R_\mu}{\partial t} \right] \delta a^\mu \mathrm{d}t = 0 \tag{1.1.9}$$

由此利用 δa^μ 的独立性和积分区间 $[t_0, t_1]$ 的任意性, 可导出 Birkhoff 方程 (1.1.1).

1.1.3   Birkhoff 函数的构造

欲使微分方程组表示为 Birkhoff 形式, 需构造出 $(2n+1)$ 个动力学函数 B 和 $R_\mu (\mu = 1, 2, \cdots, 2n)$, 有四种方法.

1. Santilli *第一方法*

取系统总能量为 Birkhoff 函数 B, 并解对 Birkhoff 函数组 R_μ 的 Cauchy-Kovalevskaya 方程.

设系统方程组表示为标准一阶形式

$$\dot{a}^\mu - \sigma^\mu(t, \boldsymbol{a}) = 0 \quad (\mu = 1, 2, \cdots, 2n) \tag{1.1.10}$$

欲使方程 (1.1.10) 有 Birkhoff 形式 (1.1.1), 即

$$\dot{a}^\mu - \sigma^\mu = \left(\frac{\partial R_\nu}{\partial a^\mu} - \frac{\partial R_\mu}{\partial a^\nu} \right) \dot{a}^\nu - \frac{\partial B}{\partial a^\mu} - \frac{\partial R_\mu}{\partial t} = 0$$

由此得到 [2]

$$\left(\frac{\partial R_\nu}{\partial a^\mu} - \frac{\partial R_\mu}{\partial a^\nu} \right) \sigma^\nu = \frac{\partial B}{\partial a^\mu} + \frac{\partial R_\mu}{\partial t} \tag{1.1.11}$$

对任何给定的函数 B, 方程 (1.1.11) 是 Cauchy-Kovalevskaya 型的. 根据 Cauchy-Kovalevskaya 定理, 方程 (1.1.11) 的解总是存在的. 将方程 (1.1.11) 表示为形式

$$\frac{\partial R_\mu}{\partial t} = \left(\frac{\partial R_\nu}{\partial a^\mu} - \frac{\partial R_\mu}{\partial a^\nu}\right)\sigma^\nu - \frac{\partial B}{\partial a^\mu} \quad (\mu, \nu = 1, 2, \cdots, 2n) \tag{1.1.12}$$

如果已知系统的总能量, 即动能与势能之和, 并将其取为 Birkhoff 函数 B, 那么通过解对 R_μ 的方程 (1.1.12), 便可确定出 Birkhoff 函数组 $R_\mu(\mu = 1, 2, \cdots, 2n)$.

Santilli 第一方法对所有变量和函数有直接的物理意义, 利用它的主要困难在于求解 Cauchy-Kovalevskaya 方程 (1.1.12).

2. Santilli **第二方法**

如果能构造出自伴随协变一般形式

$$\left[\Omega_{\mu\nu}(t, \boldsymbol{a})\dot{a}^\nu + \Gamma_\mu(t, \boldsymbol{a})\right]_{\mathrm{SA}} = 0 \quad (\mu, \nu = 1, 2, \cdots, 2n) \tag{1.1.13}$$

其中 "SA" 表示自伴随, 那么 Birkhoff 函数组 R_μ 由下式确定 [2]

$$R_\mu(t, \boldsymbol{a}) = \int_0^1 \left[\mathrm{d}\tau\,\tau\Omega_{\nu\mu}(t, \tau\boldsymbol{a})\right]a^\nu \tag{1.1.14}$$

而 Birkhoff 函数为

$$B(t, \boldsymbol{a}) = -\left[\int_0^1 \mathrm{d}\tau\left(\Gamma_\mu + \frac{\partial R_\mu}{\partial t}\right)(t, \tau\boldsymbol{a})\right]a^\mu \tag{1.1.15}$$

利用 Santilli 第二方法的主要困难是如何将系统的方程组表示为自伴随形式. 一旦表示为自伴随形式, 便可按式 (1.1.14) 和 (1.1.15) 来构造函数 R_μ 和 B.

3. Hojman **方法**

假设已知方程的 $2n$ 个独立的第一积分 $I^\mu(t, \boldsymbol{a})(\mu = 1, 2, \cdots, 2n)$, 那么 Birkhoff 函数组 R_μ 由下式确定

$$R_\mu(t, \boldsymbol{a}) = G_\nu \frac{\partial I^\nu}{\partial a^\mu} \tag{1.1.16}$$

而 Birkhoff 函数 B 为

$$B(t, \boldsymbol{a}) = -G_\nu \frac{\partial I^\nu}{\partial t} \tag{1.1.17}$$

其中 $2n$ 个函数 $G_\mu(\boldsymbol{I})$ 满足条件

$$\det\left(\frac{\partial G_\mu}{\partial I^\nu} - \frac{\partial G_\nu}{\partial I^\mu}\right) \neq 0 \tag{1.1.18}$$

Hojman 方法的关键是要已知系统方程的全部独立的第一积分.

4. 自治系统 Birkhoff 函数的构造

对自治系统, 方程 (1.1.11) 成为

$$\left(\frac{\partial R_\nu}{\partial a^\mu} - \frac{\partial R_\mu}{\partial a^\nu}\right)\sigma^\nu = \frac{\partial B}{\partial a^\mu} \quad (\mu, \nu = 1, 2, \cdots, 2n) \tag{1.1.19}$$

将方程 (1.1.19) 两端乘以 σ^μ 并对 μ 求和, 得到

$$\frac{\partial B}{\partial a^\mu}\sigma^\mu = 0 \tag{1.1.20}$$

这就是函数 B 应满足的一阶齐次偏微分方程. 偏微分方程 (1.1.20) 的特征方程为

$$\frac{\mathrm{d}a^1}{\sigma^1} = \frac{\mathrm{d}a^2}{\sigma^2} = \cdots = \frac{\mathrm{d}a^{2n}}{\sigma^{2n}} \tag{1.1.21}$$

假设方程 (1.1.21) 有 $(2n-1)$ 个独立的第一积分

$$f^1(\boldsymbol{a}) = c^1, \quad f^2(\boldsymbol{a}) = c^2, \quad \cdots, \quad f^{2n-1}(\boldsymbol{a}) = c^{2n-1} \tag{1.1.22}$$

则方程 (1.1.20) 的解可表示为

$$B = \Psi(f^1(\boldsymbol{a}), f^2(\boldsymbol{a}), \cdots, f^{2n-1}(\boldsymbol{a})) \tag{1.1.23}$$

其中 Ψ 为某函数. 在具体应用时, 不必求出形如 (1.1.23) 的解. 实际上, 只要找到特征方程 (1.1.21) 的某一积分, 并将其取为 Birkhoff 函数即可 [1].

找到函数 B 之后, 将其代入方程 (1.1.19), 便可进一步求得 R_μ. 在具体应用时, 可取一部分 R_μ 为零.

例 1　研究线性阻尼振子

$$\ddot{x} + x + \gamma\dot{x} = 0 \quad (\gamma = \text{const.}) \tag{1.1.24}$$

的 Birkhoff 表示.

首先, 用 Santilli 第一方法. 令

$$a^1 = x, \quad a^2 = \dot{x}$$

则方程 (1.1.24) 表示为

$$\dot{a}^1 = a^2, \quad \dot{a}^2 = -a^1 - \gamma a^2$$

取 Birkhoff 函数 B 为系统的总能量, 即

$$B = \frac{1}{2}(a^1)^2 + \frac{1}{2}(a^2)^2$$

将其代入方程 (1.1.12), 得

$$\frac{\partial R_1}{\partial t} = \left(\frac{\partial R_2}{\partial a^1} - \frac{\partial R_1}{\partial a^2}\right)(-a^1 - \gamma a^2) - a^1$$

$$\frac{\partial R_2}{\partial t} = \left(\frac{\partial R_1}{\partial a^2} - \frac{\partial R_2}{\partial a^1}\right)a^2 - a^2$$

(1.1.25)

假设 R_2 不依赖于 a^1, 则方程 (1.1.25) 第一个的特征方程为

$$\frac{\mathrm{d}a^1}{0} = \frac{\mathrm{d}a^2}{-a^1 - \gamma a^2} = \frac{\mathrm{d}t}{1} = \frac{\mathrm{d}R_1}{-a^1}$$

它有如下积分

$$a^1 = c_1, \quad (a^1 + \gamma a^2)\exp(\gamma t) = c_2, \quad R_1 + a^1 t = c_3$$

于是, 解为

$$\Psi(a^1, (a^1 + \gamma a^2)\exp(\gamma t), R_1 + a^1 t) = 0$$

其中 Ψ 为任意函数. 可简单地取

$$\Psi = R_1 + a^1 t - \frac{1}{\gamma}(a^1 + \gamma a^2)\exp(\gamma t) = 0$$

即

$$R_1 = \frac{1}{\gamma}(a^1 + \gamma a^2)\exp(\gamma t) - a^1 t$$

将其代入方程 (1.1.25), 得

$$\frac{\partial R_2}{\partial t} = a^2 \exp(\gamma t) - a^2$$

于是有

$$R_2 = \frac{1}{\gamma}a^2 \exp(\gamma t) - a^2 t$$

其次, 用 Santilli 第二方法. 这个方法要求方程是自伴随的, 但方程 (1.1.24) 不是自伴随的. 为此, 将方程写成形式

$$(\ddot{x} + x + \gamma \dot{x})\exp(\gamma t) = 0$$

令

$$a^1 = x, \quad a^2 = \dot{x}$$

则有

$$-\dot{a}^2 \exp(\gamma t) - (a^1 + \gamma a^2)\exp(\gamma t) = 0$$

$$\dot{a}^1 \exp(\gamma t) - a^2 \exp(\gamma t) = 0$$

对照方程 (1.1.13) 得

$$\Omega_{11} = \Omega_{22} = 0, \quad \Omega_{12} = -\Omega_{21} = -\exp(\gamma t)$$
$$\Gamma_1 = -(a^1 + \gamma a^2)\exp(\gamma t), \quad \Gamma_2 = -a^2\exp(\gamma t)$$

将其代入式 (1.1.14) 和 (1.1.15), 最终得到

$$R_1 = \int_0^1 a^2 \exp(\gamma t)\tau \mathrm{d}\tau = \frac{1}{2}a^2 \exp(\gamma t)$$

$$R_2 = \int_0^1 (-a^1) \exp(\gamma t)\tau \mathrm{d}\tau = -\frac{1}{2}a^1 \exp(\gamma t)$$

$$B = -\int_0^1 \left\{ \left[-(a^1\tau + \gamma a^2\tau) \exp(\gamma t) + \frac{1}{2}\gamma a^2\tau \exp(\gamma t) \right]a^1 \right.$$

$$\left. + \left[-a^2\tau \exp(\gamma t) - \frac{1}{2}\gamma a^1\tau \exp(\gamma t) \right]a^2 \right\} \mathrm{d}\tau$$

$$= \frac{1}{2}\left[(a^1)^2 + (a^2)^2 + \gamma a^1 a^2 \right] \exp(\gamma t)$$

例 2   Hojman-Urrutia 方程为

$$\ddot{x} + \dot{y} = 0, \quad \ddot{y} + y = 0 \tag{1.1.26}$$

试研究其 Birkhoff 表示.

令

$$a^1 = x, \quad a^2 = y, \quad a^3 = \dot{x}, \quad a^4 = \dot{y}$$

则有

$$\dot{a}^1 = a^3, \quad \dot{a}^2 = a^4, \quad \dot{a}^3 = -a^4, \quad \dot{a}^4 = -a^2$$

现在用 Hojman 方法来构造 Birkhoff 函数和 Birkhoff 函数组. 容易求得方程的四个独立的积分

$$I^1 = a^2\cos t - a^4\sin t$$
$$I^2 = a^2\sin t + a^4\cos t$$
$$I^3 = a^2 + a^3$$
$$I^4 = a^1 - a^4 - (a^2 + a^3)t$$

式 (1.1.16) 和 (1.1.17) 给出

$$R_1 = G_4$$
$$R_2 = G_1\cos t + G_2\sin t + G_3 - G_4 t$$
$$R_3 = G_3 - G_4 t$$
$$R_4 = -G_1\sin t + G_2\cos t - G_4$$

$$B = -G_1(-a^2\sin t - a^4\cos t) - G_2(a^2\cos t - a^4\sin t) - G_4(-a^2 - a^3)$$

取

$$G_1 = -I^2, \quad G_2 = I^1, \quad G_3 = -I^4, \quad G_4 = I^3$$

则有

$$R_1 = a^2 + a^3, \quad R_2 = -a^1, \quad R_3 = a^4 - a^1, \quad R_4 = -a^3$$
$$B = 2a^2 a^3 + (a^3)^2 - (a^4)^2 \tag{1.1.27}$$

对此问题, 文献 [2] 给出另一组函数

$$R_1 = a^2 + a^3, \quad R_2 = 0, \quad R_3 = a^4, \quad R_4 = 0$$
$$B = \frac{1}{2}\Big[(a^3)^2 + 2a^2 a^3 - (a^4)^2\Big] \tag{1.1.28}$$

而文献 [1] 给出

$$R_1 = 0, \quad R_2 = a^1 - a^4 - (a^2 + a^3)t + (a^2\sin t + a^4\cos t)\cos t$$
$$R_3 = a^1 - a^4 - (a^2 + a^3)t, \quad R_4 = -(a^2\sin t + a^4\cos t)\sin t \tag{1.1.29}$$
$$B = (a^2\sin t + a^4\cos t)^2$$

1.2 完整力学系统的 Birkhoff 动力学

完整力学系统的 Birkhoff 动力学, 是指将完整力学系统的运动微分方程表示为 Birkhoff 方程, 即 Birkhoff 化, 再用 Birkhoff 力学的理论来研究系统动力学.

1.2.1 特殊完整系统的 Birkhoff 动力学

特殊完整系统是指可以用 Lagrange 函数来描述的力学系统, 包括完整保守系统、广义力有广义势的完整系统, 以及 Lagrange 力学逆问题系统.

完整保守系统的方程有形式

$$\frac{\mathrm{d}}{\mathrm{d}t}\frac{\partial L}{\partial \dot{q}_s} - \frac{\partial L}{\partial q_s} = 0 \quad (s = 1, 2, \cdots, n) \tag{1.2.1}$$

其中 $L = T - V$ 为 Lagrange 函数, T 为系统动能, V 为势能. 用 Legendre 变换可将方程 (1.2.1) 表示为 Hamilton 方程, 而 Hamilton 方程是 Birkhoff 方程的特殊情形, 这就实现了 Birkhoff 化.

如果广义力有广义势, 即广义力 Q_s 可表示为

$$Q_s = \frac{\partial U}{\partial q_s} - \frac{\mathrm{d}}{\mathrm{d}t} \frac{\partial U}{\partial \dot{q}_s}$$
$$U = A_s(t, \boldsymbol{q})\dot{q}_s + A(t, \boldsymbol{q}) \tag{1.2.2}$$

则系统运动方程有形式 (1.2.1), 其中 $L = T + U$, 因此可 Birkhoff 化.

对某些非保守系统, 在一定条件下, 微分方程也可以表示为形式 (1.2.1). 这就是所谓 Lagrange 力学逆问题 [4,5]. 专著 [4] 给出 Lagrange 函数存在的条件以及构造方法. 因此, 这类特殊完整系统可 Birkhoff 化.

1.2.2　一般完整系统的 Birkhoff 动力学

一般完整系统的方程, 包括第一类和第二类 Lagrange 方程、相对运动动力学方程、变质量完整系统的方程等, 都可表示为显式 [1]

$$\ddot{q}_s = g_s(t, q_k, \dot{q}_k) \quad (s, k = 1, 2, \cdots, n) \tag{1.2.3}$$

令

$$a^s = q_s, \quad a^{n+s} = \dot{q}_s \tag{1.2.4}$$

则方程 (1.2.3) 表示为标准一阶形式

$$\dot{a}^\nu = \sigma^\nu \quad (\nu = 1, 2, \cdots, 2n) \tag{1.2.5}$$

其中

$$\sigma^s = a^{n+s}, \quad \sigma^{n+s} = g_s(t, a^k, a^{n+k}) \quad (s, k = 1, 2, \cdots, n) \tag{1.2.6}$$

欲使方程 (1.2.5) 有 Birkhoff 形式, 即

$$\dot{a}^\mu - \sigma^\mu = \left(\frac{\partial R_\nu}{\partial a^\mu} - \frac{\partial R_\mu}{\partial a^\nu} \right) \dot{a}^\nu - \frac{\partial B}{\partial a^\mu} - \frac{\partial R_\mu}{\partial t} = 0 \tag{1.2.7}$$

则有

$$\left(\frac{\partial R_\nu}{\partial a^\mu} - \frac{\partial R_\mu}{\partial a^\nu} \right) \sigma^\nu = \frac{\partial B}{\partial a^\mu} + \frac{\partial R_\mu}{\partial t} \tag{1.2.8}$$

对于给定的 Birkhoff 函数 B, 无论 Birkhoff 函数组 R_μ 是否显含时间 t, 方程 (1.2.8) 总可表示为 Cauchy-Kovalevskaya 型的 [2]. 根据 Cauchy-Kovalevskaya 定理知, 方程 (1.2.8) 的解总是存在的. 因此, 理论上说, 一切一般完整系统的方程总有 Birkhoff 表示. 当然, 技术上说, 欲构造出函数 B 和 R_μ, 并不容易.

例 单自由度系统的 Lagrange 函数和广义力分别为

$$L = \frac{1}{2}\dot{q}^2 - \frac{1}{6}q^6, \quad Q = -\frac{2}{t}\dot{q} \tag{1.2.9}$$

试将其 Birkhoff 化.

系统的微分方程为

$$\ddot{q} + \frac{2}{t}\dot{q} + q^5 = 0 \tag{1.2.10}$$

它称为 Emden 方程, 表示气体质量在粒子万有引力相互作用下有界面上常压下的平衡 [6]. 方程 (1.2.10) 可 Lagrange 化, 新的 Lagrange 函数为

$$\tilde{L} = t^2\left(\frac{1}{2}\dot{q}^2 - \frac{1}{6}q^6\right)$$

进一步可 Hamilton 化, 广义动量为

$$p = \frac{\partial \tilde{L}}{\partial \dot{q}} = t^2\dot{q}$$

Hamilton 函数为

$$H = p\dot{q} - \tilde{L} = \frac{p^2}{2t^2} + \frac{1}{6}t^2q^6$$

Hamilton 系统是 Birkhoff 系统的特殊情形, 因此问题自然可 Birkhoff 化, 只要取

$$a^1 = q, \quad a^2 = p, \quad R_1 = p, \quad R_2 = 0, \quad B = H$$

而 Birkhoff 方程为

$$-\dot{a}^2 - t^2(a^1)^5 = 0, \quad \dot{a}^1 - \frac{a^2}{t^2} = 0$$

文献 [6] 给出另一组动力学函数

$$R_1 = \frac{1}{2}t^2a^2, \quad R_2 = -\frac{1}{2}t^2a^1, \quad B = \frac{1}{6}t^2(a^1)^6 + \frac{1}{2}t^2(a^2)^2 + ta^1a^2$$

其中

$$a^1 = q, \quad a^2 = \dot{q}$$

1.3 非完整力学系统的 Birkhoff 动力学

本节讨论特殊非完整系统、一般非完整系统, 以及高阶非完整系统的 Birkhoff 表示.

1.3.1　 特殊非完整系统的 Birkhoff 动力学

具有 Helmholtz 势的 Chaplygin 系统, 相应完整系统的广义力具有广义势的非完整系统, 广义力有势且可实现自由运动的非完整系统等, 都属于特殊非完整系统. 与这些非完整相应的完整系统的运动微分方程都可表示为 Lagrange 方程的形式 [7], 因此都可 Birkhoff 化.

1.3.2　 一般非完整系统的 Birkhoff 动力学

假设力学系统的位形由 n 个广义坐标 $q_s(s = 1, 2, \cdots, n)$ 来确定, 它的运动受有 g 个双面理想 Chetaev 型非完整约束.

$$f_\beta(t, \boldsymbol{q}, \dot{\boldsymbol{q}}) = 0 \quad (\beta = 1, 2, \cdots, g) \tag{1.3.1}$$

系统的运动微分方程有形式

$$\frac{\mathrm{d}}{\mathrm{d}t}\frac{\partial T}{\partial \dot{q}_s} - \frac{\partial T}{\partial q_s} = Q_s + \lambda_\beta \frac{\partial f_\beta}{\partial \dot{q}_s} \quad (s = 1, 2, \cdots, n) \tag{1.3.2}$$

由方程 (1.3.1) 和 (1.3.2) 可求出约束乘子 λ_β 为 $t, \boldsymbol{q}, \dot{\boldsymbol{q}}$ 的函数. 将其代入方程 (1.3.2), 可求出所有广义加速度, 记作

$$\ddot{q}_s = g_s(t, \boldsymbol{q}, \dot{\boldsymbol{q}}) \tag{1.3.3}$$

这是与非完整系统 (1.3.1) 和 (1.3.2) 相应的完整系统的微分方程. 类似于前面讨论, 方程 (1.3.3) 可以 Birkhoff 化. 非完整系统的运动, 可在相应完整系统 (1.3.3) 的解中找到, 只要施加非完整约束 (1.3.1) 对初始条件的限制.

例　 假设系统的位形由两个广义坐标 q_1 和 q_2 来确定, 动能和势能分别为

$$T = \frac{1}{2}(\dot{q}_1^2 + \dot{q}_2^2), \quad V = \mathrm{const.} \tag{1.3.4}$$

所受非完整约束是一阶线性非定常的, 有

$$f = \dot{q}_1 + bt\dot{q}_2 - bq_2 + t = 0 \quad (b = \mathrm{const.}) \tag{1.3.5}$$

试研究系统的 Birkhoff 表示.

方程 (1.3.2) 给出

$$\ddot{q}_1 = \lambda, \quad \ddot{q}_2 = \lambda bt$$

由此及式 (1.3.5) 可求得约束乘子 λ

$$\lambda = -\frac{1}{1 + b^2 t^2}$$

方程 (1.3.3) 给出

$$\ddot{q}_1 = -\frac{1}{1+b^2t^2}, \quad \ddot{q}_2 = -\frac{bt}{1+b^2t^2} \tag{1.3.6}$$

下面将相应完整系统的运动方程 (1.3.6)Birkhoff 化.

首先, 方程 (1.3.6) 可 Lagrange 化, 其 Lagrange 函数为

$$L = \frac{1}{2}\left[\dot{q}_1 + \frac{1}{b}\arctan(bt)\right]^2 + \frac{1}{2}\left[\dot{q}_2 + \frac{1}{2b}\ln(1+b^2t^2)\right]^2$$

进而, 可 Hamilton 化. 广义动量为

$$p_1 = \frac{\partial L}{\partial \dot{q}_1} = \dot{q}_1 + \frac{1}{b}\arctan(bt), \quad p_2 = \frac{\partial L}{\partial \dot{q}_2} = \dot{q}_2 + \frac{1}{2b}\ln(1+b^2t^2)$$

Hamilton 函数为

$$H = p_1\dot{q}_1 + p_2\dot{q}_2 - L = p_1\left[\frac{1}{2}p_1 - \frac{1}{b}\arctan(bt)\right] + p_2\left[\frac{1}{2}p_2 - \frac{1}{2b}\ln(1+b^2t^2)\right]$$

令

$$a^1 = q_1, \quad a^2 = q_2, \quad a^3 = p_1, \quad a^4 = p_2$$

则有

$$R_1 = p_1, \quad R_2 = p_2, \quad R_3 = R_4 = 0, \quad B = H$$

而 Birkhoff 方程为

$$-\dot{a}^3 = 0, \quad -\dot{a}^4 = 0$$
$$\dot{a}^1 - a^3 + \frac{1}{b}\arctan(bt) = 0 \tag{1.3.7}$$
$$\dot{a}^2 - a^4 + \frac{1}{2b}\ln(1+b^2t^2) = 0$$

其次, 用 Hojman 方法. 令

$$a^1 = q_1, \quad a^2 = q_2, \quad a^3 = \dot{q}_1, \quad a^4 = \dot{q}_2$$

方程表示为一阶形式

$$\dot{a}^1 = a^3, \quad \dot{a}^2 = a^4, \quad \dot{a}^3 = -\frac{1}{1+b^2t^2}, \quad \dot{a}^4 = -\frac{bt}{1+b^2t^2}$$

可找到它的四个独立的积分

$$I^1 = a^1 - a^3t - \frac{1}{2b^2}\ln(1+b^2t^2)$$
$$I^2 = a^2 - a^4t - \frac{t}{b} + \frac{1}{b^2}\arctan(bt)$$

$$I^3 = a^3 + \frac{1}{b}\arctan(bt)$$

$$I^4 = a^4 + \frac{1}{2b}\ln(1 + b^2t^2)$$

Hojman 方法的公式 (1.1.16) 和 (1.1.17) 给出

$$R_1 = G_1, \quad R_2 = G_2, \quad R_3 = G_3 - tG_1, \quad R_4 = G_4 - tG_2$$

$$B = -G_1\left(-a^3 - \frac{t}{1+b^2t^2}\right) - G_2\left(-a^4 - \frac{bt^2}{1+b^2t^2}\right)$$
$$- G_3\left(\frac{1}{1+b^2t^2}\right) - G_4\left(\frac{bt}{1+b^2t^2}\right)$$

今取

$$G_1 = I^2, \quad G_2 = -I^1, \quad G_3 = I^4, \quad G_4 = -I^3$$

则有

$$R_1 = a^2 - a^4 t - \frac{t}{b} + \frac{1}{b^2}\arctan(bt)$$

$$R_2 = -a^1 + a^3 t + \frac{1}{2b^2}\ln(1 + b^2t^2)$$

$$R_3 = a^4 + \frac{1}{2b}\ln(1 + b^2t^2) - t\left[a^2 - a^4 t - \frac{t}{b} + \frac{1}{b^2}\arctan(bt)\right]$$

$$R_4 = -a^3 - \frac{1}{b}\arctan(bt) - t\left[-a^1 + a^3 t + \frac{1}{2b^2}\ln(1 + b^2t^2)\right]$$

$$B = \left[a^2 - a^4 t - \frac{t}{b} + \frac{1}{b^2}\arctan(bt)\right]\left(a^3 + \frac{t}{1+b^2t^2}\right)$$
$$+ \left[-a^1 + a^3 t + \frac{1}{2b^2}\ln(1 + b^2t^2)\right]\left(a^4 + \frac{bt^2}{1+b^2t^2}\right)$$
$$- \left[a^4 + \frac{1}{2b}\ln(1 + b^2t^2)\right]\frac{1}{1+b^2t^2} + \left[a^3 + \frac{1}{b}\arctan(bt)\right]\frac{bt}{1+b^2t^2}$$

Birkhoff 方程为

$$-\dot{a}^2 + t\dot{a}^4 + a^4 + \frac{bt^2}{1+b^2t^2} = 0$$

$$\dot{a}^1 - t\dot{a}^3 - a^3 - \frac{t}{1+b^2t^2} = 0$$

$$t\dot{a}^2 - (1 + t^2)\dot{a}^4 - ta^4 - \frac{bt(1+t^2)}{1+b^2t^2} = 0 \tag{1.3.8}$$

$$-t\dot{a}^1 + (1 + t^2)\dot{a}^3 + ta^3 + \frac{1+t^2}{1+b^2t^2} = 0$$

用 Hojman 方法, 如果取

$$a^1 = q_1$$

$$a^2 = q_2$$
$$a^3 = \dot{q}_1 + \frac{1}{b}\arctan(bt)$$
$$a^4 = \dot{q}_2 + \frac{1}{2b}\ln(1 + b^2t^2)$$

则方程表示为

$$\dot{a}^1 = a^3 - \frac{1}{b}\arctan(bt)$$
$$\dot{a}^2 = a^4 - \frac{1}{2b}\ln(1 + b^2t^2)$$
$$\dot{a}^3 = 0$$
$$\dot{a}^4 = 0$$

可找到它的四个独立的积分

$$I^1 = a^1 - a^3t + \frac{1}{b}\left[t\arctan(bt) - \frac{1}{2b}\ln(1 + b^2t^2)\right]$$
$$I^2 = a^2 - a^4t + \frac{1}{2b}\left[t\ln(1 + b^2t^2) - 2t + \frac{2}{b}\arctan(bt)\right]$$
$$I^3 = a^3$$
$$I^4 = a^4$$

取

$$G_1 = I^3, \quad G_2 = I^4, \quad G_3 = -I^1, \quad G_4 = -I^2$$

则有

$$R_1 = a^3, \quad R_2 = a^4$$
$$R_3 = -a^1 - \frac{1}{b}\left[t\arctan(bt) - \frac{1}{2b}\ln(1 + b^2t^2)\right]$$
$$R_4 = -a^2 - \frac{1}{2b}\left[t\ln(1 + b^2t^2) - 2t + \frac{2}{b}\arctan(bt)\right]$$
$$B = a^3\left[a^3 - \frac{1}{b}\arctan(bt)\right] + a^4\left[a^4 - \frac{1}{2b}\ln(1 + b^2t^2)\right]$$

而 Birkhoff 方程给出

$$\dot{a}^3 = 0$$
$$\dot{a}^4 = 0$$
$$-\dot{a}^1 + a^3 - \frac{1}{b}\arctan(bt) = 0 \tag{1.3.9}$$
$$-\dot{a}^2 + a^4 - \frac{1}{2b}\ln(1 + b^2t^2) = 0$$

1.3.3   高阶非完整系统的 Birkhoff 动力学

与高阶非完整系统相应的完整系统的方程有形式

$$q_s^{(m)} = h_s(t, \boldsymbol{q}, \dot{\boldsymbol{q}}, \cdots, \boldsymbol{q}^{(m-1)}) \tag{1.3.10}$$

将其化为标准一阶形式, 根据 Cauchy-Kovalevskaya 定理, 总可以化为 Birkhoff 方程的形式 [1,8].

1.4   Birkhoff 系统的积分理论

本节讨论 Birkhoff 系统的积分理论, 包括 Birkhoff 方程的变换理论、Birkhoff 系统的对称性与守恒量、Poisson 积分法、场方法、势积分方法等.

1.4.1   Birkhoff 方程的变换理论

Hamilton 方程在正则变换下保持不变.

Hamilton 方程等时变换下变为半自治或非自治 Birkhoff 方程 [1,2].

Birkhoff 方程在一般变换下不能保持其形式. 以下两个命题给出 Birkhoff 方程保持形式不变的变换.

命题 1[2]   在等时变换

$$t \rightarrow t' \equiv t, \quad a^\mu \rightarrow a'^\mu(t, \boldsymbol{a}) \tag{1.4.1}$$

下, 新的动力学函数 B', R'_ρ 分别选为

$$B'(t, \boldsymbol{a}') = \left(B - \frac{\partial a^\alpha}{\partial t} R_\alpha \right)(t, \boldsymbol{a}')$$

$$R'_\rho(t, \boldsymbol{a}') = \left(\frac{\partial a^\alpha}{\partial a'^\rho} R_\alpha \right)(t, \boldsymbol{a}') \tag{1.4.2}$$

则在新变量下 Birkhoff 方程保持其形式

$$\left(\frac{\partial R'_\sigma}{\partial a'^\rho} - \frac{\partial R'_\rho}{\partial a'^\sigma} \right) \dot{a}'^\sigma - \frac{\partial B'}{\partial a'^\rho} - \frac{\partial R'_\rho}{\partial t} = 0 \quad (\sigma, \rho = 1, 2, \cdots, 2n) \tag{1.4.3}$$

命题 2[2]   在非等时变换

$$t \rightarrow t'(t, \boldsymbol{a}), \quad a^\mu \rightarrow a'^\mu(t, \boldsymbol{a}) \tag{1.4.4}$$

下, 新的动力学函数 B', R'_ρ 分别选为

$$B'(t', \boldsymbol{a}') = \left(B\frac{\partial t}{\partial t'} - R_\mu \frac{\partial a^\mu}{\partial t} \right)(t', \boldsymbol{a}')$$

$$R'_\rho(t', \boldsymbol{a}') = \left(R_\mu \frac{\partial a^\mu}{\partial a'^\rho} - B\frac{\partial t}{\partial a'^\rho} \right)(t', \boldsymbol{a}') \tag{1.4.5}$$

则在新变量下 Birkhoff 方程保持其形式

$$\left(\frac{\partial R'_\sigma}{\partial a'^\rho} - \frac{\partial R'_\rho}{\partial a'^\sigma} \right)\frac{\mathrm{d}a'^\sigma}{\mathrm{d}t'} - \frac{\partial B'}{\partial a'^\rho} - \frac{\partial R'_\rho}{\partial t'} = 0 \quad (\sigma, \rho = 1, 2, \cdots, 2n) \tag{1.4.6}$$

1.4.2 Birkhoff 系统的对称性与守恒量

取时间 t 和变量 a^μ 的无限小变换

$$t^* = t + \Delta t, \quad a^{\mu*}(t^*) = a^\mu(t) + \Delta a^\mu$$

或其展开式

$$t^* = t + \varepsilon\xi_0(t, \boldsymbol{a}), \quad a^{\mu*}(t^*) = a^\mu(t) + \varepsilon\xi_\mu(t, \boldsymbol{a}) \tag{1.4.7}$$

命题 3　如果无限小生成元 ξ_0, ξ_μ 和规范函数 $G_{\mathrm{N}} = G_{\mathrm{N}}(t, \boldsymbol{a})$ 满足 Noether 等式

$$\left(\frac{\partial R_\mu}{\partial t}\dot{a}^\mu - \frac{\partial B}{\partial t} \right)\xi_0 + \left(\frac{\partial R_\nu}{\partial a^\mu}\dot{a}^\nu - \frac{\partial B}{\partial a^\mu} \right)\xi_\mu - B\dot{\xi}_0 + R_\mu\dot{\xi}_\mu + \dot{G}_{\mathrm{N}} = 0 \tag{1.4.8}$$

则由 Noether 对称性导致 Noether 守恒量

$$I_{\mathrm{N}} = R_\mu\xi_\mu - B\xi_0 + G_{\mathrm{N}} = \mathrm{const.} \tag{1.4.9}$$

命题 4　在时间不变的特殊无限小变换 $(\xi_0 = 0)$ 下, 如果生成元 ξ 满足 Lie 对称性的确定方程

$$\frac{\overline{\mathrm{d}}}{\mathrm{d}t}\xi_\mu = \frac{\partial}{\partial a^\rho}\left[\Omega^{\mu\nu}\left(\frac{\partial B}{\partial a^\nu} + \frac{\partial R_\nu}{\partial t} \right) \right]\xi_\rho \tag{1.4.10}$$

其中

$$\frac{\overline{\mathrm{d}}}{\mathrm{d}t} = \frac{\partial}{\partial t} + \Omega^{\mu\nu}\left(\frac{\partial B}{\partial a^\nu} + \frac{\partial R_\nu}{\partial t} \right)\frac{\partial}{\partial a^\mu}$$

$$\Omega^{\mu\nu}\Omega_{\nu\rho} = \delta^\mu_\rho, \quad \Omega_{\mu\nu} = \frac{\partial R_\nu}{\partial a^\mu} - \frac{\partial R_\mu}{\partial a^\nu} \tag{1.4.11}$$

并且存在某函数 $\mu = \mu(t, \boldsymbol{a})$ 满足条件

$$\frac{\partial}{\partial a^\mu}\left[\Omega^{\mu\nu}\left(\frac{\partial B}{\partial a^\nu} + \frac{\partial R_\nu}{\partial t} \right) \right] + \frac{\overline{\mathrm{d}}}{\mathrm{d}t}\ln\mu = 0 \tag{1.4.12}$$

则 Birkhoff 系统的 Lie 对称性导致 Hojman 型守恒量

$$I_{\mathrm{H}} = \frac{1}{\mu} \frac{\partial}{\partial a^{\nu}} (\mu \xi_{\nu}) = \mathrm{const.} \tag{1.4.13}$$

命题 5　如果 Birkhoff 系统的无限小生成元 ξ_0, ξ_μ 满足形式不变性的判据方程

$$\left[\frac{\partial}{\partial a^{\mu}} X^{(0)}(R_{\nu}) - \frac{\partial}{\partial a^{\nu}} X^{(0)}(R_{\mu}) \right] \dot{a}^{\nu} - \frac{\partial}{\partial a^{\mu}} X^{(0)}(B) - \frac{\partial}{\partial t} X^{(0)}(R_{\mu}) = 0 \tag{1.4.14}$$

其中

$$X^{(0)} = \xi_0 \frac{\partial}{\partial t} + \xi_\mu \frac{\partial}{\partial a^{\mu}} \tag{1.4.15}$$

并且存在规范函数 $G_{\mathrm{F}} = G_{\mathrm{F}}(t, \boldsymbol{a})$ 满足结构方程

$$X^{(0)} \left\{ X^{(0)}(R_{\mu}) \right\} \Omega^{\mu\nu} \left(\frac{\partial B}{\partial a^{\nu}} + \frac{\partial R_{\nu}}{\partial t} \right) - X^{(0)} \left\{ X^{(0)}(B) \right\}$$

$$- X^{(0)}(B) \frac{\overline{\mathrm{d}}}{\mathrm{d}t} \xi_0 + X^{(0)}(R_{\mu}) \frac{\overline{\mathrm{d}}}{\mathrm{d}t} \xi_\mu + \frac{\overline{\mathrm{d}}}{\mathrm{d}t} G_{\mathrm{F}} = 0 \tag{1.4.16}$$

则系统形式不变性导致新型守恒量

$$I_{\mathrm{F}} = X^{(0)}(R_{\mu}) \xi_\mu - X^{(0)}(B) \xi_0 + G_{\mathrm{F}} = \mathrm{const.} \tag{1.4.17}$$

例 1　二阶 Birkhoff 系统为

$$R_1 = \frac{1}{2} t^2 a^2, \quad R_2 = -\frac{1}{2} t^2 a^1, \quad B = \frac{1}{6} t^2 (a^1)^6 + \frac{1}{2} t^2 (a^2)^2 + t a^1 a^2 \tag{1.4.18}$$

试研究其对称性与守恒量.

Noether 等式 (1.4.8) 给出

$$\left[t a^2 \dot{a}^1 - t a^1 \dot{a}^2 - \frac{1}{3} t (a^1)^6 - t (a^2)^2 - a^1 a^2 \right] \xi_0$$

$$+ \frac{1}{2} t^2 \dot{a}^1 \xi_2 - \frac{1}{2} t^2 \dot{a}^2 \xi_1 - \left[t^2 (a^1)^5 + t a^2 \right] \xi_1$$

$$- (t^2 a^2 + t a^1) \xi_2 - B \dot{\xi}_0 + \frac{1}{2} t^2 a^2 \dot{\xi}_1 - \frac{1}{2} t^2 a^1 \dot{\xi}_2 + \dot{G}_{\mathrm{N}} = 0$$

可找到如下解 [6]

$$\xi_0 = -2t, \quad \xi_1 = a^1, \quad \dot{\xi}_2 = 3a^2, \quad G_{\mathrm{N}} = 0$$

守恒量式 (1.4.9) 给出

$$I_{\mathrm{N}} = \frac{1}{3} t^3 (a^1)^6 + t^3 (a^2)^2 + t a^1 a^2 = \mathrm{const.} \tag{1.4.19}$$

例 2   四阶 Birkhoff 系统为

$$R_1 = a^2 + a^3, \quad R_2 = 0, \quad R_3 = a^4, \quad R_4 = 0$$
$$B = \frac{1}{2}[(a^3)^2 + 2a^2 a^3 - (a^4)^2] \tag{1.4.20}$$

试研究其对称性与守恒量.

首先, 研究 Noether 对称性. Noether 等式 (1.4.8) 给出

$$\dot{a}^1(\xi_2 + \xi_3) + \dot{a}^3\xi_4 - a^3\xi_2 - (a^2 + a^3)\xi_3 + a^4\xi_4 - B\dot{\xi}_0$$
$$+ (a^2 + a^3)\dot{\xi}_1 + a^4\dot{\xi}_3 + \dot{G}_N = 0$$

可找到如下解

$$\xi_0 = 0, \quad \xi_1 = \cos t, \quad \xi_2 = \sin t, \quad \xi_3 = -\sin t, \quad \xi_4 = \cos t, \quad G_N = -a^3\cos t$$
$$\xi_0 = 0, \quad \xi_1 = \sin t, \quad \xi_2 = -\cos t, \quad \xi_3 = \cos t, \quad \xi_4 = \sin t, \quad G_N = -a^3\sin t$$
$$\xi_0 = 0, \quad \xi_1 = 1, \quad \xi_2 = \xi_3 = \xi_4 = 0, \quad G_N = 0$$
$$\xi_0 = 0, \quad \xi_1 = -t, \quad \xi_2 = 0, \quad \xi_3 = -1, \quad \xi_4 = 0, \quad G_N = a^1$$

相应的 Noether 守恒量分别为

$$I_N = a^2\cos t - a^4\sin t = C_1$$
$$I_N = a^2\sin t + a^4\cos t = C_2$$
$$I_N = a^2 + a^3 = C_3$$
$$I_N = a^1 - a^4 - (a^2 + a^3)t = C_4$$

其次, 研究 Lie 对称性与守恒量. Lie 对称性的确定方程 (1.4.10) 给出

$$\frac{\overline{d}}{dt}\xi_1 = \xi_3, \quad \frac{\overline{d}}{dt}\xi_2 = \xi_4, \quad \frac{\overline{d}}{dt}\xi_3 = -\xi_4, \quad \frac{\overline{d}}{dt}\xi_4 = -\xi_2$$

式 (1.4.12) 给出

$$\frac{\overline{d}}{dt}\ln\mu = 0$$

可找到如下解

$$\xi_1 = \frac{1}{2}[a^1 - a^4 - (a^2 + a^3)t]^2, \quad \xi_2 = \xi_3 = \xi_4 = 0, \quad \mu = 1$$
$$\xi_1 = t, \quad \xi_3 = 1, \quad \xi_2 = \xi_4 = 0, \quad \mu = a^2 + a^3$$

守恒量式 (1.4.13) 分别给出

$$I_H = a^1 - a^4 - (a^2 + a^3)t = C_1$$
$$I_H = (a^2 + a^3)^{-1} = C_2 \tag{1.4.21}$$

以上命题 3~ 命题 5 是由 Noether 对称性, Lie 对称性和形式不变性分别直接导致的 Noether 守恒量, Hojman 型守恒量和新型守恒量. 文献 [9] 还研究了由对称性间接导出的各类守恒量.

文献 [10] 研究了一类新的对称性, 称为 Birkhoff 对称性. 这种对称性是指不同的动力学函数 B, R_μ 和 $\overline{B}, \overline{R}_\mu$ 对应同样的 Birkhoff 方程. Birkhoff 对称性在一定条件下也可导致守恒量.

命题 6   如果两组动力学函数 B, R_μ 和 $\overline{B}, \overline{R}_\mu$ 满足判据方程

$$\Omega_{\mu\nu}\overline{\Omega}^{\nu\rho}\left(\frac{\partial \overline{B}}{\partial a^\rho} + \frac{\partial \overline{R}_\rho}{\partial t}\right) = \frac{\partial B}{\partial a^\mu} + \frac{\partial R_\mu}{\partial t} \quad (\mu, \nu, \rho = 1, 2, \cdots, 2n) \tag{1.4.22}$$

其中

$$\overline{\Omega}_{\mu\nu} = \frac{\partial \overline{R}_\nu}{\partial a^\mu} - \frac{\partial \overline{R}_\mu}{\partial a^\nu}, \quad \overline{\Omega}_{\mu\nu}\overline{\Omega}^{\nu\rho} = \delta_\nu^\rho \tag{1.4.23}$$

则 Birkhoff 对称性导致如下守恒量

$$(\mathrm{tr}\Lambda)^m = \mathrm{const.} \quad (m = 1, 2, \cdots) \tag{1.4.24}$$

其中

$$\Lambda_\mu^\rho = \overline{\Omega}_{\mu\nu}\Omega^{\nu\rho} \tag{1.4.25}$$

例 3   四阶 Birkhoff 系统为

$$R_1 = a^3, \quad R_2 = a^4, \quad R_3 = R_4 = 0$$
$$B = \frac{1}{2}\left[a^3 - \frac{1}{b}\arctan(bt)\right]^2 + \frac{1}{2}\left[a^4 - \frac{1}{2b}\ln(1 + b^2 t^2)\right]^2 \tag{1.4.26}$$

试研究其 Birkhoff 对称性与守恒量.

取另一组动力学函数为

$$\overline{R}_1 = \frac{1}{2}(a^3)^2, \quad \overline{R}_2 = a^4, \quad \overline{R}_3 = \overline{R}_4 = 0$$
$$\overline{B} = \frac{1}{3}(a^3)^3 - \frac{1}{2}(a^3)^2\frac{1}{b}\arctan(bt) + \frac{1}{2}\left[a^4 - \frac{1}{2b}\ln(1 + b^2 t^2)\right]^2 \tag{1.4.27}$$

于是有

$$(\overline{\Omega}_{\mu\nu}) = \begin{pmatrix} 0 & 0 & -a^3 & 0 \\ 0 & 0 & 0 & -1 \\ a^3 & 0 & 0 & 0 \\ 0 & 1 & 0 & 0 \end{pmatrix}$$

$$(\Omega^{\nu\rho}) = \begin{pmatrix} 0 & 0 & 1 & 0 \\ 0 & 0 & 0 & 1 \\ -1 & 0 & 0 & 0 \\ 0 & -1 & 0 & 0 \end{pmatrix}$$

此时式 (1.4.22) 成立. 式 (1.4.25) 给出

$$(\Lambda^\rho_\mu) = \begin{pmatrix} 0 & 0 & -a^3 & 0 \\ 0 & 0 & 0 & -1 \\ a^3 & 0 & 0 & 0 \\ 0 & 1 & 0 & 0 \end{pmatrix} \begin{pmatrix} 0 & 0 & 1 & 0 \\ 0 & 0 & 0 & 1 \\ -1 & 0 & 0 & 0 \\ 0 & -1 & 0 & 0 \end{pmatrix} = \begin{pmatrix} a^3 & 0 & 0 & 0 \\ 0 & 1 & 0 & 0 \\ 0 & 0 & a^3 & 0 \\ 0 & 0 & 0 & 1 \end{pmatrix}$$

守恒量式 (1.4.24) 给出

$$I = a^3 = \text{const.}$$

类似地, 取动力学函数

$$\overline{R}_1 = a^3, \quad \overline{R}_2 = \frac{1}{2}(a^4)^2, \quad \overline{R}_3 = \overline{R}_4 = 0$$

$$\overline{B} = \frac{1}{3}(a^4)^3 - \frac{1}{2}(a^4)^2 \frac{1}{2b}\ln(1 + b^2 t^2) + \frac{1}{2}\left[a^3 - \frac{1}{b}\arctan(bt)\right]^2 \tag{1.4.28}$$

则可导出守恒量

$$I = a^4 = \text{const.}$$

1.4.3 Birkhoff 系统的 Poisson 积分法

对自治情形和半自治情形 Birkhoff 系统, 定义某函数 $A(\boldsymbol{a})$ 按 Birkhoff 方程求得的导数为一个代数积, 表示为

$$\dot{A}(\boldsymbol{a}) = \frac{\partial A}{\partial a^\mu} \Omega^{\mu\nu} \frac{\partial B}{\partial a^\nu} \overset{\text{def}}{=\!=} [A, B] \tag{1.4.29}$$

这里 $[A, B]$ 称为广义 Poisson 括号. 积 (1.4.29) 满足 Lie 代数公理

$$\begin{aligned} &[A, B] + [B, A] = 0 \\ &[[A, B], C] + [[B, C], A] + [[C, A], B] = 0 \end{aligned} \tag{1.4.30}$$

前一式表示反对称性, 后一式为 Jacobi 恒等式.

如果取

$$a^\mu = \begin{cases} q_\mu & (\mu = 1, 2, \cdots, n) \\ p_{\mu-n} & (\mu = n+1, n+2, \cdots, 2n) \end{cases}$$

$$R_\mu = \begin{cases} p_\mu & (\mu = 1, 2, \cdots, n) \\ 0 & (\mu = n+1, n+2, \cdots, 2n) \end{cases}$$

$$B = H$$

则括号 $[A, B]$ 成为通常的 Poisson 括号.

自治和半自治 Birkhoff 系统的方程具有 Lie 代数结构, 因此, 经典 Poisson 理论可以应用, 有如下结果.

命题 7　$I(a^\mu, t) = C$ 是自治和半自治 Birkhoff 系统的积分, 其充分必要条件是

$$\frac{\partial I}{\partial t} + [I, B] = 0 \tag{1.4.31}$$

式 (1.4.31) 称为 Birkhoff 系统关于第一积分的广义 Poisson 条件.

推论　自治情形 Birkhoff 系统的 Birkhoff 函数 B 是系统的积分.

命题 8　如果自治情形或半自治情形 Birkhoff 系统有不处于相互内旋的两个第一积分 $I_1(a^\mu, t)$ 和 $I_2(a^\mu, t)$, 则它们的广义 Poisson 括号 $[I_1, I_2]$ 也是系统的积分.

命题 9　如果自治情形 Birkhoff 系统有它含时间 t 的积分 $I(a^\mu, t) = C$, 那么 $\partial I/\partial t, \partial^2 I/\partial t^2, \cdots$ 都是系统的第一积分.

命题 10　如果自治情形或半自治情形 Birkhoff 系统有包含 a^ρ 的积分 $I(a^\mu, t) = C$, 而 $\Omega^{\mu\nu}$ 和 B 都不含 a^ρ, 那么 $\partial I/\partial a^\rho, \partial^2 I/\partial a^{\rho^2}, \cdots$ 都是系统的第一积分.

对非自治情形 Birkhoff 系统, 将某函数 $A(\boldsymbol{a})$ 按非自治方程求导数定义为一个积, 即

$$\dot{A}(\boldsymbol{a}) = \frac{\partial A}{\partial a^\mu} \Omega^{\mu\nu} \left(\frac{\partial B}{\partial a^\nu} + \frac{\partial R_\nu}{\partial t} \right) \stackrel{\text{def}}{=\!=} A \cdot B \tag{1.4.32}$$

则这个积不满足右分配律和标律, 因此 $A \cdot B$ 不表征一个代数. 为构造代数, 将非自治 Birkhoff 方程表示为 [2]

$$\dot{a}^\mu - S^{\mu\nu} \frac{\partial B}{\partial a^\nu} = 0 \quad (\mu, \nu = 1, 2, \cdots, 2n) \tag{1.4.33}$$

其中

$$S^{\mu\nu} = \Omega^{\mu\nu} + T^{\mu\nu}$$

$$(T^{\mu\nu}) = \begin{pmatrix} T^{11} & 0 & \cdots & 0 \\ 0 & T^{22} & \cdots & 0 \\ \vdots & \vdots & & \vdots \\ 0 & 0 & \cdots & T^{2n2n} \end{pmatrix} \tag{1.4.34}$$

$$T^{\mu\mu} \frac{\partial B}{\partial a^\mu} \stackrel{\text{def}}{=\!=} \Omega^{\mu\nu} \frac{\partial R_\nu}{\partial t}$$

定义积

$$\dot{A}(\boldsymbol{a}) = \frac{\partial A}{\partial a^\mu} S^{\mu\nu} \frac{\partial B}{\partial a^\nu} \stackrel{\text{def}}{=\!=} AB \tag{1.4.35}$$

这个积具有相容代数结构. 进而, 再定义一个新积

$$A \circ B \stackrel{\text{def}}{=\!=} AB - BA \tag{1.4.36}$$

它满足 Lie 代数公理. 因此, 积 (1.4.35) 具有 Lie 容许代数结构.

非自治情形 Birkhoff 系统的 Poisson 方法有如下结果.

命题 11　$I(a^\mu, t) = C$ 是非自治情形 Birkhoff 系统的积分, 其充分必要条件是

$$\frac{\partial I}{\partial t} + IB = 0 \tag{1.4.37}$$

命题 12　如果非自治情形 Birkhoff 系统有包含 a^ρ 的积分 $I(a^\mu, t) = C$, 而 $S^{\mu\nu}$ 和 B 都不显含 a^ρ, 那么 $\partial I/\partial a^\rho, \partial^2 I/\partial a^{\rho^2}, \cdots$ 都是系统的积分.

例 4　已知四阶 Birkhoff 系统为

$$R_1 = a^2 + a^3, \quad R_2 = 0, \quad R_3 = a^4, \quad R_4 = 0$$
$$B = \frac{1}{2}\left[(a^3)^2 + 2a^2 a^3 - (a^4)^2\right] \tag{1.4.38}$$

试用 Poisson 积分法求其积分.

由式 (1.4.38) 知

$$(\Omega_{\mu\nu}) = \begin{pmatrix} 0 & -1 & -1 & 0 \\ 1 & 0 & 0 & 0 \\ 1 & 0 & 0 & -1 \\ 0 & 0 & 1 & 0 \end{pmatrix}$$

$$(\Omega^{\mu\nu}) = \begin{pmatrix} 0 & 1 & 0 & 0 \\ -1 & 0 & 0 & -1 \\ 0 & 0 & 0 & 1 \\ 0 & 1 & -1 & 0 \end{pmatrix}$$

广义 Poisson 条件 (1.4.31) 给出

$$\frac{\partial I}{\partial t} + \frac{\partial I}{\partial a^1}a^3 + \frac{\partial I}{\partial a^2}a^4 + \frac{\partial I}{\partial a^3}(-a^4) + \frac{\partial I}{\partial a^4}(-a^2) = 0$$

由此可找到两个积分

$$I_1 = a^2\cos t - a^4\sin t = C_1$$
$$I_2 = a^1 - a^4 - (a^2 + a^3)t = C_2$$

利用命题 9, 可生成如下两个积分

$$I_3 = \frac{\partial I_1}{\partial t} = -a^2\sin t - a^4\cos t = C_3$$
$$I_4 = \frac{\partial I_2}{\partial t} = -(a^2 + a^3) = C_4$$

由命题 7 推论知, 系统有积分

$$I_5 = B = C_5$$

但与上述四个积分相关.

1.4.4　积分 Birkhoff 方程的场方法

南斯拉夫学者 Vujanović 于 1984 年提出的场积分方法主要用于积分完整非保守系统的微分方程 [11]. 这种积分方法的基本思想是建立基本偏微分方程, 只要能够找到它的完全积分, 则系统的解只需代数运算就可得到.

将 Birkhoff 方程表示为

$$\dot{a}^\mu = \Omega^{\mu\nu}\left(\frac{\partial B}{\partial a^\nu} + \frac{\partial R_\nu}{\partial t}\right) \quad (\mu, \nu = 1, 2, \cdots, 2n) \tag{1.4.39}$$

根据场方法的基本思想, 令 a^μ 中的一个, 例如 a^1, 作为其余变量 $a^\alpha(\alpha = 2, 3, \cdots, 2n)$ 和时间 t 的函数, 即令

$$a^1 = u(a^\alpha, t) \tag{1.4.40}$$

将式 (1.4.40) 两端对 t 求导数, 并利用方程 (1.4.39), 得到 u 应满足的偏微分方程

$$\frac{\partial u}{\partial t} + \frac{\partial u}{\partial a^\alpha}\Omega^{\alpha\nu}\left(\frac{\partial B}{\partial a^\nu} + \frac{\partial R_\nu}{\partial t}\right) - \Omega^{1\mu}\left(\frac{\partial B}{\partial a^\mu} + \frac{\partial R_\mu}{\partial t}\right) = 0$$
$$(\alpha = 2, 3, \cdots, 2n; \quad \mu, \nu = 1, 2, \cdots, 2n) \tag{1.4.41}$$

称拟线性偏微分方程 (1.4.41) 为基本偏微分方程. 如果方程 (1.4.41) 的完全积分可求出并表示为

$$a^1 = u(t, a^\alpha, C_\mu) \tag{1.4.42}$$

令运动的初始条件为

$$t = 0, \quad a^\mu(0) = a_0^\mu \tag{1.4.43}$$

将其代入式 (1.4.42), 可将一个常数, 例如 C_1, 用 a_0^μ 和其余 C_α 表示出, 这样, 式 (1.4.42) 可写成

$$a^1 = u(t, a^\alpha, C_\alpha) \tag{1.4.44}$$

可以证明, 方程 (1.4.39) 相应初值 (1.4.43) 的解, 可由式 (1.4.44) 和下述 $(2n-1)$ 个代数方程

$$\frac{\partial u}{\partial C_\alpha} = 0 \quad (\alpha = 2, 3, \cdots, 2n) \tag{1.4.45}$$

来确定.

利用场方法的主要困难在于求解基本偏微分方程的完全积分.

例 5 四阶 Birkhoff 系统为

$$R_1 = a^3, \quad R_2 = a^4, \quad R_3 = R_4 = 0$$
$$B = \frac{1}{2}\left[a^3 - \frac{1}{b}\arctan(bt)\right]^2 + \frac{1}{2}\left[a^4 - \frac{1}{2b}\ln(1 + b^2t^2)\right]^2 \tag{1.4.46}$$

其中 b 为常数. 试用场方法求系统的运动.

Birkhoff 方程为

$$\dot{a}^3 = 0, \quad \dot{a}^4 = 0, \quad \dot{a}^1 - a^3 + \frac{1}{b}\arctan(bt) = 0$$
$$\dot{a}^2 - a^4 + \frac{1}{2b}\ln(1 + b^2t^2) = 0$$

令

$$a^1 = u(a^2, a^3, a^4, t)$$

基本偏微分方程 (1.4.41) 给出

$$\frac{\partial u}{\partial t} + \frac{\partial u}{\partial a^2}\left[a^4 - \frac{1}{2b}\ln(1 + b^2t^2)\right] - a^3 + \frac{1}{b}\arctan(bt) = 0$$

令其完全积分为

$$u = f_1(t) + f_2(t)a^2 + f_3(t)a^3 + f_4(t)a^4$$

将其代入方程, 并令其自由项以及含 a^2, a^3, a^4 的项分别为零, 得到为确定 f_1, f_2, f_3, f_4 的微分方程

$$\dot{f}_1 - \frac{f_2}{2b}\ln(1 + b^2t^2) + \frac{1}{b}\arctan(bt) = 0$$
$$\dot{f}_2 = 0, \quad \dot{f}_3 - 1 = 0, \quad \dot{f}_4 + f_2 = 0$$

积分之, 得

$$\dot{f}_1 = C_1 - \frac{1}{b}\left[t\arctan(bt) - \frac{1}{2b}\ln(1 + b^2t^2)\right]$$
$$+ C_2\left[-\frac{t}{b} + \frac{1}{b^2}\arctan(bt) + \frac{t}{2b}\ln(1 + b^2t^2)\right]$$
$$f_2 = C_2, \quad f_3 = C_3 + t, \quad f_4 = C_4 - C_2t$$

其中 C_1, C_2, C_3, C_4 为常数. 将其代入 u, 得

$$u = C_1 - \frac{1}{b}\left[t\arctan(bt) - \frac{1}{2b}\ln(1 + b^2t^2)\right]$$
$$+ C_2\left[-\frac{t}{b} + \frac{1}{b^2}\arctan(bt) + \frac{t}{2b}\ln(1 + b^2t^2)\right]$$

$$+ C_2 a^2 + (c_3 + t)a^3 + (C_4 - C_2 t)a^4$$

令初始条件为

$$t = 0, \quad a^\nu(0) = a_0^\nu \quad (\nu = 1, 2, 3, 4)$$

将其代入上式, 解得

$$C_1 = a_0^1 - C_2 a_0^2 - C_3 a_0^3 - C_4 a_0^4$$

于是完全积分为

$$u = a^1 = a_0^1 - C_2 a_0^2 - C_3 a_0^3 - C_4 a_0^4 - \frac{1}{b}\left[t\arctan(bt) - \frac{1}{2b}\ln(1 + b^2 t^2) \right]$$

$$+ C_2\left[-\frac{t}{b} + \frac{1}{b^2}\arctan(bt) + \frac{t}{2b}\ln(1 + b^2 t^2) \right]$$

$$+ C_2 a^2 + (C^3 + t)a^3 + (C_4 - C_2 t)a^4$$

方程 (1.4.45) 给出

$$\frac{\partial u}{\partial C_2} = 0, \quad \frac{\partial u}{\partial C_3} = 0, \quad \frac{\partial u}{\partial C_4} = 0,$$

即

$$-a_0^2 - \frac{t}{b} + \frac{1}{b^2}\arctan(bt) + \frac{t}{2b}\ln(1 + b^2 t^2) + a^2 - ta^4 = 0$$

$$-a_0^3 + a^3 = 0$$

$$-a_0^4 + a^4 = 0$$

由此解得

$$a^2 = a_0^2 + ta_0^4 + \frac{t}{b} - \frac{1}{b^2}\arctan(bt) - \frac{t}{2b}\ln(1 + b^2 t^2)$$

$$a^3 = a_0^3$$

$$a^4 = a_0^4$$

将其代入 u, 得

$$u = a^1 = a_0^1 - \frac{1}{b}\left[t\arctan(bt) - \frac{1}{2b}\ln(1 + b^2 t^2) \right] + ta_0^3$$

1.4.5　积分 Birkhoff 方程的势积分方法

苏联学者Аржаных于 1965 年提出了势积分方法 [12]. 下面研究 Birkhoff 方程的势积分方法.

将方程 (1.4.39) 表示为

$$\dot{x}_i = F_i(t, x_j) \quad (i, j = 1, 2, \cdots, 2n) \tag{1.4.47}$$

其中

$$x_i = a^i, \quad F_i = \Omega^{ij}\left(\frac{\partial B}{\partial a^j} + \frac{\partial R_j}{\partial t}\right) \tag{1.4.48}$$

利用势积分方法, 将方程 (1.4.47) 的解表示为

$$x_j = \frac{\partial \psi}{\partial p_i} \tag{1.4.49}$$

其中 $\psi(t, p_i, a_i)$ 是一阶偏微分方程

$$\frac{\partial \psi}{\partial t} = p_j F_j\left(t, \frac{\partial \psi}{\partial p_i}\right) \tag{1.4.50}$$

的完全积分. 将式 (1.4.49) 表示为时间 t 的显式, 必须用其值代替 p_i, 可由下式找到

$$\frac{\partial \psi}{\partial a_i} = b_i \tag{1.4.51}$$

结果有

$$x_i = f_i(t, C_j) \tag{1.4.52}$$

其中

$$C_i = \omega_i(a_j, b_j) \tag{1.4.53}$$

这里 a_i, b_i, c_i 都是常数.

应用势积分方法的主要困难在于求偏微分方程 (1.4.50) 的完全积分.

1.5 Birkhoff 系统动力学逆问题

本节讨论 Birkhoff 系统动力学逆问题, 包括方程的建立问题、对称性与动力学逆问题、根据 Pfaff-Birkhoff-d'Alembert 原理组建方程、广义 Poisson 方法与动力学逆问题等.

1.5.1 Birkhoff 方程的建立问题

Birkhoff 方程的建立问题, 包括已知运动性质来组建 Birkhoff 方程, 以及根据已知一部分运动方程和一些运动性质来封闭方程的问题.

组建 Birkhoff 方程的提法如下:

系统给定的积分流形为

$$\Omega : I_\rho(a^\mu, t) = C_\rho \quad (\rho = 1, 2, \cdots, m \leqslant 2n) \tag{1.5.1}$$

其中某些常数 C_ρ 可以是零. 假设函数 I_ρ 对其变量连续可微, 它们彼此相容且独立. 问题是要按给定的性质 (1.5.1) 来建立系统的 Birkhoff 方程, 使得式 (1.5.1) 是

系统的一个可能的运动. 也就是说, 使式 (1.5.1) 是系统的第一积分 ($C_\rho \neq 0$) 或特殊积分 ($C_\rho = 0$).

组建 Birkhoff 方程的解法是, 将式 (1.5.1) 对 t 求导数, 并引入Еругин函数, 适当补充条件可求得全部 $\dot{a}^\mu(\mu = 1, 2, \cdots, 2n)$. 然后, 再将其化为 Birkhoff 方程. 一般说来, 这类问题没有单一解.

Birkhoff 方程的封闭问题, 提法如下:

给定系统部分运动方程

$$\dot{a}^r = \sigma_r(a^\mu, t) \quad (r = 1, 2, \cdots, m' \leqslant 2n) \tag{1.5.2}$$

以及运动性质

$$I_s(a^\mu, t) = C_s \quad (s = m' + 1, m' + 2, \cdots, m \leqslant 2n) \tag{1.5.3}$$

来找到全部运动方程, 并将其 Birkhoff 化.

这类逆问题的解法, 可分为两步. 第一步是由式 (1.5.2),(1.5.3) 求出所有 $\dot{a}^\mu(\mu = 1, 2, \cdots, 2n)$; 第二步是将所得一阶微分方程组化成 Birkhoff 形式. 一般说, 第一步没有单一解, 需补充一些限制才行. 完成了第一步之后才能进行第二步.

1.5.2 Birkhoff 系统的对称性与动力学逆问题

Birkhoff 系统的对称性与动力学逆问题, 有两种提法.

第一种提法是, 已知 Birkhoff 函数组 $R_\mu(\mu = 1, 2, \cdots, 2n)$, 按给定的一个积分

$$I(a^\mu, t) = C \tag{1.5.4}$$

以及广义 Killing 方程

$$\begin{aligned}
R_\mu \frac{\partial \xi_\mu}{\partial a^\nu} + \frac{\partial R_\nu}{\partial a^\mu} \xi_\mu + \frac{\partial R_\nu}{\partial t} \xi_0 - B \frac{\partial \xi_0}{\partial a^\nu} + \frac{\partial G_N}{\partial a^\nu} = 0 \\
\frac{\partial B}{\partial t} \xi_0 + B \frac{\partial \xi_0}{\partial t} + \frac{\partial B}{\partial a^\mu} \xi_\mu - R_\mu \frac{\partial \xi_\mu}{\partial t} - \frac{\partial G_N}{\partial t} = 0
\end{aligned} \tag{1.5.5}$$

来求 Birkhoff 函数 B 和无限小生成元 ξ_0, ξ_μ 及规范函数 G_N[13].

为解此逆问题, 令积分 (1.5.4) 为 Noether 守恒量, 即令

$$I = R_\mu \xi_\mu - B \xi_0 + G_N = C \tag{1.5.6}$$

将式 (1.5.6) 对 t 求导数, 再与式 (1.5.5) 联合, 便有可能解此类逆问题.

第二种提法是, 已知系统的 Birkhoff 函数 B, 按给定的积分 (1.5.4) 及广义 Killing 方程 (1.5.5) 来求函数 R_μ, 无限小生成元 ξ_0, ξ_μ 和规范函数 G_N.

这类逆问题的解法类似于第一种.

1.5.3 根据 Pfaff-Birkhoff-d′Alembert 原理组成运动方程

由式 (1.1.9) 中积分区间 $[t_0, t_1]$ 的任意性, 得到

$$\left[\left(\frac{\partial R_\nu}{\partial a^\mu} - \frac{\partial R_\mu}{\partial a^\nu} \right) \dot{a}^\nu - \frac{\partial B}{\partial a^\mu} - \frac{\partial R_\mu}{\partial t} \right] \delta a^\mu = 0 \qquad (1.5.7)$$

这就是 Pfaff-Birkhoff-d′Alembert 原理.

Birkhoff 系统一类动力学逆问题的提法是, 由原理 (1.5.7) 出发来组建运动方程, 要求按给定性质

$$\Omega : I_\rho(a^\mu, t) = 0 \quad (\rho = 1, 2, \cdots, m \leqslant 2n) \qquad (1.5.8)$$

的运动是系统的可能运动.

为解上述逆问题, 需将式 (1.5.8) 对 t 求导数, 并引入 Еругин 函数 Φ_ρ, 得到

$$\frac{\partial I_\rho}{\partial a^\mu} \dot{a}^\mu + \frac{\partial I_\rho}{\partial t} = \Phi_\rho(\boldsymbol{I}, \boldsymbol{a}, t) \qquad (1.5.9)$$

对式 (1.5.8) 取变分, 得到

$$\frac{\partial I_\rho}{\partial a^\mu} \delta a^\mu = 0 \qquad (1.5.10)$$

假设由此可解出 m 个 δa^ρ, 记作

$$\delta a^\rho = C_{\rho\sigma} \delta a^\sigma \quad (\sigma = m+1, m+2, \cdots, 2n) \qquad (1.5.11)$$

将式 (1.5.11) 代入原理 (1.5.7), 由 δa^σ 的独立性得到

$$\Omega_{\sigma\nu} \dot{a}^\nu - \frac{\partial B}{\partial a^\sigma} - \frac{\partial R_\sigma}{\partial t} + C_{\rho\sigma} \left(\Omega_{\rho\nu} \dot{a}^\nu - \frac{\partial B}{\partial a^\rho} - \frac{\partial R_\rho}{\partial t} \right) = 0 \quad (\sigma = m+1, m+2, \cdots, 2n) \tag{1.5.12}$$

由式 (1.5.9) 和 (1.5.12), 就有可能得到逆问题的解.

所得到的方程, 仅当初始条件满足式 (1.5.8), 即

$$I_\rho(a_0^\mu, t_0) = 0 \qquad (1.5.13)$$

才是问题的解. 自然可假设条件 (1.5.13) 实际上不满足, 因此, 要求当有对条件 (1.5.13) 的初始偏离时, 相对给定性质 (1.5.8) 是稳定的. 这个要求可用来选取尚未确定的 Еругин 函数 Φ_ρ.

1.5.4 广义 Poisson 方法与动力学逆问题

根据 Birkhoff 系统关于第一积分的广义 Poisson 条件可提出并解决一类动力学逆问题.

自治和半自治情形 Birkhoff 方程存在第一积分的充分必要条件为式 (1.4.32), 即

$$\frac{\partial I}{\partial t} + [I, B] = 0 \tag{1.5.14}$$

展开为

$$\frac{\partial I}{\partial t} + \frac{\partial I}{\partial a^\mu} \Omega^{\mu\nu} \frac{\partial B}{\partial a^\nu} = 0 \tag{1.5.15}$$

Birkhoff 系统动力学逆问题的提法如下: 根据已知第一积分

$$I(a^\mu, t) = C \tag{1.5.16}$$

来建立自治情形或半自治情形的 Birkhoff 方程

$$\Omega_{\mu\nu} \dot{a}^\nu - \frac{\partial B}{\partial a^\mu} = 0 \tag{1.5.17}$$

这类逆问题的解归结为求解 R_μ, B 所满足的广义 Piosson 条件给出的偏微分方程 (1.5.15).

1.6   Birkhoff 系统的运动稳定性

利用 Lyapunov 一次近似法和直接法, 可以研究 Birkhoff 系统的平衡稳定性和运动稳定性.

1.6.1   Birkhoff 系统的平衡稳定性

Lyapunov 一次近似理论应用于 Birkhoff 系统, 有如下结果.

命题 1   自治情形 Birkhoff 系统一次近似的特征方程中不出现 λ 的奇次项. 若有根 λ, 则必有根 $(-\lambda)$.

命题 2   如果自治 Birkhoff 系统一次近似的特征方程有实部不为零的根, 则平衡是不稳定的.

Lyapunov 直接法应用于 Birkhoff 系统, 有如下结果.

命题 3   如果 $a = a_0$ 是自治情形 Birkhoff 系统的平衡位置, 若 Birkhoff 函数 B 满足 $B(a_0) = 0$, 且在 $a = a_0$ 的邻域内是定号函数, 则系统的平衡位置是稳定的.

对半自治和非自治 Birkhoff 系统, 因方程包含时间 t, 稳定性研究出现较大困难.

1.6.2 Birkhoff 系统的运动稳定性

对 Birkhoff 系统建立受扰运动方程, 在一些限制下, 用 Lyapunov 一次近似理论, 可以研究系统的运动稳定性.

参 考 文 献

[1] 梅凤翔, 史荣昌, 张永发, 吴惠彬. Birkhoff 系统动力学. 北京: 北京理工大学出版社, 1996

[2] Santilli R M. Foundations of Theoretical Mechanics II. New York: Springer-Verlag, 1983

[3] Birkhoff G D. Dynamical Systems. Providence R I: AMS College Publ, 1927

[4] Santilli R M. Foundations of Theoretical Mechanics I. New York: Springer-Verlag, 1978

[5] 梅凤翔. 分析力学专题. 北京: 北京工业学院出版社, 1988

[6] Галинуллин А С, Гафаров Г Г, Малайшка Р П, Хван А М. Аналитическая динамика Систем Гельмгольца, Биркгофа, Намбу, Москва: УФИ. 1997

[7] 梅凤翔. 李群和李代数对约束力学系统的应用. 北京: 科学出版社, 1999

[8] Мэй Фунсян. Об Одном методе интегрирования уравнений движения неголономных систем со связями высшего порядка. ПММ, 1991, 55(4): 691–695

[9] 梅凤翔. 约束力学系统的对称性与守恒量. 北京: 北京理工大学出版社, 2004

[10] Mei F X, Gang T Q, Xie J F. A symmetry and a conserved quantity for the Birkhoff system. Chin Phys, 2006, 15 (8):1678–1681

[11] Vujanović B D. A field method and its application to theory of vibrations. Int. J Non-Linear Mech, 1984, 19(4): 383–386

[12] Аржаных И С. Поле Импульсов. Ташкент: Наука, 1965

[13] 梅凤翔. 动力学逆问题. 北京: 国防工业出版社, 2009

第2章 广义 Pfaff-Birkhoff 原理和

广义 Birkhoff 方程

本章提出广义 Pfaff-Birkhoff 原理并导出广义 Birkhoff 方程, 包括 Pfaff-Birkhoff 原理的推广、由广义 Pfaff-Birkhoff 原理导出广义 Birkhoff 方程、广义 Birkhoff 系统的两类积分及降阶法、系统的时间积分定理、系统的随机响应, 以及它与梯度系统的关系等.

2.1 Pfaff-Birkhoff 原理的推广

本节讨论 Hamilton 原理的推广以及 Pfaff-Birkhoff 原理的推广.

2.1.1 Hamilton 原理的推广

众所周知, 完整保守系统的 Hamilton 原理有形式

$$\delta \int_{t_0}^{t_1} L(t, \boldsymbol{q}, \dot{\boldsymbol{q}}) \mathrm{d}t = 0 \tag{2.1.1}$$

其中 $L = L(t, \boldsymbol{q}, \dot{\boldsymbol{q}})$ 为系统的 Lagrange 函数. Hamilton 原理 (2.1.1) 对非保守系统的推广, 可表示为形式 [1-6]

$$\int_{t_0}^{t_1} (\delta L + \delta' W) \mathrm{d}t = 0 \tag{2.1.2}$$

其中

$$\delta' W = Q_s \delta q_s \quad (s = 1, 2, \cdots, n) \tag{2.1.3}$$

而 $Q_s = Q_s(t, \boldsymbol{q}, \dot{\boldsymbol{q}})$ 为对应广义坐标 q_s 的非势广义力. 当 $\delta' W = 0$ 时, 原理 (2.1.2) 成为 Hamilton 原理 (2.1.1).

2.1.2 Pfaff-Birkhoff 原理的推广

Pfaff 作用量是 Hamilton 作用量的推广, 有形式

$$A(\gamma) = \int_{t_0}^{t_1} [R_\nu(t, \boldsymbol{a}) \dot{a}^\nu - B(t, \boldsymbol{a})] \mathrm{d}t \tag{2.1.4}$$

其中 $B = B(t, \boldsymbol{a})$ 为 Birkhoff 函数, $R_\nu = R_\nu(t, \boldsymbol{a})$ 称为 Birkhoff 函数组. Pfaff-Birkhoff 原理为 [7−10]

$$\delta \int_{t_0}^{t_1} [R_\nu(t, \boldsymbol{a})\dot{a}^\nu - B(t, \boldsymbol{a})] \, \mathrm{d}t = 0 \tag{2.1.5}$$

类似于 Hamilton 原理的推广形式 (2.1.2), 可将 Pfaff-Birkhoff 原理 (2.1.5) 推广到如下形式 [11]

$$\int_{t_0}^{t_1} [\delta(R_\nu \dot{a}^\nu - B) + \delta' W] \, \mathrm{d}t = 0 \tag{2.1.6}$$

其中

$$\delta' W = \Lambda_\nu(t, \boldsymbol{a})\delta a^\nu \quad (\nu = 1, 2, \cdots, 2n) \tag{2.1.7}$$

称原理 (2.1.6) 为广义 Pfaff-Birkhoff 原理. 当 $\delta' W = 0$ 时, 它成为 Pfaff-Birkhoff 原理 (2.1.5).

2.2　广义 Birkhoff 方程

本节给出广义 Pfaff-Birkhoff-d'Alembert 原理, 并由此导出广义 Birkhoff 方程.

2.2.1　广义 Pfaff-Birkhoff-d'Alembert 原理

原理 (2.1.6) 可以展开为如下形式

$$\begin{aligned} 0 &= \int_{t_0}^{t_1} \left[\frac{\partial R_\nu}{\partial a^\mu}\dot{a}^\nu \delta a^\mu + R_\nu \frac{\mathrm{d}}{\mathrm{d}t}(\delta a^\nu) - \frac{\partial B}{\partial a^\mu}\delta a^\mu + \Lambda_\mu \delta a^\mu \right] \mathrm{d}t \\ &= \int_{t_0}^{t^1} \left[\left(\frac{\partial R_\nu}{\partial a^\mu} - \frac{\partial R_\mu}{\partial a^\nu} \right) \dot{a}^\nu - \frac{\partial B}{\partial a^\mu} - \frac{\partial R_\mu}{\partial t} + \Lambda_\mu \right] \delta a^\mu \mathrm{d}t \end{aligned} \tag{2.2.1}$$

考虑到积分区间 $[t_0, t_1]$ 的任意性, 由式 (2.2.1) 得到

$$\left[\left(\frac{\partial R_\nu}{\partial a^\mu} - \frac{\partial R_\mu}{\partial a^\nu} \right) \dot{a}^\nu - \frac{\partial B}{\partial a^\mu} - \frac{\partial R_\mu}{\partial t} + \Lambda_\mu \right] \delta a^\mu = 0 \tag{2.2.2}$$

这是一个新的微分变分原理, 称其为广义 Pfaff-Birkhoff-d'Alembert 原理. 特别地, 当 $\Lambda_\mu \delta a^\mu = 0$ 时, 原理 (2.2.2) 给出

$$\left[\left(\frac{\partial R_\nu}{\partial a^\mu} - \frac{\partial R_\mu}{\partial a^\nu} \right) \dot{a}^\nu - \frac{\partial B}{\partial a^\mu} - \frac{\partial R_\mu}{\partial t} \right] \delta a^\mu = 0 \tag{2.2.3}$$

文献 [8] 称其为 Pfaff-Birkhoff-d'Alembert 原理.

2.2.2　广义 Birkhoff 方程

考虑到 δa^μ 的独立性, 由原理 (2.2.2) 得到方程

$$\left(\frac{\partial R_\nu}{\partial a^\mu} - \frac{\partial R_\mu}{\partial a^\nu}\right)\dot{a}^\nu - \frac{\partial B}{\partial a^\mu} - \frac{\partial R_\mu}{\partial t} + \Lambda_\mu = 0 \quad (\mu, \nu = 1, 2, \cdots, 2n) \qquad (2.2.4)$$

称方程 (2.2.4) 为广义 Birkhoff 方程. 当 $\Lambda_\mu = 0(\mu = 1, 2, \cdots, 2n)$ 时, 方程 (2.2.4) 成为 Birkhoff 方程

$$\left(\frac{\partial R_\nu}{\partial a^\mu} - \frac{\partial R_\mu}{\partial a^\nu}\right)\dot{a}^\nu - \frac{\partial B}{\partial a^\mu} - \frac{\partial R_\mu}{\partial t} = 0 \quad (\mu, \nu = 1, 2, \cdots, 2n) \qquad (2.2.5)$$

方程 (2.2.4) 已于 1993 年由文献 [12] 给出. 在文献 [12] 中, 方程 (2.2.4) 是根据 Pfaff 作用量在时间和坐标无限小变换下的广义准对称性而提出来的.

广义 Pfaff-Birkhoff 原理 (2.1.6) 和广义 Birkhoff 方程 (2.2.4) 是广义 Birkhoff 系统动力学的理论基础.

广义 Birkhoff 方程 (2.2.4) 是 Birkhoff 方程 (2.2.5) 的一个推广, 同时这种推广在具体应用时更具灵活性.

例 1　Mathieu 方程有形式

$$\dot{x} = y, \quad \dot{y} = -[\alpha + \beta\cos(2t)]x - \gamma x^3 \qquad (2.2.6)$$

其中 α, β, γ 为常数, 试将其表示为 Birkhoff 方程和广义 Birkhoff 方程.

令

$$a^1 = x, \quad a^2 = y \qquad (2.2.7)$$

将方程表示为

$$\begin{aligned} &-\dot{a}^2 - [\alpha + \beta\cos(2t)]a' - \gamma(a^1)^3 = 0 \\ &\dot{a}^1 - a^2 = 0 \end{aligned} \qquad (2.2.8)$$

可将其表示为 Birkhoff 方程, 其 Birkhoff 函数和 Birkhoff 函数组分别为 [9]

$$\begin{aligned} &B = \frac{1}{2}\left\{(a^2)^2 + [\alpha + \beta\cos(2t)](a^1)^2 + \frac{1}{2}\gamma(a^1)^4\right\} \\ &R_1 = \frac{1}{2}a^2, \quad R_2 = -\frac{1}{2}a^1 \end{aligned} \qquad (2.2.9)$$

现将方程 (2.2.6) 表示为广义 Birkhoff 方程. 取

$$\begin{aligned} &B = 0, \quad R_1 = \frac{1}{2}a^2, \quad R_2 = -\frac{1}{2}a^1 \\ &\Lambda_1 = -[\alpha + \beta\cos(2t)]a^1 - \gamma(a^1)^3, \quad \Lambda_2 = -a^2 \end{aligned} \qquad (2.2.10)$$

或者取

$$B = \frac{1}{2}(a^2)^2, \quad R_1 = \frac{1}{2}a^2, \quad R_2 = -\frac{1}{2}a^1$$
$$\Lambda_1 = -[\alpha + \beta\cos(2t)]a^1 - \gamma(a^1)^3, \quad \Lambda_2 = 0 \tag{2.2.11}$$

或者取

$$B = \frac{1}{2}\left\{[\alpha + \beta\cos(2t)](a^1)^2 + \frac{1}{2}\gamma(a^1)^4\right\}$$
$$R_1 = \frac{1}{2}a^2, \quad R_2 = -\frac{1}{2}a^1, \quad \Lambda_1 = 0, \quad \Lambda_2 = -a^2 \tag{2.2.12}$$

可见, 由于广义 Birkhoff 方程出现了附加项 Λ_μ, 将微分方程表示为广义 Birkhoff 方程要比表示为 Birkhoff 方程来得容易.

例 2 Van der Pol 方程有形式

$$\ddot{x} + x - \varepsilon(1 - x^2)\dot{x} = 0 \tag{2.2.13}$$

其中 ε 为一小参数. 试将其表示为 Birkhoff 方程和广义 Birkhoff 方程.

令

$$a^1 = x, \quad a^2 = \dot{x} \tag{2.2.14}$$

则方程 (2.2.13) 可表示为

$$\dot{a}^1 = a^2, \quad \dot{a}^2 = -a^1 + \varepsilon[1 - (a^1)^2]a^2 \tag{2.2.15}$$

按 Santilli 第一方法 [8], 取 Birkhoff 函数为系统的总能量, 即取

$$B = \frac{1}{2}\left[(a^1)^2 + (a^2)^2\right] \tag{2.2.16}$$

则关于 Birkhoff 函数组 R_1, R_2 的方程为 [7,8]

$$\left(\frac{\partial R_2}{\partial a^1} - \frac{\partial R_1}{\partial a^2}\right)\left\{-a^1 + \varepsilon[1 - (a^1)^2]a^2\right\} = a^1 + \frac{\partial R_1}{\partial t}$$
$$\left(\frac{\partial R_1}{\partial a^2} - \frac{\partial R_2}{\partial a^1}\right)a^2 = a^2 + \frac{\partial R_2}{\partial t} \tag{2.2.17}$$

由此很难找到 R_1 和 R_2. 因此, Santilli 第一方法对此例存在极大困难.

若将 Van der Pol 方程 (2.2.13) 表示为广义 Birkhoff 方程, 则容易得多. 实际上, 可取

$$R_1 = \frac{1}{2}a^2, \quad R_2 = -\frac{1}{2}a^1, \quad B = \frac{1}{2}\left[(a^1)^2 + (a^2)^2\right]$$
$$\Lambda_1 = \varepsilon[1 - (a^1)^2]a^2, \quad \Lambda_2 = 0 \tag{2.2.18}$$

2.3 广义 Birkhoff 系统的两类积分和降阶法

本节研究广义 Birkhoff 系统的两类积分——类能量积分和类循环积分, 并借助这些积分来降阶方程.

2.3.1 类能量积分

将广义 Birkhoff 方程 (2.2.4) 两端乘以 $\dot{a}^\mu$ 并对 μ 求和, 得到

$$\left(\frac{\partial R_\nu}{\partial a^\mu} - \frac{\partial R_\mu}{\partial a^\nu}\right)\dot{a}^\nu\dot{a}^\mu - \frac{\partial B}{\partial a^\mu}\dot{a}^\mu - \frac{\partial R_\mu}{\partial t}\dot{a}^\mu + \Lambda_\mu\dot{a}^\mu = 0 \tag{2.3.1}$$

考虑到

$$\Omega_{\mu\nu} = \frac{\partial R_\nu}{\partial a^\mu} - \frac{\partial R_\mu}{\partial a^\nu} = -\Omega_{\nu\mu} \tag{2.3.2}$$

则有

$$\frac{\mathrm{d}B}{\mathrm{d}t} = \frac{\partial B}{\partial t} - \frac{\partial R_\mu}{\partial t}\dot{a}^\mu + \Lambda_\mu\dot{a}^\mu \tag{2.3.3}$$

因 Birkhoff 函数 B 通常代表能量, 故方程 (2.3.3) 称为类功率方程. 于是有

命题 1 对广义 Birkhoff 系统 (2.2.4), 如果动力学函数 B, R_μ 和 Λ_μ 满足条件

$$\frac{\partial B}{\partial t} - \frac{\partial R_\mu}{\partial t}\dot{a}^\mu + \Lambda_\mu\dot{a}^\mu = 0 \tag{2.3.4}$$

则 Birkhoff 函数 B 是系统的积分.

上述积分称为类能量积分.

推论 1 对自治的广义 Birkhoff 系统, 如果附加项 Λ_μ 满足

$$\Lambda_\mu\dot{a}^\mu = 0 \tag{2.3.5}$$

则 $B = B(\boldsymbol{a})$ 是系统的积分.

推论 2 对 Birkhoff 系统, 如果函数 B, R_μ 满足

$$\frac{\partial B}{\partial t} - \frac{\partial R_\mu}{\partial t}\dot{a}^\mu = 0 \tag{2.3.6}$$

则 B 是系统的积分.

推论 3 对自治的 Birkhoff 系统, Birkhoff 函数 B 是系统的积分.

2.3.2 类循环积分

广义 Birkhoff 系统 (2.2.4) 在一定条件下可存在类循环积分.

命题 2 如果对某个变量 a^1, 有

$$\frac{\partial B}{\partial a^1} = \frac{\partial R_\mu}{\partial a^1} = \Lambda_1 = 0 \tag{2.3.7}$$

则广义 Birkhoff 系统有积分 [13]

$$R_1(t, a^\nu) = \text{const.} \quad (a^\nu \neq a^1) \tag{2.3.8}$$

积分 (2.3.8) 称为类循环积分.

实际上, 广义 Birkhoff 方程 (2.2.4) 中的第一个有形式

$$\left(\frac{\partial R_\nu}{\partial a^1} - \frac{\partial R_1}{\partial a^\nu} \right) \dot{a}^\nu - \frac{\partial B}{\partial a^1} - \frac{\partial R_1}{\partial t} + \Lambda_1 = 0 \tag{2.3.9}$$

将式 (2.3.7) 代入式 (2.3.9), 得

$$-\frac{\partial R_1}{\partial a^\nu} \dot{a}^\nu - \frac{\partial R_1}{\partial t} = 0$$

即

$$\dot{R}_1 = 0$$

推论 4 对 Birkhoff 系统, 如果满足

$$\frac{\partial B}{\partial a^1} = \frac{\partial R_\mu}{\partial a^1} = 0 \tag{2.3.10}$$

则系统有类循环积分 [14,15]

$$R_1 = \text{const.} \tag{2.3.11}$$

例 1 二阶广义 Birkhoff 系统为

$$R_1 = \frac{1}{2} t a^2, \quad R_2 = -\frac{1}{2} t a^1, \quad B = \frac{1}{2}(a^1)^2 + \frac{1}{2}(a^2)^2$$
$$\Lambda_1 = \frac{1}{2} a^2, \quad \Lambda_2 = -\frac{1}{2} a^1 \tag{2.3.12}$$

对此系统, 容易验证条件 (2.3.4) 满足, 由命题 1 知, 有类能量积分

$$B = \frac{1}{2}(a^1)^2 + \frac{1}{2}(a^2)^2 = \text{const.} \tag{2.3.13}$$

例 2 四阶广义 Birkhoff 系统为

$$R_1 = R_2 = 0, \quad R_3 = a^1, \quad R_4 = a^2, \quad B = \frac{1}{2}\left[(a^1)^2 + (a^2)^2 + (a^3)^2 \right]$$
$$\Lambda_1 = a^2, \quad \Lambda_2 = a^1, \quad \Lambda_3 = a^4, \quad \Lambda_4 = 0 \tag{2.3.14}$$

对此系统有

$$\frac{\partial B}{\partial a^4} = \frac{\partial R_\mu}{\partial a^4} = \Lambda_4 = 0 \tag{2.3.15}$$

由命题 2 知, 系统有类循环积分

$$R_4 = a^2 = \text{const.} \tag{2.3.16}$$

2.3.3　利用类循环积分的降阶法

利用类循环积分, 可将广义 Birkhoff 方程降阶, 并使方程的形式保持不变. 假设

$$\frac{\partial R_\mu}{\partial a^1} = \frac{\partial B}{\partial a^1} = \varLambda_1 = 0 \tag{2.3.17}$$

由命题 2 知, 系统有类循环积分

$$R_1(a^2, a^3, \cdots, a^{2n}, t) = h \tag{2.3.18}$$

假设由此可解出 a^2, 记作

$$a^2 = M(a^3, a^4, \cdots, a^{2n}, t) \tag{2.3.19}$$

将式 (2.3.19) 代入式 (2.3.18), 则有恒等式

$$R_1(M(a^3, a^4, \cdots, a^{2n}, t), a^3, a^4, \cdots, a^{2n}, t) \equiv h \tag{2.3.20}$$

将其对 $a^\nu (\nu = 3, 4, \cdots, 2n)$ 求偏导数, 得

$$\frac{\partial R_1}{\partial a^\nu} + \frac{\partial R_1}{\partial a^2} \frac{\partial M}{\partial a^\nu} = 0 \tag{2.3.21}$$

由此解得

$$\frac{\partial M}{\partial a^\nu} = -\frac{\partial R_1}{\partial a^\nu} \Big/ \frac{\partial R_1}{\partial a^2} \tag{2.3.22}$$

写出第 2 个方程

$$\frac{\partial R_1}{\partial a^2} \dot{a}^1 + \left(\frac{\partial R_\nu}{\partial a^2} - \frac{\partial R_2}{\partial a^\nu} \right) \dot{a}^\nu - \frac{\partial B}{\partial a^2} - \frac{\partial R_2}{\partial t} + \varLambda_2 = 0 \tag{2.3.23}$$

由此解出 $\dot{a}^1$, 有

$$\dot{a}^1 = \left[\frac{\partial B}{\partial a^2} + \frac{\partial R_2}{\partial t} - \varLambda_2 - \left(\frac{\partial R_\nu}{\partial a^2} - \frac{\partial R_2}{\partial a^\nu} \right) \dot{a}^\nu \right] \Big/ \frac{\partial R_1}{\partial a^2} \tag{2.3.24}$$

后面 $(2n - 2)$ 个方程有形式

$$\left(\frac{\partial R_\nu}{\partial a^i} - \frac{\partial R_i}{\partial a^\nu} \right) \dot{a}^\nu - \frac{\partial B}{\partial a^i} - \frac{\partial R_i}{\partial t} + \varLambda_i = 0 \quad (\nu = 1, 2, \cdots, 2n; \quad i = 3, 4, \cdots, 2n) \tag{2.3.25}$$

将式 (2.3.24) 代入式 (2.3.25) 并利用式 (2.3.22), 得

$$-\frac{\partial M}{\partial a^i} \left[\frac{\partial B}{\partial a^2} + \frac{\partial R_2}{\partial t} - \varLambda_2 - \left(\frac{\partial R_\nu}{\partial a^2} - \frac{\partial R_2}{\partial a^\nu} \right) \dot{a}^\nu \right] + \left(\frac{\partial R_\nu}{\partial a^i} - \frac{\partial R_i}{\partial a^\nu} \right) \dot{a}^\nu$$

$$-\frac{\partial B}{\partial a^i} - \frac{\partial R_i}{\partial t} + \varLambda_i = 0 \quad (\nu = 2, 3, \cdots, 2n; \quad i = 3, 4, \cdots, 2n) \tag{2.3.26}$$

由式 (2.3.19), 得

$$\dot{a}^2 = \frac{\partial M}{\partial a^i}\dot{a}^i + \frac{\partial M}{\partial t} \quad (i = 3, 4, \cdots, 2n) \tag{2.3.27}$$

将式 (2.3.27) 代入式 (2.3.26), 消去 $\dot{a}^2$, 整理得

$$\begin{aligned}
&\left[\left(\frac{\partial R_\nu}{\partial a^i} + \frac{\partial R_\nu}{\partial a^2}\frac{\partial M}{\partial a^i}\right) - \left(\frac{\partial R_i}{\partial a^\nu} + \frac{\partial R_i}{\partial a^2}\frac{\partial M}{\partial a^\nu}\right) + \left(\frac{\partial R_2}{\partial a^i} + \frac{\partial R_2}{\partial a^2}\frac{\partial M}{\partial a^i}\right)\frac{\partial M}{\partial a^\nu}\right.\\
&\left.- \left(\frac{\partial R_2}{\partial a^\nu} + \frac{\partial R_2}{\partial a^2}\frac{\partial M}{\partial a^\nu}\right)\frac{\partial M}{\partial a^i}\right]\dot{a}^\nu - \left(\frac{\partial B}{\partial a^i} + \frac{\partial B}{\partial a^2}\frac{\partial M}{\partial a^i}\right) - \left(\frac{\partial R_i}{\partial t} + \frac{\partial R_i}{\partial a^2}\frac{\partial M}{\partial t}\right)\\
&+ \left(\frac{\partial R_2}{\partial a^i} + \frac{\partial R_2}{\partial a^2}\frac{\partial M}{\partial a^i}\right)\frac{\partial M}{\partial t} - \left(\frac{\partial R_2}{\partial t} + \frac{\partial R_2}{\partial a^2}\frac{\partial M}{\partial t}\right)\frac{\partial M}{\partial a^i} + \Lambda_2\frac{\partial M}{\partial a^i} + \Lambda_i\\
&= 0 \quad (i, \nu = 3, 4, \cdots, 2n)
\end{aligned} \tag{2.3.28}$$

令

$$\begin{aligned}
R'_\nu(a^2, a^3, \cdots, a^{2n}, t) &\equiv R_\nu(M(a^3, a^4, \cdots, a^{2n}, t), a^3, \cdots, a^{2n}, t)\\
B'(a^2, a^3, \cdots, a^{2n}, t) &\equiv B(M(a^3, a^4, \cdots, a^{2n}, t), a^3, \cdots, a^{2n}, t)
\end{aligned} \tag{2.3.29}$$

则有

$$\begin{aligned}
\frac{\partial R'_\nu}{\partial a^i} &= \frac{\partial R_\nu}{\partial a^i} + \frac{\partial R_\nu}{\partial a^2}\frac{\partial M}{\partial a^i}\\
\frac{\partial B'}{\partial a^i} &= \frac{\partial B}{\partial a^i} + \frac{\partial B}{\partial a^2}\frac{\partial M}{\partial a^i}
\end{aligned} \tag{2.3.30}$$

这样, 方程 (2.3.28) 可写成形式

$$\begin{aligned}
&\left(\frac{\partial R'_\nu}{\partial a^i} - \frac{\partial R'_i}{\partial a^\nu} + \frac{\partial R'_2}{\partial a^i}\frac{\partial M}{\partial a^\nu} - \frac{\partial R'_2}{\partial a^\nu}\frac{\partial M}{\partial a^i}\right)\dot{a}^\nu - \left(\frac{\partial B'}{\partial a^i} - \frac{\partial R'_2}{\partial a^i}\frac{\partial M}{\partial t}\right)\\
&- \left(\frac{\partial R'_i}{\partial t} + \frac{\partial R'_2}{\partial t}\frac{\partial M}{\partial a^i}\right) + \Lambda_2\frac{\partial M}{\partial a^i} + \Lambda_i = 0
\end{aligned} \tag{2.3.31}$$

再做如下定义

$$\frac{\partial R^*_\nu}{\partial a^i} \stackrel{\text{def}}{=\!=} \frac{\partial R'_\nu}{\partial a^i} + \frac{\partial R'_2}{\partial a^i}\frac{\partial M}{\partial a^\nu}$$

$$\frac{\partial B^*}{\partial a^i} \stackrel{\text{def}}{=\!=} \frac{\partial B'}{\partial a^i} - \frac{\partial R'_2}{\partial a^i}\frac{\partial M}{\partial t} \tag{2.3.32}$$

$$\Lambda^*_i \stackrel{\text{def}}{=\!=} \Lambda_i + \Lambda_2\frac{\partial M}{\partial a^i}$$

则方程 (2.3.31) 简记作 [13]

$$\left(\frac{\partial R^*_\nu}{\partial a^i} - \frac{\partial R^*_i}{\partial a^\nu}\right)\dot{a}^\nu - \frac{\partial B^*}{\partial a^i} - \frac{\partial R^*_i}{\partial t} + \Lambda^*_i = 0 \quad (i, \nu = 3, 4, \cdots, 2n) \tag{2.3.33}$$

这样, 利用一个类循环积分, 就可将广义 Birkhoff 方程降了两阶. 方程 (2.3.33) 与式 (2.3.19) 联合, 就有可能求得 $a^2, a^3, \cdots, a^{2n}$ 作为时间 t 的函数.

对于 Birkhoff 系统, $\Lambda_i^* = 0$, 方程 (2.3.33) 成为

$$\left(\frac{\partial R_\nu^*}{\partial a^i} - \frac{\partial R_i^*}{\partial a^\nu} \right) \dot{a}^\nu - \frac{\partial B^*}{\partial a^i} - \frac{\partial R_i^*}{\partial t} = 0 \quad (i, \nu = 3, 4, \cdots, 2n) \tag{2.3.34}$$

方程 (2.3.34) 已由文献 [14,15] 给出.

2.3.4　利用类能量积分的降阶法

利用类能量积分, 可将广义 Birkhoff 方程降阶, 并使方程的形式保持不变.

假设除条件 (2.3.4) 外, 还满足

$$\frac{\partial R_\mu}{\partial t} = \frac{\partial B}{\partial t} = \frac{\partial \Lambda_\mu}{\partial t} = 0 \tag{2.3.35}$$

并且存在函数 $\overline{B} = \overline{B}(a)$ 使得

$$\frac{\partial \overline{B}}{\partial a^\mu} = \frac{\partial B}{\partial a^\mu} - \Lambda_\mu \tag{2.3.36}$$

此时广义 Birkhoff 方程有形式

$$\left(\frac{\partial R_\nu}{\partial a^\mu} - \frac{\partial R_\mu}{\partial a^\nu} \right) \dot{a}^\nu - \frac{\partial \bar{B}}{\partial a^\mu} = 0 \tag{2.3.37}$$

类能量积分有形式

$$\overline{B}(a^1, a^2, \cdots, a^{2n}) = h \tag{2.3.38}$$

设由此可解出某个 a^μ, 记作

$$a^\mu = K(a^1, a^2, \cdots, a^{\mu-1}, a^{\mu+1}, \cdots, a^{2n}) \tag{2.3.39}$$

将式 (2.3.39) 代入式 (2.3.38), 得到恒等式

$$\overline{B}(a^1, a^2, \cdots, a^{\mu-1}, K, a^{\mu+1}, \cdots, a^{2n}) \equiv h \tag{2.3.40}$$

将其对 a^ν 求偏导数, 得

$$\frac{\partial \overline{B}}{\partial a^\nu} + \frac{\partial \overline{B}}{\partial a^\mu} \frac{\partial K}{\partial a^\nu} = 0 \tag{2.3.41}$$

由此解得

$$\frac{\partial \overline{B}}{\partial a^\mu} = -\frac{\partial \overline{B}}{\partial a^\nu} \Big/ \frac{\partial K}{\partial a^\nu} \tag{2.3.42}$$

方程 (2.3.37) 的第 μ 个有形式

$$\left(\frac{\partial R_\nu}{\partial a^\mu} - \frac{\partial R_\mu}{\partial a^\nu}\right) a^{\nu'} + \left(\frac{\partial R_1}{\partial a^\mu} - \frac{\partial R_\mu}{\partial a^1}\right) - \frac{\partial \overline{B}}{\partial a^\mu} \frac{1}{\dot{a}^1} = 0 \tag{2.3.43}$$

其中

$$a^{\nu'} = \dot{a}^\nu / \dot{a}^1 \quad (\nu = 2, 3, \cdots, 2n) \tag{2.3.44}$$

将式 (2.3.42) 代入式 (2.3.43), 并解出 $\dot{a}^1$, 代入其余 $(2n-2)$ 个方程, 得到

$$\left[\frac{\partial R_\nu}{\partial a^i} - \frac{\partial R_i}{\partial a^\nu} + \frac{\partial K}{\partial a^i}\left(\frac{\partial R_\nu}{\partial a^\mu} - \frac{\partial R_\mu}{\partial a^\nu}\right)\right] a^{\nu'} + \left(\frac{\partial R_\mu}{\partial a^i} - \frac{\partial R_i}{\partial a^\mu}\right) a^{\mu'}$$

$$+ \frac{\partial K}{\partial a^i}\left(\frac{\partial R_1}{\partial a^\mu} - \frac{\partial R_\mu}{\partial a^1}\right) + \left(\frac{\partial R_1}{\partial a^i} - \frac{\partial R_i}{\partial a^1}\right) = 0 \quad (i \neq 1, \mu) \tag{2.3.45}$$

考虑到

$$a^{\mu'} = \frac{\partial K}{\partial a^\nu} a^{\nu'} + \frac{\partial K}{\partial a^1} \quad (\nu \neq \mu) \tag{2.3.46}$$

并令

$$\widetilde{R}_\nu(a^1, a^2, \cdots, a^{\mu-1}, a^{\mu+1}, \cdots, a^{2n}) = R_\nu(a^1, a^2, \cdots, a^{\mu-1}, K, a^{\mu+1}, \cdots, a^{2n}) \tag{2.3.47}$$

则方程 (2.3.45) 可表示为形式

$$\left[\left(\frac{\partial \widetilde{R}_\nu}{\partial a^i} + \frac{\partial \widetilde{R}_\mu}{\partial a^i}\frac{\partial K}{\partial a^\nu}\right) - \left(\frac{\partial \widetilde{R}_i}{\partial a^\nu} + \frac{\partial \widetilde{R}_\mu}{\partial a^\nu}\frac{\partial K}{\partial a^i}\right)\right] a^{\nu'}$$

$$+ \left(\frac{\partial \widetilde{R}_1}{\partial a^i} + \frac{\partial \widetilde{R}_\mu}{\partial a^i}\frac{\partial K}{\partial a^1}\right) - \left(\frac{\partial \widetilde{R}_i}{\partial a^1} + \frac{\partial \widetilde{R}_\mu}{\partial a^1}\frac{\partial K}{\partial a^i}\right) = 0 \tag{2.3.48}$$

给出如下定义

$$\frac{\partial R_\nu^*}{\partial a^i} \stackrel{\text{def}}{=\!=} \frac{\partial \widetilde{R}_\nu}{\partial a^i} + \frac{\partial \widetilde{R}_\mu}{\partial a^i}\frac{\partial K}{\partial a^\nu} \quad (\nu = 2, 3, \cdots, 2n; \quad i = 1, 2, \cdots, 2n; \quad \nu \neq \mu)$$

$$\frac{\partial R_1^*}{\partial a^i} \stackrel{\text{def}}{=\!=} -\left(\frac{\partial \widetilde{R}_1}{\partial a^i} + \frac{\partial \widetilde{R}_\mu}{\partial a^i}\frac{\partial K}{\partial a^1}\right) \quad (i = 2, 3, \cdots, 2n; \quad i \neq \mu) \tag{2.3.49}$$

$$\frac{\partial R_i^*}{\partial a^1} \stackrel{\text{def}}{=\!=} \frac{\partial \widetilde{R}_i}{\partial a^1} + \frac{\partial \widetilde{R}_\mu}{\partial a^1}\frac{\partial K}{\partial a^i} \quad (i = 2, 3, \cdots, 2n; \quad i \neq \mu)$$

则方程 (2.3.48) 简记作

$$\left(\frac{\partial R_\nu^*}{\partial a^i} - \frac{\partial R_i^*}{\partial a^\nu}\right) a^{\nu'} - \left(\frac{\partial R_1^*}{\partial a^i} + \frac{\partial R_i^*}{\partial a^1}\right) = 0 \quad (i = 2, 3, \cdots, 2n; \quad i \neq \mu) \tag{2.3.50}$$

这样, 利用一个类能量积分, 就可将广义 Birkhoff 方程降了两阶.

对于 Birkhoff 系统, 相应结果已由文献 [14,15] 给出.

例 3　四阶广义 Birkhoff 系统为

$$R_1 = a^2 + a^3, \quad R_2 = a^4, \quad R_3 = -\frac{1}{2}a^4, \quad R_4 = \frac{1}{2}a^3$$
$$B = \frac{1}{2}[(a^2)^2 + (a^3)^2 + (a^4)^2] \tag{2.3.51}$$
$$\Lambda_1 = 0, \quad \Lambda_2 = a^3, \quad \Lambda_3 = a^2, \quad \Lambda_4 = a^4$$

试用类循环积分将方程降阶.

容易验证条件 (2.3.17) 满足, 系统有类循环积分

$$R_1 = a^2 + a^3 = h$$

由此解出 a^2, 有

$$a^2 = h - a^3$$

式 (2.3.29) 给出

$$R_2' = a^4, \quad R_3' \doteq -\frac{1}{2}a^4, \quad R_4' = \frac{1}{2}a^3$$
$$B' = \frac{1}{2}[(h - a^3)^2 + (a^3)^2 + (a^4)^2]$$

式 (2.3.32) 给出

$$\frac{\partial R_3^*}{\partial a^4} = \frac{\partial R_3'}{\partial a^4} + \frac{\partial R_2'}{\partial a^4}\frac{\partial M}{\partial a^3} = -\frac{3}{2}$$

$$\frac{\partial R_4^*}{\partial a^3} = \frac{\partial R_4'}{\partial a^3} + \frac{\partial R_2'}{\partial a^3}\frac{\partial M}{\partial a^4} = \frac{1}{2}$$

$$\frac{\partial B^*}{\partial a^3} = \frac{\partial B'}{\partial a^3} - \frac{\partial R_2'}{\partial a^3}\frac{\partial M}{\partial t} = a^3 - (h - a^3)$$

$$\frac{\partial B^*}{\partial a^4} = \frac{\partial B'}{\partial a^4} - \frac{\partial R_2'}{\partial a^4}\frac{\partial M}{\partial t} = a^4$$

$$\Lambda_3^* = \Lambda_3 + \Lambda_2\frac{\partial M}{\partial a^3} = a^2 - a^3 = h - 2a^3$$

$$\Lambda_4^* = \Lambda_4 + \Lambda_2\frac{\partial M}{\partial a^4} = a^4$$

方程 (2.3.33) 给出

$$\left(\frac{\partial R_\nu^*}{\partial a^3} - \frac{\partial R_3^*}{\partial a^\nu}\right)\dot{a}^\nu - \frac{\partial B^*}{\partial a^3} - \frac{\partial R_3^*}{\partial t} + \Lambda_3^* = 0$$

$$\left(\frac{\partial R_\nu^*}{\partial a^4} - \frac{\partial R_4^*}{\partial a^\nu}\right)\dot{a}^\nu - \frac{\partial B^*}{\partial a^4} - \frac{\partial R_4^*}{\partial t} + \Lambda_4^* = 0$$

即

$$-2\dot{a}^4 - a^3 + (h - a^3) + h - 2a^3 = 0$$

$$-2\dot{a}^3 - a^4 + a^4 = 0$$

简化为

$$\dot{a}^4 + h - 2a^3 = 0$$

$$\dot{a}^3 = 0$$

由此, 利用初始条件可解出 a^3 和 a^4. 进而. 可求得 a^2 和 a^1.

例 4 四阶广义 Birkhoff 系统为

$$R_1 = \frac{1}{2}a^2, \quad R_2 = -\frac{1}{2}a^1, \quad R_3 = \frac{1}{2}a^4, \quad R_4 = -\frac{1}{2}a^3$$

$$B = \frac{1}{2}[(a^1)^2 + (a^2)^2 + (a^3)^2 + (a_4^2)] \tag{2.3.52}$$

$$\Lambda_1 = a^2, \quad \Lambda_2 = a^1, \quad \Lambda_3 = a^4, \quad \Lambda_4 = a^3$$

试用类能量积分来降阶方程.

容易验证式 (2.3.35) 满足. 由式 (2.3.36) 可找到积分

$$\overline{B} = \frac{1}{2}[(a^2 - a^1)^2 + (a^4 - a^3)^2] = h$$

由此解出 a^2, 有

$$a^2 = a^1 \pm [2h - (a^4 - a^3)^2]^{1/2} = K(a^1, a^3, a^4)$$

按式 (2.3.47) 构造 $\widetilde{R}_\nu$, 有

$$\widetilde{R}_1 = \frac{1}{2}\{a^1 \pm [2h - (a^4 - a^3)^2]^{1/2}\}, \quad \widetilde{R}_2 = -\frac{1}{2}a^1$$

$$\widetilde{R}_3 = \frac{1}{2}a^4, \quad \widetilde{R}_4 = -\frac{1}{2}a^3$$

按式 (2.3.49) 作偏导数运算, 得

$$\frac{\partial R_3^*}{\partial a^1} = \frac{\partial \widetilde{R}_3}{\partial a^1} + \frac{\partial \widetilde{R}_2}{\partial a^1}\frac{\partial K}{\partial a^3} = -\frac{1}{2}\{\pm(a^4 - a^3)[2h - (a^4 - a^3)^2]^{-1/2}\}$$

$$\frac{\partial R_4^*}{\partial a^1} = \frac{\partial \widetilde{R}_4}{\partial a^1} + \frac{\partial \widetilde{R}_2}{\partial a^1}\frac{\partial K}{\partial a^4} = -\frac{1}{2}\{\pm(a^3 - a^4)[2h - (a^4 - a^3)^2]^{-1/2}\}$$

$$\frac{\partial R_3^*}{\partial a^4} = \frac{\partial \widetilde{R}_3}{\partial a^4} + \frac{\partial \widetilde{R}_2}{\partial a^4}\frac{\partial K}{\partial a^3} = \frac{1}{2}$$

$$\frac{\partial R_4^*}{\partial a^3} = \frac{\partial \widetilde{R}_4}{\partial a^3} + \frac{\partial \widetilde{R}_2}{\partial a^3}\frac{\partial K}{\partial a^4} = -\frac{1}{2}$$

$$\frac{\partial R_1^*}{\partial a^3} = -\left(\frac{\partial \widetilde{R}_1}{\partial a^3} + \frac{\partial \widetilde{R}_2}{\partial a^3}\frac{\partial K}{\partial a^1}\right) = -\frac{1}{2}\{\pm(a^4 - a^3)[2h - (a^4 - a^3)^2]^{-1/2}\}$$

$$\frac{\partial R_1^*}{\partial a^4} = -\left(\frac{\partial \widetilde{R}_1}{\partial a^4} + \frac{\partial \widetilde{R}_2}{\partial a^4}\frac{\partial K}{\partial a^1}\right) = -\frac{1}{2}\{\pm(a^3 - a^4)[2h - (a^4 - a^3)^2]^{-1/2}\}$$

方程 (2.3.50) 给出

$$\left(\frac{\partial R_4^*}{\partial a^3} - \frac{\partial R_3^*}{\partial a^4}\right)a^{4'} - \left(\frac{\partial R_1^*}{\partial a^3} + \frac{\partial R_3^*}{\partial a^1}\right) = 0$$

$$\left(\frac{\partial R_3^*}{\partial a^4} - \frac{\partial R_4^*}{\partial a^3}\right)a^{3'} - \left(\frac{\partial R_1^*}{\partial a^4} + \frac{\partial R_4^*}{\partial a^1}\right) = 0$$

即降阶后仅有两个方程

$$-a^{4'} \pm (a^4 - a^3)[2h - (a^4 - a^3)^2]^{-1/2} = 0$$

$$a^{3'} \pm (a^3 - a^4)[2h - (a^4 - a^3)^2]^{-1/2} = 0 \tag{2.3.53}$$

其中

$$a^{3'} = \frac{\dot{a}^3}{\dot{a}^1}, \quad a^{4'} = \frac{\dot{a}^4}{\dot{a}^1}$$

2.4　广义 Birkhoff 系统的时间积分定理

本节从广义 Birkhoff 方程出发, 建立系统的时间积分等式, 再由时间积分等式导出类功率方程、类维里定理, 以及积分变分原理和微分变分原理.

2.4.1　广义 Birkhoff 系统的时间积分等式

将广义 Birkhoff 方程 (2.2.4) 两端乘以任意函数 Z_μ, 对 μ 求和, 并从 t_0 至 t_1 积分, 得 [16]

$$\int_{t_0}^{t_1}\left\{\left(\frac{\partial R_\nu}{\partial a^\mu} - \frac{\partial R_\mu}{\partial a^\nu}\right)\dot{a}^\nu Z_\mu - \frac{\partial B}{\partial a^\mu}Z_\mu - \frac{\partial R_\mu}{\partial t}Z_\mu + \Lambda_\mu Z_\mu\right\}\mathrm{d}t = 0 \tag{2.4.1}$$

称式 (2.4.1) 为广义 Birkhoff 系统的时间积分等式. 适当选取任意函数 Z_μ, 可得到广义 Birkhoff 系统动力学的一些有用结果.

2.4.2　导出类功率方程

取

$$Z_\mu = \dot{a}^\mu \tag{2.4.2}$$

则式 (2.4.1) 给出

$$\int_{t_0}^{t_1} \left\{ \left(\frac{\partial R_\nu}{\partial a^\mu} - \frac{\partial R_\mu}{\partial a^\nu} \right) \dot{a}^\nu \dot{a}^\mu - \frac{\partial B}{\partial a^\mu} \dot{a}^\mu - \frac{\partial R_\mu}{\partial t} \dot{a}^\mu + \Lambda_\mu \dot{a}^\mu \right\} \mathrm{d}t = 0 \qquad (2.4.3)$$

利用

$$\left(\frac{\partial R_\nu}{\partial a^\mu} - \frac{\partial R_\mu}{\partial a^\nu} \right) \dot{a}^\nu \dot{a}^\mu = 0 \qquad (2.4.4)$$

以及积分区间 $[t_0, t_1]$ 的任意性, 由式 (2.4.3) 得到

$$-\frac{\partial B}{\partial a^\mu} \dot{a}^\mu - \frac{\partial R_\mu}{\partial t} \dot{a}^\mu + \Lambda_\mu \dot{a}^\mu = 0 \qquad (2.4.5)$$

它可改写为

$$\frac{\mathrm{d}B}{\mathrm{d}t} = \frac{\partial B}{\partial t} - \frac{\partial R_\mu}{\partial t} \dot{a}^\mu + \Lambda_\mu \dot{a}^\mu \qquad (2.4.6)$$

称式 (2.4.6) 为类功率方程.

由类功率方程 (2.4.6) 可证明 2.3 节中的命题 1.

2.4.3 导出类维里定理

取

$$Z_\mu = a^\mu \qquad (2.4.7)$$

则式 (2.4.1) 给出

$$\int_{t_0}^{t_1} \left\{ \left(\frac{\partial R_\nu}{\partial a^\mu} - \frac{\partial R_\mu}{\partial a^\nu} \right) \dot{a}^\nu a^\mu - \frac{\partial B}{\partial a^\mu} a^\mu - \frac{\partial R_\mu}{\partial t} a^\mu + \Lambda_\mu \dot{a}^\mu \right\} \mathrm{d}t = 0 \qquad (2.4.8)$$

称式 (2.4.8) 为类维里 (Virial) 定理 [16].

利用类维里定理可求近似解.

例 Van der Pol 方程为

$$\ddot{q} + \varepsilon(1 - q^2)\dot{q} + q = 0 \qquad (2.4.9)$$

利用类维里定理 (2.4.8), 可求得振子 (2.4.9) 的渐近振幅. 令

$$a^1 = q, \quad a^2 = \dot{q}$$

则方程 (2.4.9) 可表示为

$$\dot{a}^1 = a^2, \quad \dot{a}^2 = -a^1 - \varepsilon[1 - (a^1)^2]a^2$$

将其化为一个广义 Birkhoff 系统, 有

$$R_1 = a^2, \quad R_2 = 0, \quad B = \frac{1}{2}(a^1)^2 + \frac{1}{2}(a^2)^2$$
$$\Lambda_1 = -\varepsilon[1 - (a^1)^2]a^2, \quad \Lambda_2 = 0 \qquad (2.4.10)$$

当 $\varepsilon = 0$ 时, 方程 (2.4.9) 的解是频率 $\omega = 1$, 振幅和相位依赖于初值的谐和解. 因此, 对 $\varepsilon \neq 0$ 的情形, 可试取如下渐近谐和解

$$a^1 = C\sin\chi, \quad a^2 = C\omega\cos\chi, \quad \chi = \omega t \tag{2.4.11}$$

其中振幅 C 和频率 ω 特定. 类维里定理 (2.4.8) 给出

$$\int_0^{\frac{2\pi}{\omega}} \left\{ -\dot{a}^2 - a^1 - \varepsilon[1 - (a^1)^2]a^2 \right\} a^1 \mathrm{d}t$$
$$+ \int_0^{\frac{2\pi}{\omega}} (\dot{a}^1 - a^2)a^2 \mathrm{d}t = 0 \tag{2.4.12}$$

这里取 $t_0 = 0, t_1 = 2\pi/\omega$. 将式 (2.4.11) 代入式 (2.4.12), 注意到

$$\dot{a}^1 = a^2, \quad \int_0^{\frac{2\pi}{\omega}} \dot{a}^2 a^1 \mathrm{d}t = -C^2\omega^2 \int_0^{\frac{2\pi}{\omega}} \sin^2\omega t \mathrm{d}t = -C^2\omega^2 \frac{\pi}{\omega}$$

$$\int_0^{\frac{2\pi}{\omega}} (a^1)^2 \mathrm{d}t = C^2 \frac{\pi}{\omega}, \quad \int_0^{\frac{2\pi}{\omega}} a^1 a^2 \mathrm{d}t = 0, \quad \int_0^{\frac{2\pi}{\omega}} a^2(a^1)^3 \mathrm{d}t = 0$$

则有

$$C^2(\omega^2 - 1)\frac{\pi}{\omega} = 0$$

由此得

$$\omega = 1 \tag{2.4.13}$$

文献 [17] 由完整非保守系统的维里定理解决了上述问题.

2.4.4　导出积分变分原理和微分变分原理

取

$$Z_\mu = \delta a^\mu \tag{2.4.14}$$

此时式 (2.4.1) 给出

$$\int_{t_0}^{t_1} \left[\left(\frac{\partial R_\nu}{\partial a^\mu} - \frac{\partial R_\mu}{\partial a^\nu} \right) \dot{a}^\nu - \frac{\partial B}{\partial a^\mu} - \frac{\partial R_\mu}{\partial t} + \Lambda_\mu \right] \delta a^\mu \mathrm{d}t = 0 \tag{2.4.15}$$

注意到

$$\mathrm{d}\delta a^\mu = \delta\mathrm{d}a^\mu$$
$$\delta a^\mu \big|_{t=t_0} = \delta a^\mu \big|_{t=t_1} = 0 \tag{2.4.16}$$

则式 (2.4.15) 可表示为

$$\int_{t_0}^{t_1} \left[\delta(R_\nu \dot{a}^\nu - B) + \delta'W \right] \mathrm{d}t = 0 \tag{2.4.17}$$

其中

$$\delta'W = \Lambda_\mu \delta a^\mu \tag{2.4.18}$$

原理 (2.4.17) 称为广义 Pfaff-Birkhoff 原理.

由式 (2.4.15) 中积分区间 $[t_0, t_1]$ 的任意性, 可导出如下微分变分原理

$$\left[\left(\frac{\partial R_\nu}{\partial a^\mu} - \frac{\partial R_\mu}{\partial a^\nu}\right)\dot{a}^\nu - \frac{\partial B}{\partial a^\mu} - \frac{\partial R_\mu}{\partial t} + \Lambda_\mu\right]\delta a^\mu = 0 \tag{2.4.19}$$

这就是广义 Pfaff-Birkhoff-d'Alembert 原理.

这样, 就可将广义 Birkhoff 系统动力学建立在系统的时间积分等式上.

有关 Birkhoff 系统的时间积分定理已由文献 [18] 给出.

2.5 广义 Birkhoff 系统的随机响应

动力学中随机过程的研究是科学和工程中的重要课题. 本节讨论广义 Birkhoff 系统的随机响应.

2.5.1 系统的随机微分方程

为研究广义 Birkhoff 方程 (2.2.4) 的随机响应, 对其施加 Gauss 白噪声 ξ_μ, 有

$$\left(\frac{\partial R_\nu}{\partial a^\mu} - \frac{\partial R_\mu}{\partial a^\nu}\right)\dot{a}^\nu - \frac{\partial B}{\partial a^\mu} - \frac{\partial R_\mu}{\partial t} + \Lambda_\mu = \xi_\mu \quad (\mu, \nu = 1, 2, \cdots, 2n) \tag{2.5.1}$$

假设方程非奇异, 可解出所有 $\dot{a}^\mu$, 表示为

$$\dot{a}^\mu = \Omega^{\mu\nu}\left(\frac{\partial B}{\partial a^\nu} + \frac{\partial R_\nu}{\partial t} - \Lambda_\nu + \xi_\nu\right) \tag{2.5.2}$$

其中

$$\Omega^{\mu\rho}\Omega_{\rho\nu} = \delta^\mu_\nu, \quad \Omega_{\rho\nu} = \left(\frac{\partial R_\nu}{\partial a^\rho} - \frac{\partial R_\rho}{\partial a^\nu}\right) \tag{2.5.3}$$

令

$$X_i = a^i \quad (i = 1, 2, \cdots, 2n) \tag{2.5.4}$$

方程 (2.5.2) 可表示为

$$\frac{\mathrm{d}X_i}{\mathrm{d}t} = f_i(X_j, t) + g_{ij}(\boldsymbol{X}, t)\xi_j(t) \quad (i, j = 1, 2, \cdots, 2n) \tag{2.5.5}$$

其中

$$f_i = \Omega^{ij}\left(\frac{\partial B}{\partial X_j} + \frac{\partial R_j}{\partial t} - \Lambda_j\right), \quad g_{ij} = \Omega^{ij} \tag{2.5.6}$$

2.5.2　Itô方程和矩方程

将方程 (2.5.5) 表示为 Itô方程的形式

$$\mathrm{d}X_i = f_i(X_j, t)\mathrm{d}t + g_{ij}(\boldsymbol{X}, t)\mathrm{d}B_j$$

它可表示为矢量形式

$$\mathrm{d}\boldsymbol{X}(t) = \boldsymbol{f}(\boldsymbol{X}(t), t)\mathrm{d}t + \boldsymbol{G}(\boldsymbol{X}(t), t)\mathrm{d}\boldsymbol{B}(t) \tag{2.5.7}$$

其中 $\boldsymbol{X}(t)$ 为 $2n$ 维列矢量 $\boldsymbol{X}(t) = [X_1(t), X_2(t), \cdots, X_{2n}(t)]^{\mathrm{T}}$, 称其为矢量解过程; $\boldsymbol{B}(t)$ 为 $2n$ 维矢量 Wiener 过程

$$\boldsymbol{B}(t) = \int_0^t \boldsymbol{\xi}(t)\mathrm{d}t \quad (t \geqslant 0)$$
$$\boldsymbol{\xi}(t) = [\xi_1(t), \xi_2(t), \cdots, \xi_{2n}(t)]^{\mathrm{T}}$$

且 $\boldsymbol{B}(t)$ 分量有如下性质

$$E\{\Delta B_j(t)\} = E\{B_j(t + \Delta t) - B_j(t)\}$$
$$E\{\Delta B_i(t)\Delta B_j(t)\} = 2D_{ij}\Delta t \tag{2.5.8}$$

而 $\boldsymbol{G}$ 为 $2n \times 2n$ 维矩阵.

Itô方程 (2.5.7) 在物理、化学、生物、控制、通讯理论等方面都有广泛应用. 由方程 (2.5.7) 可得到解过程应满足的微分方程, 有形式 [19]

$$\frac{\mathrm{d}}{\mathrm{d}t}E\{h(\boldsymbol{X}, t)\} = E\left\{f_j\frac{\partial h}{\partial X_j}\right\} + E\left\{(\boldsymbol{G}\boldsymbol{D}\boldsymbol{G}^{\mathrm{T}})_{ij}\frac{\partial^2 h}{\partial X_i \partial X_j}\right\} + E\left\{\frac{\partial h}{\partial t}\right\} \tag{2.5.9}$$

这里 $h(\boldsymbol{X}, t)$ 为 $\boldsymbol{X}(t), t$ 的任意函数.

由方程 (2.5.9) 可生成各次矩的微分方程. 如果取

$$h(\boldsymbol{X}, t) = X_1^{k_1} X_2^{k_2} \cdots X_{2n}^{k_{2n}} \tag{2.5.10}$$

则由方程 (2.5.9) 可生成对 $E\{X_1^{k_1} X_2^{k_2} \cdots X_{2n}^{k_{2n}}\}$ 的方程. 例如, 取 $n = 2$, 有一次矩方程

$$\frac{\mathrm{d}}{\mathrm{d}t}E\{X_1\} = E\{f_1\}$$
$$\frac{\mathrm{d}}{\mathrm{d}t}E\{X_2\} = E\{f_2\}$$
$$\frac{\mathrm{d}}{\mathrm{d}t}E\{X_3\} = E\{f_3\} \tag{2.5.11}$$
$$\frac{\mathrm{d}}{\mathrm{d}t}E\{X_4\} = E\{f_4\}$$

以及二次矩的微分方程

$$\frac{\mathrm{d}}{\mathrm{d}t}E\{X_1^2\} = 2E\{f_1 X_1\} + 2E\{(\boldsymbol{GDG}^{\mathrm{T}})_{11}\}$$

$$\frac{\mathrm{d}}{\mathrm{d}t}E\{X_1 X_2\} = E\{f_1 X_2\} + E\{f_2 X_1\} + 2E\{(\boldsymbol{GDG}^{\mathrm{T}})_{12}\}$$

$$\frac{\mathrm{d}}{\mathrm{d}t}E\{X_1 X_3\} = E\{f_1 X_3\} + E\{f_3 X_1\} + 2E\{(\boldsymbol{GDG}^{\mathrm{T}})_{13}\}$$

$$\frac{\mathrm{d}}{\mathrm{d}t}E\{X_1 X_4\} = E\{f_1 X_4\} + E\{f_4 X_1\} + 2E\{(\boldsymbol{GDG}^{\mathrm{T}})_{14}\}$$

$$\frac{\mathrm{d}}{\mathrm{d}t}E\{X_2^2\} = 2E\{f_2 X_2\} + 2E\{(\boldsymbol{GDG}^{\mathrm{T}})_{22}\} \qquad (2.5.12)$$

$$\frac{\mathrm{d}}{\mathrm{d}t}E\{X_2 X_3\} = E\{f_2 X_3\} + E\{f_3 X_2\} + 2E\{(\boldsymbol{GDG}^{\mathrm{T}})_{23}\}$$

$$\frac{\mathrm{d}}{\mathrm{d}t}E\{X_2 X_4\} = E\{f_2 X_4\} + E\{f_4 X_2\} + 2E\{(\boldsymbol{GDG}^{\mathrm{T}})_{24}\}$$

$$\frac{\mathrm{d}}{\mathrm{d}t}E\{X_3^2\} = 2E\{f_3 X_3\} + 2E\{(\boldsymbol{GDG}^{\mathrm{T}})_{33}\}$$

$$\frac{\mathrm{d}}{\mathrm{d}t}E\{X_3 X_4\} = E\{f_3 X_4\} + E\{f_4 X_3\} + 2E\{(\boldsymbol{GDG}^{\mathrm{T}})_{34}\}$$

$$\frac{\mathrm{d}}{\mathrm{d}t}E\{X_4^2\} = 2E\{f_4 X_4\} + 2E\{(\boldsymbol{GDG}^{\mathrm{T}})_{44}\}$$

下面给出例子说明结果的应用.

四阶广义 Birkhoff 系统为

$$R_1 = a^2, \quad R_2 = 0, \quad R_3 = a^4, \quad R_4 = 0, \quad B = \frac{1}{2}(a^1)^2 + \frac{1}{2}(a^2)^2$$

$$\Lambda_1 = a^1 + a^4, \quad \Lambda_2 = a^2 - a^3, \quad \Lambda_3 = \frac{bt}{1 + b^2 t^2}, \quad \Lambda_4 = \frac{1}{1 + b^2 t^2} \qquad (2.5.13)$$

其中 b 为常数. 广义 Birkhoff 方程 (2.2.4) 给出

$$-\dot{a}^2 - a^1 = -\Lambda_1$$

$$\dot{a}^1 - a^2 = -\Lambda_2$$

$$-\dot{a}^4 = -\Lambda_3$$

$$\dot{a}^3 = -\Lambda_4$$

在上述方程右端施加 Gauss 白噪声 $\xi_1, \xi_2, \xi_3, \xi_4$, 并令 $\xi_1 = \xi_2 = 0$. 方程 (2.5.7) 给出

$$\mathrm{d}\boldsymbol{X}(t) = \boldsymbol{f}(\boldsymbol{X}(t), t)\mathrm{d}t + \boldsymbol{G}(\boldsymbol{X}(t), t)\mathrm{d}\boldsymbol{B}(t)$$

其中

$$\boldsymbol{X}(t) = \begin{bmatrix} X_1(t) \\ X_2(t) \\ X_3(t) \\ X_4(t) \end{bmatrix}, \quad \boldsymbol{f}(\boldsymbol{X}(t),t) = \begin{bmatrix} X_3 \\ X_4 \\ -\dfrac{1}{1+b^2t^2} \\ -\dfrac{bt}{1+b^2t^2} \end{bmatrix}, \quad \boldsymbol{G}(\boldsymbol{X}(t),t) = \begin{bmatrix} 0 & 0 \\ 0 & 0 \\ 0 & 1 \\ -1 & 0 \end{bmatrix}$$

于是有

$$\boldsymbol{GDG}^{\mathrm{T}} = \begin{bmatrix} 0 & 0 & 0 & 0 \\ 0 & 0 & 0 & 0 \\ 0 & 0 & D_{44} & -D_{34} \\ 0 & 0 & -D_{34} & D_{33} \end{bmatrix}$$

一次矩微分方程 (2.5.11) 给出

$$\dot{m}_{1000} = m_{0010}, \qquad \dot{m}_{0100} = m_{0001}$$

$$\dot{m}_{0010} = -\frac{1}{1+b^2t^2}, \quad \dot{m}_{0001} = -\frac{bt}{1+b^2t^2}$$

由此解得一次矩

$$m_{1000} = C_1 + C_3 t - \frac{t}{b}\arctan(bt) + \frac{1}{2b^2}\ln(1+b^2t^2)$$

$$m_{0100} = C_2 + C_4 t + \frac{t}{b} - \frac{1}{b^2}\arctan(bt) - \frac{t}{2b}\ln(1+b^2t^2)$$

$$m_{0010} = C_3 - \frac{1}{b}\arctan(bt)$$

$$m_{0001} = C_4 - \frac{1}{2b}\ln(1+b^2t^2)$$

其中 C_1, C_2, C_3, C_4 为积分常数.

二次矩微分方程 (2.5.12) 给出

$$\dot{m}_{2000} = 2m_{1010}$$

$$\dot{m}_{1100} = m_{0110} + m_{1001}$$

$$\dot{m}_{1010} = m_{0020} - \frac{1}{1+b^2t^2}m_{1000}$$

$$\dot{m}_{1001} = m_{0011} - \frac{bt}{1+b^2t^2}m_{1000}$$

$$\dot{m}_{0200} = 2m_{0101}$$

$$\dot{m}_{0110} = m_{0011} - \frac{1}{1+b^2t^2}m_{0100}$$

$$\dot{m}_{0101} = m_{0002} - \frac{bt}{1+b^2t^2}m_{0100}$$

$$\dot{m}_{0020} = -\frac{2}{1+b^2t^2}m_{0010} + 2D_{44}$$

$$\dot{m}_{0011} = -\frac{1}{1+b^2t^2}m_{0001} - \frac{bt}{1+b^2t^2}m_{0010} - 2D_{34}$$

$$\dot{m}_{0002} = -\frac{2bt}{1+b^2t^2}m_{0001} + 2D_{33}$$

将所得一次矩代入, 并积分得到二次矩

$$
\begin{aligned}
m_{2000} = {} & \frac{t^2}{b^2}[\arctan(bt)]^2 - \frac{2C_3 t^2}{b}\arctan(bt) - \frac{2C_1 t}{b}\arctan(bt) \\
& - \frac{t}{b^3}\ln(1+b^2t^2)\arctan(bt) + \frac{1}{4b^4}\ln^2(1+b^2t^2) + \frac{C_1}{b^2}\ln(1+b^2t^2) \\
& + \frac{C_3}{b^2}t\ln(1+b^2t^2) + k_1 t^2 + 2k_4 t + k_{10} + \frac{2}{3}D_{44}t^3
\end{aligned}
$$

$$
\begin{aligned}
m_{1100} = {} & \frac{t}{b^3}[\arctan(bt)]^2 - \frac{1}{b}(bC_4+1)t^2\arctan(bt) + \frac{t^2}{2b^2}\ln(1+b^2t^2)\arctan(bt) \\
& - \frac{1}{b^2}(bC_2+C_3)t\arctan(bt) - \frac{1}{2b^4}\ln(1+b^2t^2)\arctan(bt) \\
& - \frac{C_1}{b^2}\arctan(bt) - \frac{t}{4b^3}\ln^2(1+b^2t^2) + \frac{t}{2b^3}(1-b^2C_1+bC_4)\ln(1+b^2t^2) \\
& - \frac{C_3 t^2}{2b}\ln(1+b^2t^2) + \frac{C_2}{2b^2}\ln(1+b^2t^2) + \frac{1}{b} + (C_3+bk_2)t^2 \\
& + \frac{1}{b}(C_1+bk_6+bk_7)t + k_2 + D_{44}t^2
\end{aligned}
$$

$$
\begin{aligned}
m_{1010} = {} & \frac{t}{b^2}[\arctan(bt)]^2 - \frac{2C_3 t}{b}\arctan(bt) - \frac{C_1}{b}\arctan(bt) \\
& - \frac{1}{2b^3}\ln(1+b^2t^2)\arctan(bt) + \frac{1}{2b^2}\ln(1+b^2t^2) + k_1 t + k_4 + D_{44}t^2
\end{aligned}
$$

$$
\begin{aligned}
m_{1001} = {} & -\frac{C_4 t}{b}\arctan(bt) + \frac{t}{2b^2}\ln(1+b^2t^2)\arctan(bt) - \frac{1}{4b^3}\ln^2(1+b^2t^2) \\
& - \frac{C_3 t}{2b}\ln(1+b^2t^2) - \frac{1}{2b^2}(bC_1-C_4)\ln(1+b^2t^2) + k_2 t + k_6 - D_{34}t^2
\end{aligned}
$$

$$
\begin{aligned}
m_{0200} = {} & \frac{1}{b^4}[\arctan(bt)]^2 - \frac{2t}{b^3}(bC_4+1)\arctan(bt) - \frac{2C_2}{b^2}\arctan(bt) \\
& + \frac{t}{b^3}\ln(1+b^2t^2)\arctan(bt) + \frac{t^2}{4b^2}\ln^2(1+b^2t^2) \\
& - \frac{t^2}{b^2}(bC_4+1)\ln(1+b^2t^2) - \frac{C_2 t}{b}\ln(1+b^2t^2) \\
& + \frac{t^2}{b^2}(2bC_4+b^2k_3+1) + \frac{t}{b}(2bk_5+2C_2) + k_8 + \frac{2}{3}D_{33}t^3
\end{aligned}
$$

$$m_{0110} = \frac{1}{b^3}[\arctan(bt)]^2 - \frac{t}{b^2}(bC_4 + 1)\arctan(bt)$$

$$- \frac{1}{b^2}(bC_2 + C_3)\arctan(bt) + \frac{t}{2b^2}\ln(1 + b^2t^2)\arctan(bt)$$

$$- \frac{C_3 t}{2b}\ln(1 + b^2t^2) + \frac{t}{b}(C_3 + bk_2) + k_7 - D_{34}t^2$$

$$m_{0101} = -\frac{C_4}{b^2}\arctan(bt) + \frac{1}{2b^3}\ln(1 + b^2t^2)\arctan(bt)$$

$$+ \frac{t}{4b^2}\ln^2(1 + b^2t^2) - \frac{t}{2b^2}(2bC_4 + 1)\ln(1 + b^2t^2) - \frac{C_2}{2b}\ln(1 + b^2t^2)$$

$$+ \frac{t}{b}(C_4 + bk_3) + k_5 + D_{33}t^2$$

$$m_{0020} = \frac{1}{b^2}[\arctan(bt)]^2 - \frac{2C_3}{b}\arctan(bt) + 2D_{44}t + k_1$$

$$m_{0011} = -\frac{C_4}{b}\arctan(bt) - \frac{C_3}{2b}\ln(1 + b^2t^2) + \frac{1}{2b^2}\ln(1 + b^2t^2)\arctan(bt)$$

$$- 2D_{34}t + k_2$$

$$m_{0002} = -\frac{C_4}{b}\ln(1 + b^2t^2) + \frac{1}{4b^2}\ln^2(1 + b^2t^2) + 2D_{33}t + k_3$$

其中 $k_1, k_2, \cdots, k_{10}$ 为积分常数.

2.6　广义 Birkhoff 系统与约束 Birkhoff 系统

本节讨论广义 Birkhoff 系统与约束 Birkhoff 系统的关系.

2.6.1　约束 Birkhoff 系统

文献 [8] 研究了约束 Birkhoff 系统及其稳定性问题. 如果变量 $a^\mu(\mu = 1, 2, \cdots, 2n)$ 不是彼此独立的, 而受到一些限制, 这些限制表示为约束方程

$$f_\beta(a^\mu, t) = 0 \quad (\beta = 1, 2, \cdots, 2m; \quad \mu = 1, 2, \cdots, 2n; \quad m \leqslant n) \tag{2.6.1}$$

对其变分, 得

$$\frac{\partial f_\beta}{\partial a^\mu}\delta a^\mu = 0 \tag{2.6.2}$$

利用 Lagrange 乘子法, 由原理 (2.2.3) 和式 (2.6.2), 得到

$$\left(\frac{\partial R_\nu}{\partial a^\mu} - \frac{\partial R_\mu}{\partial a^\nu}\right)\dot{a}^\nu - \frac{\partial B}{\partial a^\mu} - \frac{\partial R_\mu}{\partial t} = \lambda_\beta\frac{\partial f_\beta}{\partial a^\mu} \quad (\mu, \nu = 1, 2, \cdots, 2n; \quad \beta = 1, 2, \cdots, 2m) \tag{2.6.3}$$

这就是约束 Birkhoff 系统的运动方程, 其中 λ_β 为约束乘子. 运动方程 (2.6.3) 和约束方程 (2.6.1) 联合, 便可求解 a^μ 和 λ_β.

现将方程 (2.6.3) 表示为显式. 假设系统非奇异, 可由方程 (2.6.3) 解出所有 $\dot{a}^\mu$

$$\dot{a}^\mu = \Omega^{\mu\nu}\left(\frac{\partial B}{\partial a^\nu} + \frac{\partial R_\nu}{\partial t} + \lambda_\beta\frac{\partial f_\beta}{\partial a^\nu}\right) \tag{2.6.4}$$

将约束方程 (2.6.1) 对 t 求导数, 得

$$\frac{\partial f_\gamma}{\partial t} + \frac{\partial f_\gamma}{\partial a^\mu}\dot{a}^\mu = 0 \quad (\gamma = 1, 2, \cdots, 2m) \tag{2.6.5}$$

将式 (2.6.4) 代入式 (2.6.5), 消去 $\dot{a}^\mu$, 得

$$\frac{\partial f_\gamma}{\partial t} + \frac{\partial f_\gamma}{\partial a^\mu}\Omega^{\mu\nu}\left(\frac{\partial B}{\partial a^\nu} + \frac{\partial R_\nu}{\partial t} + \lambda_\beta\frac{\partial f_\beta}{\partial a^\nu}\right) = 0 \tag{2.6.6}$$

这就是为确定约束乘子 λ_β 的 $2m$ 个代数方程. 解此代数方程, 可将 λ_β 表示为 a^μ, t 的函数, 记作

$$\lambda_\beta = \lambda_\beta(a^\mu, t) \tag{2.6.7}$$

将式 (2.6.7) 代入方程 (2.6.3), 得到显式

$$\left(\frac{\partial R_\nu}{\partial a^\mu} - \frac{\partial R_\mu}{\partial a^\nu}\right)\dot{a}^\nu - \frac{\partial B}{\partial a^\mu} - \frac{\partial R_\mu}{\partial t} = G_\mu \tag{2.6.8}$$

其中

$$G_\mu = G_\mu(a^\nu, t) = \lambda_\beta(a^\nu, t)\frac{\partial f_\beta}{\partial a^\mu} \tag{2.6.9}$$

已表示为 a^ν, t 的函数.

约束 Birkhoff 系统 (2.6.1) 和 (2.6.3) 的运动可在方程 (2.6.8) 的解中找到, 只要施加约束 (2.6.1) 对初始条件的限制

$$f_\beta(a_0^\mu, t_0) = 0 \tag{2.6.10}$$

2.6.2 广义 Birkhoff 系统与约束 Birkhoff 系统

将约束 Birkhoff 系统的方程 (2.6.8) 与广义 Birkhoff 系统的方程 (2.2.4) 作比较, 表明约束 Birkhoff 系统是一类特殊的广义 Birkhoff 系统.

下面给出例子说明结果的应用.

约束 Birkhoff 系统为

$$R_1 = R_2 = 0, \quad R_3 = a^1, \quad R_4 = a^2$$
$$B = \frac{1}{2}(a^1)^2 + \frac{1}{2}(a^2)^2 + \frac{1}{2}(a^3)^2 + \frac{1}{2}(a^4)^2 \tag{2.6.11}$$
$$f_1 = a^1 + a^2 = 0, \quad f_2 = a^3 + a^4 = 0$$

试将其表示为广义 Birkhoff 方程.

方程 (2.6.3) 给出

$$\dot{a}^3 - a^1 = \lambda_1$$
$$\dot{a}^4 - a^2 = \lambda_1$$
$$-\dot{a}^1 - a^3 = \lambda_2$$
$$-\dot{a}^2 - a^4 = \lambda_2$$

对约束方程求导数, 得

$$\dot{a}^1 + \dot{a}^2 = 0$$
$$\dot{a}^3 + \dot{a}^4 = 0$$

解出 λ_1, λ_2, 有

$$\lambda_1 = -\frac{1}{2}(a^1 + a^2), \quad \lambda_2 = -\frac{1}{2}(a^3 + a^4)$$

代入方程, 得

$$\dot{a}^3 - a^1 = -\frac{1}{2}(a^1 + a^2)$$
$$\dot{a}^4 - a^2 = -\frac{1}{2}(a^1 + a^2)$$
$$-\dot{a}^1 - a^3 = -\frac{1}{2}(a^3 + a^4)$$
$$-\dot{a}^2 - a^4 = -\frac{1}{2}(a^3 + a^4)$$

对比广义 Birkhoff 方程 (2.2.4), 得到附加项

$$\Lambda_1 = \frac{1}{2}(a^1 + a^2)$$
$$\Lambda_2 = \frac{1}{2}(a^1 + a^2)$$
$$\Lambda_3 = \frac{1}{2}(a^3 + a^4)$$
$$\Lambda_4 = \frac{1}{2}(a^3 + a^4)$$

参 考 文 献

[1] Whittaker E T. A Treatise on the Analytical Dynamics of Particles and Rigid Bodies. Cambridge: Cambridge Univ. Press, 1904

[2] Hamel G. Theoretische Mechanik. Berlin: Springer-Verlag, 1949

[3] Лурье А И. Аналитическая Механика. Москва: ГИФМЛ, 1961

[4] Rosenberg R M. Analytical Dynamics of Discrete Systems. New York: Pleum Press, 1977

[5] 梅凤翔. 非完整系统力学基础. 北京：北京工业学院出版社, 1985

[6] 梅凤翔, 刘端, 罗勇. 高等分析力学. 北京：北京理工大学出版社, 1991

[7] Santilli R M. Foundations of Theoretical Mechanics II. New York: Springer-Verlag, 1983

[8] 梅凤翔, 史荣昌, 张永发, 吴惠彬. Birkhoff 系统动力学. 北京：北京理工大学出版社, 1996

[9] Галиуллин А С, Гафаров Г Г, Малайшка Р П, Хван А М. Аналитииеская динамика Систем Гельмгольца, Биркгофа, Намбу. Москва: РЖУФН, 1997

[10] Mei F X. On the Birkhoffian mechanics. Int J of Non-Linear Mech, 2001, 36(5): 817–834

[11] 梅凤翔, 张永发, 何光, 等. 广义 Birkhoff 系统动力学的基本框架. 北京理工大学学报, 2007, 27(12): 1035–1038

[12] Mei F X. The Noether's theory of Birkhoffian Systems. Science in China, Serie A, 1993, 36(12): 1456–1467

[13] 李彦敏, 梅凤翔. 广义 Birkhoff 的循环积分及降阶法. 北京理工大学学报, 2010, 30(5): 505–507

[14] Zheng G H, Chen X W, Mei F X. First integrals and reduction of the Birkhoffian system. J of Beijing Institute of Technology, 2001, 10(1): 17–22

[15] 陈向炜. Birkhoff 系统的全局分析. 开封：河南大学出版社, 2002

[16] 葛伟宽, 梅凤翔. 广义 Birkhoff 系统的时间积分定理. 物理学报, 2009, 58(2): 699–702

[17] Papastavridis J G. Analytical Mechanics. NewYork: Oxford Univ Press, 2002

[18] 葛伟宽, 梅凤翔. Birkhoff 系统的时间积分定理. 物理学报, 2007, 56(5): 2479–2481

[19] Song T T. Random Differential Equation in Science and Engineering. New York: Academic Press, 1973

第3章 广义 Birkhoff 系统的积分方法 I

本章研究广义 Birkhoff 系统的代数结构与 Poisson 积分方法, 包括广义 Birkhoff 系统的 Lie 容许代数结构和 Poisson 积分理论的推广. 有关动力学代数及其应用的研究参见文献 [1-5].

3.1 广义 Birkhoff 系统的代数结构

本节研究广义 Birkhoff 系统的代数结构, 包括广义 Birkhoff 系统的逆变代数形式和代数结构.

3.1.1 广义 Birkhoff 方程的逆变代数形式

广义 Birkhoff 方程有形式 [6]

$$\left(\frac{\partial R_\nu}{\partial a^\mu} - \frac{\partial R_\mu}{\partial a^\nu}\right)\dot{a}^\nu - \frac{\partial B}{\partial a^\mu} - \frac{\partial R_\mu}{\partial t} = -\Lambda_\mu \quad (\mu, \nu = 1, 2, \cdots, 2n) \tag{3.1.1}$$

其中 $B = B(t, \boldsymbol{a})$ 为 Birkhoff 函数, $R_\mu = R_\mu(t, \boldsymbol{a})(\mu = 1, 2, \cdots, 2n)$ 称为 Birkhoff 函数组, 而 $\Lambda_\mu = \Lambda_\mu(t, \boldsymbol{a})(\mu = 1, 2, \cdots, 2n)$ 为附加项.

假设系统非奇异, 即设

$$\det(\Omega_{\mu\nu}) = \det\left(\frac{\partial R_\nu}{\partial a^\mu} - \frac{\partial R_\mu}{\partial a^\nu}\right) \neq 0 \tag{3.1.2}$$

则由方程 (3.1.1) 可解出所有 $\dot{a}^\mu$, 有

$$\dot{a}^\mu - \Omega^{\mu\nu}\left(\frac{\partial B}{\partial a^\nu} + \frac{\partial R_\nu}{\partial t} - \Lambda_\nu\right) = 0 \tag{3.1.3}$$

其中

$$\Omega^{\mu\nu}\Omega_{\nu\rho} = \delta^\mu_\rho \tag{3.1.4}$$

现将方程 (3.1.3) 表示为如下逆变代数形式

$$\dot{a}^\mu - S^{\mu\nu}\frac{\partial B}{\partial a^\nu} = 0 \tag{3.1.5}$$

其中

$$S^{\mu\nu} = \Omega^{\mu\nu} + T^{\mu\nu}$$
$$\Omega^{\mu\nu}\left(\frac{\partial R_\nu}{\partial t} - \Lambda_\nu\right) = T^{\mu\nu}\frac{\partial B}{\partial a^\nu} \tag{3.1.6}$$

3.1.2 广义 Birkhoff 方程的代数结构

将某函数 $A(\boldsymbol{a})$ 按方程 (3.1.5) 求对时间 t 的导数定义为一个积

$$\dot{A} = \frac{\partial A}{\partial a^\mu} S^{\mu\nu} \frac{\partial B}{\partial a^\nu} \overset{\text{def}}{=\!=\!=} A \circ B \tag{3.1.7}$$

容易证明, 这个积满足右分配律

$$A \circ (B + C) = A \circ B + A \circ C \tag{3.1.8}$$

左分配律

$$(A + B) \circ C = A \circ C + B \circ C \tag{3.1.9}$$

以及标律

$$(\alpha A) \circ B = A \circ (\alpha B) = \alpha(A \circ B) \tag{3.1.10}$$

因此, 这个积具有相容代数结构. 但是, 不具有 Lie 代数结构. 进而, 定义一个新积

$$[A, B] \overset{\text{def}}{=\!=\!=} A \circ B - B \circ A \tag{3.1.11}$$

这个积满足 Lie 代数公理

$$[A, B] + [B, A] = 0 \tag{3.1.12}$$

$$[A, [B, C]] + [B, [C, A]] + [C, [A, B]] = 0 \tag{3.1.13}$$

因此, 积 $A \circ B$ 具有 Lie 容许代数结构. 于是有

命题 广义 Birkhoff 方程 (3.1.5) 在积 (3.1.7) 下具有相容代数结构, 并且具有 Lie 容许代数结构.

3.2 Poisson 积分方法

广义 Birkhoff 系统具有 Lie 容许代数结构, 便可建立系统的 Poisson 积分方法.

3.2.1 广义 Poisson 条件

命题 1 $I = I(t, \boldsymbol{a})$ 是方程 (3.1.5) 积分的充分必要条件是

$$\frac{\partial I}{\partial t} + I \circ B = 0 \tag{3.2.1}$$

这个条件称为广义 Poisson 条件.

实际上, 将 $I = I(t, \boldsymbol{a})$ 按方程 (3.1.5) 求对时间的导数, 得到

$$\frac{\partial I}{\partial t} + \frac{\partial I}{\partial a^\mu} \dot{a}^\mu = \frac{\partial I}{\partial t} + \frac{\partial I}{\partial a^\mu} S^{\mu\nu} \frac{\partial B}{\partial a^\nu} = \frac{\partial I}{\partial t} + I \circ B$$

因此, 如果 $I = I(t, \boldsymbol{a})$ 是方程 (3.1.5) 的积分, 它必满足式 (3.2.1); 反之, 如果 $I = I(t, \boldsymbol{a})$ 满足式 (3.2.1), 它必是方程 (3.1.5) 的积分.

广义 Poisson 条件 (3.2.1), 实际上是关于函数 $I(t, \boldsymbol{a})$ 的偏微分方程, 解此偏微分方程, 便可求得积分 $I(t, \boldsymbol{a})$. 同时, 广义 Poisson 条件 (3.2.1) 可用来验证 $I(t, \boldsymbol{a})$ 是否为积分.

3.2.2　由已知积分生成新的积分

因为广义 Birkhoff 系统一般不具有 Lie 代数结构, 因此两个积分 I_1 和 I_2 的积 $I_1 \circ I_2$ 一般不是积分. 但是, 由已知积分在一定条件下可生成新的积分. 有如下结果.

命题 2　如果 $I = I(t, \boldsymbol{a})$ 是方程 (3.1.5) 包含时间 t 的积分, 而 $S^{\mu\nu}$ 和 B 都不显含 t, 则 $\partial I/\partial t, \partial^2 I/\partial t^2, \cdots$, 都是方程 (3.1.5) 的积分 [7].

实际上, 因 I 是积分, 由广义 Poisson 条件 (3.2.1) 知

$$\frac{\partial I}{\partial t} + I \circ B = \frac{\partial I}{\partial t} + \frac{\partial I}{\partial a^\mu} S^{\mu\nu} \frac{\partial B}{\partial a^\nu} = 0 \tag{3.2.2}$$

将上式对 t 求偏导数, 得

$$\frac{\partial^2 I}{\partial t^2} + \frac{\partial^2 I}{\partial t \partial a^\mu} S^{\mu\nu} \frac{\partial B}{\partial a^\nu} + \frac{\partial I}{\partial a^\mu} \frac{\partial S^{\mu\nu}}{\partial t} \frac{\partial B}{\partial a^\nu} + \frac{\partial I}{\partial a^\mu} S^{\mu\nu} \frac{\partial^2 B}{\partial t \partial a^\nu} = 0 \tag{3.2.3}$$

因

$$\frac{\partial S^{\mu\nu}}{\partial t} = \frac{\partial B}{\partial t} = 0 \tag{3.2.4}$$

故式 (3.2.3) 成为

$$\frac{\partial^2 I}{\partial t^2} + \frac{\partial^2 I}{\partial t \partial a^\mu} S^{\mu\nu} \frac{\partial B}{\partial a^\nu} = 0$$

亦即

$$\frac{\partial}{\partial t} \left(\frac{\partial I}{\partial t} \right) + \frac{\partial I}{\partial t} \circ B = 0 \tag{3.2.5}$$

由此, 对照广义 Poisson 条件 (3.2.1) 知, $\partial I/\partial t$ 是系统的积分. 类似地, 将式 (3.2.5) 对 t 求偏导数并利用式 (3.2.4), 可证明 $\partial^2 I/\partial t^2$ 也是系统的积分.

命题 3　如果 $I = I(t, \boldsymbol{a})$ 是方程 (3.1.5) 包含 a^ρ 的积分, 而 $S^{\mu\nu}$ 和 B 都不显含 a^ρ, 则 $\partial I/\partial a^\rho, \partial^2 I/\partial a^{\rho^2}, \cdots$ 都是方程 (3.1.5) 的积分 [7].

实际上, 因 $I = I(t, \boldsymbol{a})$ 是积分, 故有

$$\frac{\partial I}{\partial t} + \frac{\partial I}{\partial a^\mu} S^{\mu\nu} \frac{\partial B}{\partial a^\nu} = 0$$

将其对 a^ρ 求偏导数, 得

$$\frac{\partial^2 I}{\partial t \partial a^\rho} + \frac{\partial^2 I}{\partial a^\mu \partial a^\rho} S^{\mu\nu} \frac{\partial B}{\partial a^\nu} + \frac{\partial I}{\partial a^\mu} \frac{\partial S^{\mu\nu}}{\partial a^\rho} \frac{\partial B}{\partial a^\nu} + \frac{\partial I}{\partial a^\mu} S^{\mu\nu} \frac{\partial^2 B}{\partial a^\nu a^\rho} = 0 \tag{3.2.6}$$

因

$$\frac{\partial S^{\mu\nu}}{\partial a^\rho} = \frac{\partial B}{\partial a^\rho} = 0 \tag{3.2.7}$$

故式 (3.2.6) 成为

$$\frac{\partial^2 I}{\partial t \partial a^\rho} + \frac{\partial^2 I}{\partial a^\rho \partial a^\mu} S^{\mu\nu} \frac{\partial B}{\partial a^\nu} = 0$$

亦即

$$\frac{\partial}{\partial t}\left(\frac{\partial I}{\partial a^\rho}\right) + \frac{\partial I}{\partial a^\rho} \circ B = 0 \tag{3.2.8}$$

由此, 对比广义 Poisson 条件 (3.2.1) 知, $\partial I/\partial a^\rho$, 是方程 (3.1.5) 的积分. 类似地, 由式 (3.2.8) 和 (3.2.7) 还可证明 $\partial^2 I/\partial a^{\rho^2}$ 也是方程 (3.1.5) 的积分.

这样, 利用命题 2 和命题 3, 可以由广义 Birkhoff 方程的已知积分生成新的积分.

命题 1~ 命题 3 构成广义 Birkhoff 系统的 Poisson 积分理论.

3.3 Poisson 方法的应用

3.2 节中的命题 1 可用来判断广义 Birkhoff 系统的积分, 亦可用来寻求积分. 前者只要将其代入式 (3.2.1) 看是否满足, 后者则需解偏微分方程. 利用命题 2 和命题 3 可在一定条件下由已知积分生成新的积分.

3.3.1 广义 Birkhoff 系统的两类积分

首先, 研究类能量积分. 假设 Birkhoff 函数 $B = B(t, \boldsymbol{a})$ 是广义 Birkhoff 系统的积分, 广义 Poisson 条件 (3.2.1) 给出

$$\begin{aligned}
0 &= \frac{\partial B}{\partial t} + \frac{\partial B}{\partial a^\mu} S^{\mu\nu} \frac{\partial B}{\partial a^\nu} \\
&= \frac{\partial B}{\partial t} + \frac{\partial B}{\partial a^\mu}(\Omega^{\mu\nu} + T^{\mu\nu})\frac{\partial B}{\partial a^\nu} \\
&= \frac{\partial B}{\partial t} + \frac{\partial B}{\partial a^\mu} T^{\mu\nu}\frac{\partial B}{\partial a^\nu} \\
&= \frac{\partial B}{\partial t} + \frac{\partial B}{\partial a^\mu} \Omega^{\mu\nu}\left(\frac{\partial R_\nu}{\partial t} - \Lambda_\nu\right)
\end{aligned} \tag{3.3.1}$$

这里已利用 $\Omega^{\mu\nu}$ 的反对称性质以及式 (3.1.6). 于是有

命题 1   如果 Birkhoff 函数 B 满足如下条件

$$\frac{\partial B}{\partial t} + \frac{\partial B}{\partial a^\mu}\Omega^{\mu\nu}\left(\frac{\partial R_\nu}{\partial t} - \Lambda_\nu\right) = 0 \tag{3.3.2}$$

则 Birkhoff 函数 B 是广义 Birkhoff 系统的积分.

这个积分称为类能量积分.

推论 1　对广义 Birkhoff 系统, 如果满足条件

$$\frac{\partial B}{\partial t} = \frac{\partial R_\mu}{\partial t} = 0 \tag{3.3.3}$$

$$\frac{\partial B}{\partial a^\mu} \Omega^{\mu\nu} \Lambda_\nu = 0 \tag{3.3.4}$$

则 Birkhoff 函数 $B = B(\boldsymbol{a})$ 是系统的积分.

对 Birkhoff 系统, 有 $\Lambda_\mu = 0 (\mu = 1, 2, \cdots, 2n)$, 由推论 1 得

推论 2　对自治 Birkhoff 系统, Birkhoff 函数是积分.

Hamilton 系统是 Birkhoff 系统的特殊情形, 对 Hamilton 系统有

$$\frac{\partial R_\mu}{\partial t} = 0, \quad B = H$$

由推论 2 得

推论 3　对 Hamilton 系统, 如果 Hamilton 函数不依赖于 t, 则它是积分.

其次, 研究系统的类循环积分. 广义 Birkhoff 方程的第 ρ 个写成形式

$$\left(\frac{\partial R_\nu}{\partial a^\rho} - \frac{\partial R_\rho}{\partial a^\nu} \right) \dot{a}^\nu - \frac{\partial B}{\partial a^\rho} - \frac{\partial R_\rho}{\partial t} = -\Lambda_\rho \tag{3.3.5}$$

现在求 R_ρ 对时间 t 的导数, 有

$$\frac{\mathrm{d} R_\rho}{\mathrm{d} t} = \frac{\partial R_\rho}{\partial t} + \frac{\partial R_\rho}{\partial a^\mu} \dot{a}^\mu \tag{3.3.6}$$

将由式 (3.3.5) 求得的 $\partial R_\rho / \partial t$ 代入式 (3.3.6) 得

$$\frac{\mathrm{d} R_\rho}{\mathrm{d} t} = \frac{\partial R_\nu}{\partial a^\rho} \dot{a}^\nu - \frac{\partial B}{\partial a^\rho} + \Lambda_\rho \tag{3.3.7}$$

于是有

命题 2　对广义 Birkhoff 系统 (3.1.5), 如果满足条件

$$\frac{\partial R_\nu}{\partial a^\rho} = \frac{\partial B}{\partial a^\rho} = \Lambda_\rho = 0 \quad (\nu = 1, 2, \cdots, 2n) \tag{3.3.8}$$

则系统有类循环积分

$$I = R_\rho(a^1, a^2, \cdots, a^{\rho-1}, a^{\rho+1}, \cdots, a^{2n}, t) = \text{const.} \tag{3.3.9}$$

对 Birkhoff 系统, 有 $\Lambda_\mu = 0 (\mu = 1, 2, \cdots, 2n)$, 于是有

推论 1　对 Birkhoff 系统, 如果满足条件

$$\frac{\partial R_\nu}{\partial a^\rho} = \frac{\partial B}{\partial a^\rho} = 0 \quad (\nu = 1, 2, \cdots, 2n) \tag{3.3.10}$$

则系统有循环积分

$$I = R_\rho = \text{const.} \tag{3.3.11}$$

对 Hamilton 系统, 因

$$a^\nu = \begin{cases} q_\nu & (\nu = 1, 2, \cdots, n) \\ p_{\nu-n} & (\nu = n+1, n+2\cdots, 2n) \end{cases}$$

$$R_\nu = \begin{cases} p_\nu & (\nu = 1, 2, \cdots, n) \\ 0 & (\nu = n+1, n+2\cdots, 2n) \end{cases}$$

$$B = H$$

故当

$$\frac{\partial H}{\partial q_\rho} = 0$$

必有

$$\frac{\partial R_\nu}{\partial q_\rho} = 0$$

而积分 (3.3.11) 成为

$$I = p_\rho = \text{const.}$$

于是由推论 1 得到

推论 2 对 Hamilton 系统, 如果满足条件

$$\frac{\partial H}{\partial q_\rho} = 0 \tag{3.3.12}$$

则有循环积分

$$I = p_\rho = \text{const.} \tag{3.3.13}$$

3.3.2 Poisson 方法应用举例

例 1 试用广义 Birkhoff 系统的 Poisson 方法解 Whittaker 方程

$$\ddot{x} - x = 0, \quad \ddot{y} - \dot{x} = 0 \tag{3.3.14}$$

首先, 将方程表示为一个广义 Birkhoff 方程. 令

$$a^1 = x, \quad a^2 = y, \quad a^3 = \dot{x}, \quad a^4 = \dot{y}$$

则方程 (3.3.14) 表示为四个一阶方程

$$\dot{a}^1 = a^3, \quad \dot{a}^2 = a^4, \quad \dot{a}^3 = a^1, \quad \dot{a}^4 = a^3$$

容易将其表示为一个广义 Birkhoff 系统

$$R_1 = a^3, \quad R_2 = a^4, \quad R_3 = R_4 = 0, \quad B = \frac{1}{2}(a^3)^2 + \frac{1}{2}(a^4)^2$$

$$\Lambda_1 = a^1, \quad \Lambda_2 = a^3, \quad \Lambda_3 = \Lambda_4 = 0$$

按式 (3.1.6) 计算得

$$(S^{\mu\nu}) = \begin{pmatrix} 0 & 0 & 1 & 0 \\ 0 & 0 & 0 & 1 \\ -1 & 0 & a^1/a^3 & 0 \\ 0 & -1 & 0 & a^3/a^4 \end{pmatrix}$$

其次, 用 Poisson 方法求积分. 广义 Poisson 条件 (3.2.1) 给出

$$\frac{\partial I}{\partial t} + \frac{\partial I}{\partial a^1}a^3 + \frac{\partial I}{\partial a^2}a^4 + \frac{\partial I}{\partial a^3}a^1 + \frac{\partial I}{\partial a^4}a^3 = 0$$

可以找到它的一个积分

$$I_1 = a^3 + a^4 t - a^2 - a^1 t = \text{const.}$$

利用 3.2 节中命题 2, 由 I_1 可生成积分

$$I_2 = \frac{\partial I_1}{\partial t} = a^4 - a^1 = \text{const.}$$

与广义 Poisson 条件相应的特征方程为

$$\frac{\mathrm{d}t}{1} = \frac{\mathrm{d}a^1}{a^3} = \frac{\mathrm{d}a^2}{a^4} = \frac{\mathrm{d}a^3}{a^1} = \frac{\mathrm{d}a^4}{a^3}$$

由此有

$$a^1 \mathrm{d}a^1 - a^3 \mathrm{d}a^3 = 0$$

积分得

$$I_3 = (a^1)^2 - (a^3)^2 = \text{const.}$$

另外, 还有

$$(\mathrm{d}a^1 - \mathrm{d}a^3)\exp(t) + (a^1 - a^3)\exp(t)\mathrm{d}t = 0$$

积分得

$$I_4 = (a^1 - a^3)\exp(t) = \text{const.}$$

这样, 用 Poisson 方法找到了 Whittaker 方程的四个独立的积分 I_1, I_2, I_3, I_4. 因此, 也就找到了方程的解.

Whittaker 方程在经典力学发展中有重要地位. 文献 [8] 指出 "Bateman 于 1931 年讲了当时不能解的有趣问题. 根据 Bateman 的提议,Tolman R C 提出如下问题: 是否存在一组方程, 它们不能由 Lagrange 函数得到? Whittaker 用下述方程回答

$$\ddot{x} - x = 0, \quad \ddot{y} - \dot{x} = 0$$

他相信这方程不能由任何 Lagrange 函数导出."

例 2 用广义 Birkhoff 系统的 Poisson 方法求解 Hojman-Urrutia 方程

$$\ddot{x} + \dot{y} = 0, \quad \ddot{y} + y = 0 \tag{3.3.15}$$

首先, 将方程 (3.3.15) 表示为广义 Birkhoff 系统的方程. 令

$$a^1 = x, \quad a^2 = y, \quad a^3 = \dot{x}, \quad a^4 = \dot{y}$$

则方程 (3.3.15) 可表示为四个一阶方程

$$\dot{a}^1 = a^3, \quad \dot{a}^2 = a^4, \quad \dot{a}^3 = -a^4, \quad \dot{a}^4 = -a^2$$

它可化为一个广义 Birkhoff 系统

$$R_1 = a^3, \quad R_2 = a^4, \quad R_3 = R_4 = 0, \quad B = \frac{1}{2}(a^3)^2 + \frac{1}{2}(a^4)^2$$

$$\Lambda_1 = -a^4, \quad \Lambda_2 = -a^2, \quad \Lambda_3 = \Lambda_4 = 0$$

按式 (3.1.16) 计算得

$$(S^{\mu\nu}) = \begin{pmatrix} 0 & 0 & 1 & 0 \\ 0 & 0 & 0 & 1 \\ -1 & 0 & -a^4/a^3 & 0 \\ 0 & -1 & 0 & -a^2/a^4 \end{pmatrix}$$

其次, 用 Poisson 方法求积分. 广义 Poisson 条件 (3.2.1) 给出

$$\frac{\partial I}{\partial t} + \frac{\partial I}{\partial a^1}a^3 + \frac{\partial I}{\partial a^2}a^4 - \frac{\partial I}{\partial a^3}a^4 - \frac{\partial I}{\partial a^4}a^2 = 0$$

其特征方程为

$$\frac{\mathrm{d}t}{1} = \frac{\mathrm{d}a^1}{a^3} = \frac{\mathrm{d}a^2}{a^4} = \frac{\mathrm{d}a^3}{-a^4} = \frac{\mathrm{d}a^4}{-a^2}$$

由此有

$$\mathrm{d}a^2 + \mathrm{d}a^3 = a^4\mathrm{d}t - a^4\mathrm{d}t = 0$$

$$\mathrm{d}a^1 - \mathrm{d}a^4 - (a^2 + a^3)\mathrm{d}t - (\mathrm{d}a^2 + \mathrm{d}a^3)t = 0$$

$$\mathrm{d}a^2\cos t - a^2\sin t\,\mathrm{d}t - \mathrm{d}a^4\sin t - a^4\cos t\mathrm{d}t = 0$$

积分得

$$I_1 = a^2 + a^3 = C_1$$

$$I_2 = a^1 - a^4 - (a^2 + a^3)t = C_2$$

$$I_3 = a^2 \cos t - a^4 \sin t = C_3$$

利用 3.2 节中的命题 2, 由 I_3 生成如下积分

$$I_4 = \frac{\partial I_3}{\partial t} = -a^2 \sin t - a^4 \cos t = C_4$$

由四个积分 I_1, I_2, I_3, I_4 可解出 a^1, a^2, a^3, a^4, 有

$$a^1 = -C_3 \sin t - C_4 \cos t + C_2 + C_1 t$$

$$a^2 = C_3 \cos t - C_4 \sin t$$

$$a^3 = C_1 - C_3 \sin t + C_4 \cos t$$

$$a^4 = -C_3 \sin t - C_4 \cos t$$

Hojman-Urrutia 方程在 Birkhoff 力学发展中有重要地位. 文献 [1] 指出,Hojman-Urrutia 的方程组是本质上非自伴随的, 据 Douglas 证明没有 Lagrange 表达.

例 3　试将 Emden 方程

$$\ddot{x} + \frac{2}{t}\dot{x} + x^5 = 0 \tag{3.3.16}$$

化成广义 Birkhoff 方程, 并用 Poisson 方法求其积分.

首先, 将方程 (3.3.16) 化成广义 Birkhoff 系统的方程. 令

$$a^1 = x, \quad a^2 = \dot{x}$$

则方程表示为两个一阶方程

$$\dot{a}^1 = a^2, \quad \dot{a}^2 = -\frac{2}{t}a^2 - (a^1)^5$$

容易将其化为广义 Birkhoff 系统, 有

$$R_1 = a^2, \quad R_2 = 0, \quad B = \frac{1}{2}(a^2)^2, \quad \varLambda_1 = -\frac{2}{t}a^2 - (a^1)^5, \quad \varLambda_2 = 0$$

其次, 用 Poisson 方法求积分. 广义 Poisson 条件 (3.2.1) 给出

$$\frac{\partial I}{\partial t} + \frac{\partial I}{\partial a^1}a^2 + \frac{\partial I}{\partial a^2}\left[-\frac{2}{t}a^2 - (a^1)^5\right] = 0$$

其特征方程为

$$\frac{\mathrm{d}t}{1} = \frac{\mathrm{d}a^1}{a^2} = \frac{\mathrm{d}a^2}{-\dfrac{2}{t}a^2 - (a^1)^5}$$

作计算

$$\mathrm{d}\left[t^3(a^2)^2 + t^2a^1a^2 + \frac{1}{3}t^3(a^1)^6\right]$$

$$= \left\{3t^2(a^2)^2 + 2t^2a^2\left[-\frac{2}{t}a^2 - (a^1)^5\right] + 2ta^1a^2 + t^2(a^2)^2\right.$$

$$\left. + t^2a^1\left[-\frac{2}{t}a^2 - (a^1)^5\right] + t^2(a^1)^6 + 2t^3(a^1)^5a^2\right\}\mathrm{d}t$$

$$= 0$$

于是有积分

$$I = t^3(a^2)^2 + t^2a^1a^2 + \frac{1}{3}t^3(a^1)^6 = \mathrm{const.}$$

这就是 Emden 方程的经典积分.

例 4 四阶广义 Birkhoff 系统为

$$R_1 = a^3, \quad R_2 = a^4, \quad R_3 = R_4 = 0, \quad B = \frac{1}{2}[(a^1)^2 + (a^3)^2 + (a^4)^2]$$

$$\Lambda_1 = a^1 + \ln t, \quad \Lambda_2 = \Lambda_3 = \Lambda_4 = 0 \tag{3.3.17}$$

试用 Poisson 方法求其积分.

广义 Poisson 条件 (3.2.1) 给出

$$\frac{\partial I}{\partial t} + \frac{\partial I}{\partial a^1}a^3 + \frac{\partial I}{\partial a^2}a^4 + \frac{\partial I}{\partial a^3}\ln t = 0$$

其特征方程为

$$\frac{\mathrm{d}t}{1} = \frac{\mathrm{d}a^1}{a^3} = \frac{\mathrm{d}a^2}{a^4} = \frac{\mathrm{d}a^3}{\ln t} = \frac{\mathrm{d}a^4}{0}$$

由此得到

$$I_1 = a^4 = C_1$$

$$I_2 = a^2 - a^4t = C_2$$

$$I_3 = a^3 - t\ln t + t = C_3$$

$$I_4 = a^1 - a^3t - \frac{1}{4}t^2 + \frac{1}{2}t^2\ln t = C_4$$

参 考 文 献

[1] Santilli R M. Foundations of Theoretical Mechanics Ⅱ. New York:Springer-Verlag, 1983

[2] 梅凤翔. Чаплыгин方程的代数结构. 力学学报, 1996, 28(3): 328–335

[3] Мзй Фунсян. Алгебраическая динамика и теория Пуассона для уравнений движения неголономных систем. ПММ, 1998, 62(1): 162–165

[4] Mei F X, Zhang Y F, Shi R C. Dynamics algebra and its application. Acta Mech, 1999, 137(3/4): 255–260

[5] 梅凤翔. 李群和李代数对约束力学系统的应用. 北京：科学出版社,1999

[6] Mei F X. The Noether's theory of Birkhoffian systems. Science in China, Serie A, 1993, 36(12): 1456–1467

[7] Shang M, Mei F X. Poisson theory of generalized Birkhoff equations. Chin Phys B, 2009, 18(8): 3155–3157

[8] Riewe F. Mechanics with fractional derivations. Phys Rev E, 1997, 55(3): 3581–3592

第 4 章 广义 Birkhoff 系统的积分方法 II

本章研究广义 Birkhoff 系统的三类对称性与三类守恒量, 包括广义 Birkhoff 系统的 Noether 对称性、Lie 对称性和形式不变性, 以及由它们直接和间接导致的 Noether 守恒量、Hojman 型守恒量和新型守恒量等.

4.1 广义 Birkhoff 系统的 Noether 对称性
与 Noether 守恒量

本节研究广义 Birkhoff 系统的 Noether 对称性与 Noether 守恒量, 包括 Pfaff 作用量的变分、对称变换、准对称变换和广义准对称变换、广义 Killing 方程, 以及广义 Noether 定理等.

4.1.1 Pfaff 作用量的变分

积分

$$A(\gamma) = \int_{t_0}^{t_1} (R_\mu \mathrm{d}a^\mu - B\mathrm{d}t) \quad (\mu = 1, 2, \cdots, 2n) \tag{4.1.1}$$

称为时间区间 $[t_0, t_1]$ 上的 Pfaff 作用量[1-3].

变换

$$t^* = f_0(t, a^\mu, b_\alpha), \quad a^{\mu*} = f_\mu(t, a^\nu, b_\alpha) \tag{4.1.2}$$

构成一般形式的 γ 参数有限变换群 (有限连续群)G_γ, 其中 $b_\alpha(\alpha = 1, 2, \cdots, \gamma)$ 为独立参数. 公式

$$t^* = t + \Delta t, \quad a^{\mu*} = a^\mu + \Delta a^\mu \quad (\mu = 1, 2, \cdots, 2n) \tag{4.1.3}$$

或其展开式

$$t^* = t + \varepsilon_\alpha \xi_0^\alpha(t, \boldsymbol{a}), \quad a^{\mu*}(t^*) = a^\mu(t) + \varepsilon_\alpha \xi_\mu^\alpha(t, \boldsymbol{a}) \tag{4.1.4}$$

是变换群 G_γ 的无限小变换, 其中 ε_α 为无限小参数, 具有一阶小量.

Pfaff 作用量 A 的变分为

$$\Delta A = \int_{t_0}^{t_1} \left\{ \frac{\mathrm{d}}{\mathrm{d}t} [(R_\mu \dot{a}^\mu - B)\Delta t + R_\mu \delta a^\mu] \right.$$
$$\left. + \left[\left(\frac{\partial R_\nu}{\partial a^\mu} - \frac{\partial R_\mu}{\partial a^\nu} \right) \dot{a}^\nu - \frac{\partial B}{\partial a^\mu} - \frac{\partial R_\mu}{\partial t} \right] \delta a^\mu \right\} \mathrm{d}t \tag{4.1.5}$$

以及

$$\Delta A = \int_{t_0}^{t_1} \left\{ (R_\mu \dot{a}^\mu - B) \frac{\mathrm{d}}{\mathrm{d}t} \Delta t + \left(\frac{\partial R_\mu}{\partial t} \dot{a}^\mu - \frac{\partial B}{\partial t} \right) \Delta t \right.$$
$$\left. + \left(\frac{\partial R_\nu}{\partial a^\mu} \dot{a}^\nu - \frac{\partial B}{\partial a^\mu} \right) \Delta a^\mu + R_\mu \Delta \dot{a}^\mu \right\} \mathrm{d}t \tag{4.1.6}$$

注意到

$$\delta a^\mu = \Delta a^\mu - \dot{a}^\mu \Delta t = \varepsilon_\alpha \left(\xi_\mu^\alpha - \dot{a}^\mu \xi_0 \right) = \varepsilon_\alpha \bar{\xi}_\mu^\alpha \tag{4.1.7}$$

则式 (4.1.5) 可写成

$$\Delta A = \int_{t_0}^{t_1} \varepsilon_\alpha \left\{ \frac{\mathrm{d}}{\mathrm{d}t} \left(R_\mu \xi_\mu^\alpha - B \xi_0^\alpha \right) + \left[\left(\frac{\partial R_\nu}{\partial a^\mu} - \frac{\partial R_\mu}{\partial a^\nu} \right) \dot{a}^\nu - \frac{\partial B}{\partial a^\mu} - \frac{\partial R_\mu}{\partial t} \right] \bar{\xi}_\mu^\alpha \right\} \mathrm{d}t \tag{4.1.8}$$

4.1.2 对称变换, 准对称变换和广义准对称变换

如果满足

$$\Delta A = 0 \tag{4.1.9}$$

则称无限小变换为 Noether 意义下的对称变换.

如果满足

$$\Delta A = - \int_{t_0}^{t_1} \frac{\mathrm{d}}{\mathrm{d}t} (\Delta G_N) \mathrm{d}t \tag{4.1.10}$$

其中 $G_N = G_N(t, \boldsymbol{a})$, 则称变换 (4.1.3) 为 Noether 准对称变换.

如果满足

$$\Delta A = - \int_{t_0}^{t_1} \left\{ \frac{\mathrm{d}}{\mathrm{d}t} (\Delta G_N) + \Lambda_\mu \delta a^\mu \right\} \mathrm{d}t \tag{4.1.11}$$

其中 $\Lambda_\mu = \Lambda_\mu(t, \boldsymbol{a})$, 则称变换 (4.1.3) 为 Noether 广义准对称变换.

对称变换的判据为

$$\left(\frac{\partial R_\mu}{\partial t} \dot{a}^\mu - \frac{\partial B}{\partial t} \right) \xi_0^\alpha + \left(\frac{\partial R_\nu}{\partial a^\mu} \dot{a}^\nu - \frac{\partial B}{\partial a^\mu} \right) \xi_\mu^\alpha - B \dot{\xi}_0^\alpha + R_\mu \dot{\xi}_\mu^\alpha = 0 \tag{4.1.12}$$

取 $\alpha = 1$, 则有 Noether 等式

$$\left(\frac{\partial R_\mu}{\partial t} \dot{a}^\mu - \frac{\partial B}{\partial t} \right) \xi_0 + \left(\frac{\partial R_\nu}{\partial a^\mu} \dot{a}^\nu - \frac{\partial B}{\partial a^\mu} \right) \xi_\mu - B \dot{\xi}_0 + R_\mu \dot{\xi}_\mu = 0 \tag{4.1.13}$$

准对称变换的判据为

$$\left(\frac{\partial R_\mu}{\partial t} \dot{a}^\mu - \frac{\partial B}{\partial t} \right) \xi_0^\alpha + \left(\frac{\partial R_\nu}{\partial a^\mu} \dot{a}^\nu - \frac{\partial B}{\partial a^\mu} \right) \xi_\mu^\alpha - B \dot{\xi}_0^\alpha + R_\mu \dot{\xi}_\mu^\alpha + \dot{G}_N^\alpha = 0 \tag{4.1.14}$$

取 $\alpha = 1$, 则有 Noether 等式

$$\left(\frac{\partial R_\mu}{\partial t} \dot{a}^\mu - \frac{\partial B}{\partial t} \right) \xi_0 + \left(\frac{\partial R_\nu}{\partial a^\nu} \dot{a}^\nu - \frac{\partial B}{\partial a^\mu} \right) \xi_\mu - B \dot{\xi}_0 + R_\mu \dot{\xi}_\mu + \dot{G}_N = 0 \qquad (4.1.15)$$

广义准对称变换的判据为

$$\left(\frac{\partial R_\mu}{\partial t} \dot{a}^\mu - \frac{\partial B}{\partial t} \right) \xi_0^\alpha + \left(\frac{\partial R_\nu}{\partial a^\mu} \dot{a}^\nu - \frac{\partial B}{\partial a^\mu} \right) \xi_\mu^\alpha - B \dot{\xi}_0^\alpha + R_\mu \dot{\xi}_\mu^\alpha$$

$$+ \Lambda_\mu (\xi_\mu^\alpha - \dot{a}^\mu \xi_0^\alpha) + \dot{G}_N^\alpha = 0 \qquad (4.1.16)$$

取 $\alpha = 1$, 则有 Noether 等式

$$\left(\frac{\partial R_\mu}{\partial t} \dot{a}^\mu - \frac{\partial B}{\partial t} \right) \xi_0 + \left(\frac{\partial R_\nu}{\partial a^\mu} \dot{a}^\nu - \frac{\partial B}{\partial a^\mu} \right) \xi_\mu - B \dot{\xi}_0 + R_\mu \dot{\xi}_\mu$$

$$+ \Lambda_\mu (\xi_\mu - \dot{a}^\mu \xi_0) + \dot{G}_N = 0 \qquad (4.1.17)$$

Noether 等式 (4.1.13), (4.1.15), (4.1.17) 可等价地表示为

$$X^{(1)}(R_\nu \dot{a}^\nu - B) + (R_\nu \dot{a}^\nu - B) \dot{\xi}_0 = 0 \qquad (4.1.18)$$

$$X^{(1)}(R_\nu \dot{a}^\nu - B) + (R_\nu \dot{a}^\nu - B) \dot{\xi}_0 + \dot{G}_N = 0 \qquad (4.1.19)$$

$$X^{(1)}(R_\nu \dot{a}^\nu - B) + (R_\nu \dot{a}^\nu - B) \dot{\xi}_0 + \Lambda_\mu (\xi_\mu - \dot{a}^\mu \xi_0) + \dot{G}_N = 0 \qquad (4.1.20)$$

其中

$$X^{(1)} = \xi_0 \frac{\partial}{\partial t} + \xi_\mu \frac{\partial}{\partial a^\mu} + \left(\dot{\xi}_\mu - \dot{a}^\mu \dot{\xi}_0 \right) \frac{\partial}{\partial \dot{a}^\mu} \qquad (4.1.21)$$

这样, 用 Noether 等式就可判断 Noether 对称性.

4.1.3　广义 Killing 方程

将 Noether 等式 (4.1.13) 中含 $\dot{a}^\nu$ 的项和不含 $\dot{a}^\nu$ 的项分别取为零, 便得如下广义 Killing 方程

$$R_\mu \frac{\partial \xi_\mu}{\partial a^\nu} + \frac{\partial R_\nu}{\partial a^\mu} \xi_\mu + \frac{\partial R_\nu}{\partial t} \xi_0 - B \frac{\partial \xi_0}{\partial a^\nu} = 0$$

$$\frac{\partial B}{\partial t} \xi_0 + B \frac{\partial \xi_0}{\partial t} + \frac{\partial B}{\partial a^\mu} \xi_\mu - R_\mu \frac{\partial \xi_\mu}{\partial t} = 0 \quad (\mu, \nu = 1, 2 \cdots, 2n) \qquad (4.1.22)$$

类似地, 由 Noether 等式 (4.1.15) 得到

$$R_\mu \frac{\partial \xi_\mu}{\partial a^\nu} + \frac{\partial R_\nu}{\partial a^\mu} \xi_\mu + \frac{\partial R_\nu}{\partial t} \xi_0 - B \frac{\partial \xi_0}{\partial a^\nu} + \frac{\partial G_N}{\partial a^\nu} = 0$$

$$\frac{\partial B}{\partial t} \xi_0 + B \frac{\partial \xi_0}{\partial t} + \frac{\partial B}{\partial a^\mu} \xi_\mu - R_\mu \frac{\partial \xi_\mu}{\partial t} - \frac{\partial G_N}{\partial t} = 0 \quad (\mu, \nu = 1, 2 \cdots, 2n) \qquad (4.1.23)$$

与 Noether 等式 (4.1.17) 相应的广义 Killing 方程为

$$R_\mu \frac{\partial \xi_\mu}{\partial a^\nu} + \frac{\partial R_\nu}{\partial a^\mu} \xi_\mu + \frac{\partial R_\nu}{\partial t} \xi_0 - B \frac{\partial \xi_0}{\partial a^\nu} - \Lambda_\nu \xi_0 + \frac{\partial G_N}{\partial a^\nu} = 0$$

$$\frac{\partial B}{\partial t} \xi_0 + B \frac{\partial \xi_0}{\partial t} + \frac{\partial B}{\partial a^\mu} \xi_\mu - R_\mu \frac{\partial \xi_\mu}{\partial t} - \Lambda_\mu \xi_\mu - \frac{\partial G_N}{\partial t} = 0 \tag{4.1.24}$$

$$(\mu, \nu = 1, 2, \cdots, 2n)$$

这样, 用解广义 Killing 方程的方法可找到 Noether 对称性. 注意到, 广义 Killing 方程有解, 则有 Noether 对称性; 广义 Killing 方程无解, 并不意味着没有 Noether 对称性.

4.1.4　广义 Birkhoff 系统的 Noether 定理

对广义 Birkhoff 系统 (2.1.11), 由 Noether 对称性可直接导出 Noether 守恒量.

命题 1　对广义 Birkhoff 系统 (2.1.11), 如果无限小生成元 ξ_0, ξ_μ 和规范函数 G_N 满足 Noether 等式 (4.1.17), 则系统有 Noether 守恒量 [4]

$$I_N = R_\mu \xi_\mu - B \xi_0 + G_N = \text{const.} \tag{4.1.25}$$

在广义 Birkhoff 系统中, 取 $\Lambda_\mu = 0 (\mu = 1, 2, \cdots, 2n)$, 则成为 Birkhoff 系统, 于是有

推论　对 Birkhoff 系统, 如果无限小生成元 ξ_0, ξ_μ 和规范函数 G_N 满足 Noether 等式 (4.1.15) , 则系统有 Noether 守恒量式 (4.1.25).

命题 2　对广义 Birkhoff 系统 (2.1.11), 如果广义 Killing 方程 (4.1.24) 有解, 则系统有 Noether 守恒量式 (4.1.25).

推论　对 Birkhoff 系统, 如果广义 Killing 方程 (4.1.23) 有解, 则系统有 Noether 守恒量式 (4.1.25).

例 1　试用 Noether 定理导出广义 Birkhoff 系统的类能量积分和类循环积分.

在 Noether 等式 (4.1.17) 中, 取 $\xi_0 = -1$, $\xi_\mu = 0 (\mu = 1, 2, \cdots, 2n)$, 则有

$$-\frac{\partial R_\mu}{\partial t} \dot{a}^\mu + \frac{\partial B}{\partial t} + \Lambda_\mu \dot{a}^\mu + \dot{G}_N = 0 \tag{4.1.26}$$

因此, 当

$$\frac{\partial B}{\partial t} = \Lambda_\mu = \frac{\partial R_\mu}{\partial t} = 0 \tag{4.1.27}$$

时, 有

$$G_N = 0$$

命题 1 给出积分

$$I_N = B(\boldsymbol{a}) = \text{const.} \tag{4.1.28}$$

这就是类能量积分.

在 Noether 等式 (4.1.17) 中, 取 $\xi_\rho = 1$, $\xi_\mu = 0 (\mu = 1, 2, \cdots, 2n; \mu \neq \rho), \xi_0 = 0$, 则有

$$\frac{\partial R_\nu}{\partial a^\rho} \dot{a}^\nu - \frac{\partial B}{\partial a^\rho} + \Lambda_\rho + \dot{G}_N = 0$$

因此, 当

$$\frac{\partial R_\nu}{\partial a^\rho} = \frac{\partial B}{\partial a^\rho} = \Lambda_\rho = 0 \tag{4.1.29}$$

时, 有

$$G_N = 0$$

命题 1 给出积分

$$I_N = R_\rho = \text{const.} \tag{4.1.30}$$

这就是类循环积分.

例 2　四阶广义 Birkhoff 系统为

$$R_1 = ta^3, \quad R_2 = ta^4, \quad R_3 = R_4 = 0, \quad B = \frac{1}{2}(a^3)^2 + \frac{1}{2}(a^4)^2 \tag{4.1.31}$$
$$\Lambda_1 = a^3, \quad \Lambda_2 = \Lambda_3 = \Lambda_4 = 0$$

试研究其 Noether 对称性与守恒量.

Noether 等式 (4.1.17) 给出

$$(a^3 \dot{a}^1 + a^4 \dot{a}^2)\xi_0 + (t\dot{a}^1 - a^3)\xi_3 + (t\dot{a}^2 - a^4)\xi_4$$
$$- B\dot{\xi}_0 + ta^3 \dot{\xi}_1 + ta^4 \dot{\xi}_2 + a^3(\xi_1 - \dot{a}^1 \xi_0) + \dot{G}_N = 0$$

它有如下解

$$\xi_0 = \xi_2 = \xi_3 = \xi_4 = 0, \quad \xi_1 = \frac{1}{t}, \quad G_N = 0$$
$$\xi_0 = \xi_1 = \xi_3 = \xi_4 = 0, \quad \xi_2 = 1, \quad G_N = 0$$

守恒量式 (4.1.25) 分别给出

$$I_{N_1} = a^3 = C_1$$
$$I_{N_2} = ta^4 = C_2$$

例 3　四阶广义 Birkhoff 系统为

$$R_1 = a^3, \quad R_2 = a^4, \quad R_3 = R_4 = 0, \quad B = \frac{1}{2}(a^3)^2 + \frac{1}{2}(a^4)^2 \tag{4.1.32}$$
$$\Lambda_1 = a^1, \quad \Lambda_2 = a^3, \quad \Lambda_3 = \Lambda_4 = 0$$

试研究其 Noether 对称性与守恒量.

Noether 等式 (4.1.17) 给出

$$(\dot{a}^1 - a^3)\xi_3 + (\dot{a}^2 - a^4)\xi_4 - B\dot{\xi}_0 + a^3\dot{\xi}_1 + a^4\dot{\xi}_2 + a^1(\xi_1 - \dot{a}^1\xi_0) + a^3(\xi_2 - \dot{a}^2\xi_0) + \dot{G}_N = 0$$

它有如下解

$$\xi_0 = \xi_1 = 0, \quad \xi_2 = \xi_3 = 1, \quad \xi_4 = 0, \quad G_N = -a^1$$
$$\xi_0 = 0, \quad \xi_1 = \xi_4 = 1, \quad \xi_2 = \xi_3 = t, \quad G_N = -a^2 - a^1 t$$
$$\xi_0 = \xi_2 = \xi_4 = 0, \quad \xi_1 = \xi_3 = -\exp(t), \quad G_N = a^1 \exp(t)$$
$$\xi_0 = \xi_2 = \xi_4 = 0, \quad \xi_1 = \xi_3 = -\exp(-t), \quad G_N = a^1 \exp(-t)$$

守恒量式 (4.1.25) 分别给出

$$I_{N_1} = a^4 - a^1 = C_1$$
$$I_{N_2} = a^3 + a^4 t - a^2 - a^1 t = C_2$$
$$I_{N_3} = (a^1 - a^3)\exp(t) = C_3$$
$$I_{N_4} = (a^1 + a^3)\exp(-t) = C_4$$

4.2　广义 Birkhoff 系统的 Lie 对称性与 Hojman 型守恒量

本节研究广义 Birkhoff 系统的 Lie 对称性与 Hojman 型守恒量, 包括广义 Birkhoff 系统的 Lie 对称性的确定方程, 以及 Hojman 定理的推广.

4.2.1　广义 Birkhoff 系统的 Lie 对称性

对非奇异广义 Birkhoff 系统, 即

$$\det(\Omega_{\mu\nu}) = \det\left(\frac{\partial R_\nu}{\partial a^\mu} - \frac{\partial R_\mu}{\partial a^\nu}\right) \neq 0 \tag{4.2.1}$$

则可解出所有 $\dot{a}^\mu$

$$\dot{a}^\mu - \Omega^{\mu\nu}\left(\frac{\partial B}{\partial a^\nu} + \frac{\partial R_\nu}{\partial t} - \Lambda_\nu\right) = 0 \tag{4.2.2}$$

其中

$$\Omega^{\mu\nu}\Omega_{\nu\rho} = \delta_\rho^\mu \tag{4.2.3}$$

在无限小变换下, 方程 (4.2.2) 的 Lie 对称性的确定方程有形式

$$X^{(1)}\left\{\dot{a}^\mu - \Omega^{\mu\nu}\left(\frac{\partial B}{\partial a^\nu} + \frac{\partial R_\nu}{\partial t} - \Lambda_\nu\right)\right\}\bigg|_{\dot{a}^\mu - \Omega^{\mu\nu}\left(\frac{\partial B}{\partial a^\nu} + \frac{\partial R_\nu}{\partial t} - \Lambda_\nu\right)=0} = 0 \tag{4.2.4}$$

即

$$\dot{\xi}_\mu - \Omega^{\mu\nu}\left(\frac{\partial B}{\partial a^\nu} + \frac{\partial R_\nu}{\partial t} - \Lambda_\nu\right)\dot{\xi}_0 = X^{(0)}\left\{\Omega^{\mu\nu}\left(\frac{\partial B}{\partial a^\nu} + \frac{\partial R_\nu}{\partial t} - \Lambda_\nu\right)\right\} \tag{4.2.5}$$

其中 ξ_0, ξ_μ 为无限小生成元, 而

$$
\begin{aligned}
X^{(0)} &= \xi_0 \frac{\partial}{\partial t} + \xi_\mu \frac{\partial}{\partial a^\mu} \\
X^{(1)} &= X^{(0)} + (\dot\xi_\mu + \dot a^\mu \dot\xi_0) \frac{\partial}{\partial \dot a^\mu}
\end{aligned}
\tag{4.2.6}
$$

如果生成元 ξ_0, ξ_μ 满足方程 (4.2.5), 则相应的对称性是 Lie 对称性.

如果时间是不变的, 即 $\xi_0 = 0$, 则 Lie 对称性的确定方程 (4.2.5) 成为

$$
\frac{\bar{\mathrm{d}}}{\mathrm{d}t} \xi_\mu = \frac{\partial}{\partial a^\rho} \left\{ \Omega^{\mu\nu} \left(\frac{\partial B}{\partial a^\nu} + \frac{\partial R_\nu}{\partial t} - \Lambda_\nu \right) \right\} \xi_\rho
\tag{4.2.7}
$$

其中

$$
\frac{\bar{\mathrm{d}}}{\mathrm{d}t} = \frac{\partial}{\partial t} + \Omega^{\mu\nu} \left(\frac{\partial B}{\partial a^\nu} + \frac{\partial R_\nu}{\partial t} - \Lambda_\nu \right) \frac{\partial}{\partial a^\mu}
\tag{4.2.8}
$$

4.2.2　Hojman 定理的推广

在时间不变的特殊无限小变换下的 Lie 对称性可导致 Hojman 型守恒量, 有如下结果

命题 1　对广义 Birkhoff 系统 (4.2.2), 如果无限小生成元 ξ_μ 满足 Lie 对称性的确定方程 (4.2.7), 并且存在某函数 $\mu = \mu(t, \boldsymbol{a})$ 满足条件

$$
\frac{\partial}{\partial a^\mu} \left\{ \Omega^{\mu\nu} \left(\frac{\partial B}{\partial a^\nu} + \frac{\partial R_\nu}{\partial t} - \Lambda_\nu \right) \right\} + \frac{\bar{\mathrm{d}}}{\mathrm{d}t} \ln \mu = 0
\tag{4.2.9}
$$

则系统有 Hojman 型守恒量

$$
I_{\mathrm{H}} = \frac{1}{\mu} \frac{\partial}{\partial a^\nu} (\mu \xi_\nu) = \text{const.}
\tag{4.2.10}
$$

证明　将式 (4.2.10) 按方程 (4.2.2) 对 t 求导数, 得到

$$
\frac{\bar{\mathrm{d}}}{\mathrm{d}t} I_{\mathrm{H}} = \frac{\bar{\mathrm{d}}}{\mathrm{d}t} \left(\frac{1}{\mu} \frac{\partial \mu}{\partial a^\nu} \xi_\nu \right) + \frac{\bar{\mathrm{d}}}{\mathrm{d}t} \left(\frac{\partial \xi_\nu}{\partial a^\nu} \right)
$$

注意到关系

$$
\frac{\bar{\mathrm{d}}}{\mathrm{d}t} \left(\frac{\partial \xi_\nu}{\partial a^\nu} \right) = \frac{\partial}{\partial a^\nu} \left(\frac{\bar{\mathrm{d}}}{\mathrm{d}t} \xi_\nu \right) - \frac{\partial \xi_\nu}{\partial a^\rho} \frac{\partial}{\partial a^\nu} \left\{ \Omega^{\rho\tau} \left(\frac{\partial B}{\partial a^\tau} + \frac{\partial R_\tau}{\partial t} - \Lambda_\tau \right) \right\}
$$

将式 (4.2.7) 代入上式, 并利用式 (4.2.9), 得

$$
\frac{\bar{\mathrm{d}}}{\mathrm{d}t} \left(\frac{\partial \xi_\nu}{\partial a^\nu} \right) = -\frac{\partial}{\partial a^\rho} \left(\frac{\bar{\mathrm{d}}}{\mathrm{d}t} \ln \mu \right) \xi_\rho
$$

于是有

$$
\begin{aligned}
\frac{\bar{\mathrm{d}}}{\mathrm{d}t} I_{\mathrm{H}} &= \frac{\bar{\mathrm{d}}}{\mathrm{d}t} \left(\frac{1}{\mu} \frac{\partial \mu}{\partial a^\nu} \xi_\nu \right) - \frac{\partial}{\partial a^\rho} \left(\frac{\bar{\mathrm{d}}}{\mathrm{d}t} \ln \mu \right) \xi_\rho \\
&= \frac{\partial}{\partial t} \left(\frac{1}{\mu} \frac{\partial \mu}{\partial a^\nu} \xi_\nu \right) + \frac{\partial}{\partial a^\rho} \left(\frac{1}{\mu} \frac{\partial \mu}{\partial a^\nu} \xi_\nu \right) \Omega^{\rho\tau} \left(\frac{\partial B}{\partial a^\tau} + \frac{\partial R_\tau}{\partial t} - \Lambda_\tau \right) \\
&\quad - \frac{\partial}{\partial a^\rho} \left\{ \frac{1}{\mu} \left[\frac{\partial \mu}{\partial t} + \frac{\partial \mu}{\partial a^\nu} \Omega^{\nu\tau} \left(\frac{\partial B}{\partial a^\tau} + \frac{\partial R_\tau}{\partial t} - \Lambda_\tau \right) \right] \right\} \xi_\rho \\
&= \left\{ \frac{\partial}{\partial a^\nu} \left(\frac{1}{\mu} \frac{\partial \mu}{\partial a^\rho} \right) - \frac{\partial}{\partial a^\rho} \left(\frac{1}{\mu} \frac{\partial \mu}{\partial a^\nu} \right) \right\} \Omega^{\nu\tau} \left(\frac{\partial B}{\partial a^\tau} + \frac{\partial R_\tau}{\partial t} - \Lambda_\tau \right) \xi_\rho \\
&= 0
\end{aligned}
$$

证毕.

对 Birkhoff 系统有 $\Lambda_\mu = 0 (\mu = 1, 2, \cdots, 2n)$, 因此有

推论　对 Birkhoff 系统, 如果无限小生成元 ξ_μ 满足方程

$$
\frac{\bar{\mathrm{d}}}{\mathrm{d}t} \xi_\mu = \frac{\partial}{\partial a^\rho} \left\{ \Omega^{\mu\nu} \left(\frac{\partial B}{\partial a^\nu} + \frac{\partial R_\nu}{\partial t} \right) \right\} \xi_\rho \tag{4.2.11}
$$

并且存在某函数 $\mu = \mu(t, \boldsymbol{a})$ 使得

$$
\frac{\partial}{\partial a^\mu} \left\{ \Omega^{\mu\nu} \left(\frac{\partial B}{\partial a^\nu} + \frac{\partial R_\nu}{\partial t} \right) \right\} + \frac{\bar{\mathrm{d}}}{\mathrm{d}t} \ln \mu = 0 \tag{4.2.12}
$$

则系统有 Hojman 型守恒量式 (4.2.10).

上述推论已由文献 [5] 给出.

例 1　二阶广义 Birkhoff 系统为

$$
R_1 = a^2, \quad R_2 = 0, \quad B = \frac{1}{2}(a^2)^2, \quad \Lambda_1 = 0, \quad \Lambda_2 = -f_1(t) \tag{4.2.13}
$$

试由 Lie 对称性导出 Hojman 型守恒量.

广义 Birkhoff 方程 (4.2.2) 给出

$$
-\dot{a}^2 = 0, \quad \dot{a}^1 - a^2 = f_1(t)
$$

Lie 对称性的确定方程 (4.2.7) 给出

$$
\frac{\bar{\mathrm{d}}}{\mathrm{d}t} \xi_1 = \xi_2, \quad \frac{\bar{\mathrm{d}}}{\mathrm{d}t} \xi_2 = 0
$$

它有如下解

$$
\xi_1 = t, \quad \xi_2 = 1 \tag{4.2.14}
$$

$$\xi_1 = \frac{1}{2}\left(a^1 - ta^2 - \int f_1 \mathrm{d}t\right)^2, \quad \xi_2 = 0 \tag{4.2.15}$$

式 (4.2.9) 给出

$$\frac{\bar{\mathrm{d}}}{\mathrm{d}t}\ln\mu = 0$$

它有如下解

$$\mu = 1 \tag{4.2.16}$$

$$\mu = a^2 \tag{4.2.17}$$

由式 (4.2.14) 和 (4.2.17), 利用式 (4.2.10), 得到 Hojman 型守恒量.

$$I_{\mathrm{H}} = \frac{1}{\mu}\frac{\partial\mu}{\partial a^2} = (a^2)^{-1} = \mathrm{const.}$$

由式 (4.2.15) 和 (4.2.16), 利用式 (4.2.10), 得到 Hojman 型守恒量

$$I_{\mathrm{H}} = \frac{\partial\xi_1}{\partial a^1} = a^1 - ta^2 - \int f_1 \mathrm{d}t = \mathrm{const.}$$

例 2 Hojman-Urrutia 方程为 [2]

$$\ddot{x} + \dot{y} = 0, \quad \ddot{y} + y = 0 \tag{4.2.18}$$

试由 Lie 对称性导出 Hojman 型守恒量.

令

$$a^1 = x, \quad a^2 = y, \quad a^3 = \dot{x}, \quad a^4 = \dot{y}$$

则方程 (4.2.18) 表示为四个一阶方程

$$\dot{a}^1 = a^3, \quad \dot{a}^2 = a^4, \quad \dot{a}^3 = -a^4, \quad \dot{a}^4 = -a^2$$

容易将其表示为一个广义 Birkhoff 系统, 有

$$R_1 = a^3, \quad R_2 = a^4, \quad R_3 = R_4 = 0, \quad B = 0$$

$$\Lambda_1 = -a^4, \quad \Lambda_2 = -a^2, \quad \Lambda_3 = -a^3, \quad \Lambda_4 = -a^4$$

Lie 对称性的确定方程 (4.2.7) 给出

$$\frac{\bar{\mathrm{d}}}{\mathrm{d}t}\xi_1 = \xi_3, \quad \frac{\bar{\mathrm{d}}}{\mathrm{d}t}\xi_2 = \xi_4, \quad \frac{\bar{\mathrm{d}}}{\mathrm{d}t}\xi_3 = -\xi_4, \quad \frac{\bar{\mathrm{d}}}{\mathrm{d}t}\xi_4 = -\xi_2$$

它有解

$$\xi_1 = \frac{1}{2}(a^2 + a^3)t, \quad \xi_2 = 0, \quad \xi_3 = \frac{1}{2}(a^2 + a^3)^2, \quad \xi_4 = 0$$

式 (4.2.9) 给出

$$\frac{\bar{\mathrm{d}}}{\mathrm{d}t}\ln\mu = 0$$

于是有

$$\mu = 1$$

守恒量式 (4.2.10) 给出

$$I_{\mathrm{H}} = \frac{\partial\xi_3}{\partial a^3} = a^2 + a^3 = \text{const.}$$

4.3　广义 Birkhoff 系统的形式不变性与新型守恒量

本节研究广义 Birkhoff 系统的形式不变性与新型守恒量, 包括广义 Birkhoff 系统形成不变性的定义和判据, 以及由形式不变性直接导致的新型守恒量.

4.3.1　广义 Birkhoff 系统的形式不变性

广义 Birkhoff 系统的微分方程有形式

$$\left(\frac{\partial R_\nu}{\partial a^\mu} - \frac{\partial R_\mu}{\partial a^\nu}\right)\dot{a}^\nu - \frac{\partial B}{\partial a^\mu} - \frac{\partial R_\mu}{\partial t} = -\Lambda_\mu \quad (\mu,\nu = 1,2,\cdots,2n) \tag{4.3.1}$$

取时间 t 和变量 a^μ 的无限小变换

$$t^* = t + \varepsilon\xi_0(t,\boldsymbol{a}), \quad a^{\mu*}(t^*) = a^\mu(t) + \varepsilon\xi_\mu(t,\boldsymbol{a}) \tag{4.3.2}$$

假设动力学函数 B, R_μ 和 Λ_μ 经历无限小变换 (4.3.2) 后成为 B^*, R_μ^* 和 Λ_μ^*, 有

$$\begin{aligned}
B^* &= B(t^*,\boldsymbol{a}^*) = B(t,\boldsymbol{a}) + \varepsilon X^{(0)}(B) + \mathrm{O}(\varepsilon^2) \\
R_\mu^* &= R_\mu(t^*,\boldsymbol{a}^*) = R_\mu(t,\boldsymbol{a}) + \varepsilon X^{(0)}(R_\mu) + \mathrm{O}(\varepsilon^2) \\
\Lambda_\mu^* &= \Lambda_\mu(t^*,\boldsymbol{a}^*) = \Lambda_\mu(t,\boldsymbol{a}) + \varepsilon X^{(0)}(\Lambda_\mu) + \mathrm{O}(\varepsilon^2)
\end{aligned} \tag{4.3.3}$$

其中

$$X^{(0)} = \xi_0\frac{\partial}{\partial t} + \xi_\mu\frac{\partial}{\partial a^\mu} \tag{4.3.4}$$

定义　如果用变换后的动力学函数 B^*, R_μ^* 和 Λ_μ^* 代替变换前的动力学函数 B, R_μ 和 Λ_μ, 使方程 (4.3.1) 的形式保持不变, 则称相应的不变性为形式不变性.

将式 (4.3.3) 代入方程 (4.3.1), 略去 ε^2 及更高阶小项, 得到

$$\left\{\frac{\partial}{\partial a^\mu}X^{(0)}(R_\nu) - \frac{\partial}{\partial a^\nu}X^{(0)}(R_\mu)\right\}\dot{a}^\nu - \frac{\partial}{\partial a^\mu}X^{(0)}(B) - \frac{\partial}{\partial t}X^{(0)}(R_\mu) = -X^{(0)}(\Lambda_\mu)$$

$$(\mu, \nu = 1, 2, \cdots, 2n) \tag{4.3.5}$$

判据[6]   如果无限小生成元 ξ_0, ξ_μ 满足方程 (4.3.5), 则相应不变性是广义 Birkhoff 系统的形式不变性.

称方程 (4.3.5) 为广义 Birkhoff 系统形式不变性的判据方程.

4.3.2 形式不变性直接导致的新型守恒量

形式不变性在一定条件下可导致一类新型守恒量, 有如下结果

命题[6]   如果广义 Birkhoff 系统形式不变性的生成元 ξ_0, ξ_μ 和规范函数 $G_{\mathrm{F}} = G_{\mathrm{F}}(t, \boldsymbol{a})$ 满足如下结构方程

$$
X^{(0)} \left\{ X^{(0)}(R_\mu) \right\} \Omega^{\mu\nu} \left(\frac{\partial B}{\partial a^\nu} + \frac{\partial R_\nu}{\partial t} - \Lambda_\nu \right) - X^{(0)} \left\{ X^{(0)}(B) \right\} - X^{(0)}(B) \frac{\bar{\mathrm{d}}}{\mathrm{d}t} \xi_0
$$
$$
+ X^{(0)}(R_\mu) \frac{\bar{\mathrm{d}}}{\mathrm{d}t} \xi_\mu + X^{(0)}(\Lambda_\mu) \left\{ \xi_\mu - \Omega^{\mu\nu} \left(\frac{\partial B}{\partial a^\nu} + \frac{\partial R_\nu}{\partial t} - \Lambda_\nu \right) \xi_0 \right\}
$$
$$
+ \frac{\bar{\mathrm{d}}}{\mathrm{d}t} G_{\mathrm{F}} = 0 \tag{4.3.6}
$$

则广义 Birkhoff 系统的形式不变性导致新型守恒量

$$
I_{\mathrm{F}} = X^{(0)}(R_\mu) \xi_\mu - X^{(0)}(B) \xi_0 + G_{\mathrm{F}} = \text{const.} \tag{4.3.7}
$$

证明

$$
\frac{\bar{\mathrm{d}}}{\mathrm{d}t} I_{\mathrm{F}} = \frac{\bar{\mathrm{d}}}{\mathrm{d}t} \left[X^{(0)}(R_\mu) \right] \xi_\mu + X^{(0)}(R_\mu) \frac{\bar{\mathrm{d}}}{\mathrm{d}t} \xi_\mu - \frac{\bar{\mathrm{d}}}{\mathrm{d}t} [X^{(0)}(B)] \xi_0
$$
$$
- X^{(0)}(B) \frac{\bar{\mathrm{d}}}{\mathrm{d}t} \xi_0 - X^{(0)} [X^{(0)}(R_\mu)] \Omega^{\mu\nu} \left(\frac{\partial B}{\partial a^\nu} + \frac{\partial R_\nu}{\partial t} - \Lambda_\nu \right)
$$
$$
+ X^{(0)} [X^{(0)}(B)] + X^{(0)}(B) \frac{\bar{\mathrm{d}}}{\mathrm{d}t} \xi_0 - X^{(0)}(R_\mu) \frac{\bar{\mathrm{d}}}{\mathrm{d}t} \xi_\mu
$$
$$
- X^{(0)}(\Lambda_\mu) \left\{ \xi_\mu - \Omega^{\mu\nu} \left(\frac{\partial B}{\partial a^\nu} + \frac{\partial R_\nu}{\partial t} - \Lambda_\nu \right) \xi_0 \right\}
$$
$$
= \left\{ \left[\frac{\partial}{\partial a^\mu} X^{(0)}(R_\nu) - \frac{\partial}{\partial a^\nu} X^{(0)}(R_\mu) \right] \Omega^{\nu\rho} \left(\frac{\partial B}{\partial a^\rho} + \frac{\partial R_\rho}{\partial t} - \Lambda_\rho \right) \right.
$$
$$
\left. - \frac{\partial}{\partial a^\mu} X^{(0)}(B) - \frac{\partial}{\partial t} X^{(0)}(R_\mu) + X^{(0)}(\Lambda_\mu) \right\} \left\{ \Omega^{\mu\tau} \left(\frac{\partial B}{\partial a^\tau} + \frac{\partial R_\tau}{\partial t} \right. \right.
$$
$$
\left. \left. - \Lambda_\tau \right) \xi_0 - \xi_\mu \right\}
$$
$$
= 0
$$

当 $\Lambda_\mu = 0(\mu = 1, 2, \cdots, 2n)$ 时, 广义 Birkhoff 系统成为 Birkhoff 系统, 于是有

推论　对 Birkhoff 系统, 如果形式不变性的无限小生成元 ξ_0, ξ_μ 和规范函数 $G_F = G_F(t, \boldsymbol{a})$ 满足如下结构方程

$$X^{(0)}\left\{X^{(0)}(R_\mu)\right\} \Omega^{\mu\nu}\left(\frac{\partial B}{\partial a^\nu} + \frac{\partial R_\nu}{\partial t}\right) - X^{(0)}\left\{X^{(0)}(B)\right\} - X^{(0)}(B)\frac{\bar{\mathrm{d}}}{\mathrm{d}t}\xi_0$$

$$+ X^{(0)}(R_\mu)\frac{\bar{\mathrm{d}}}{\mathrm{d}t}\xi_\mu + \frac{\bar{\mathrm{d}}}{\mathrm{d}t}G_F = 0 \tag{4.3.8}$$

其中

$$\frac{\bar{\mathrm{d}}}{\mathrm{d}t} = \frac{\partial}{\partial t} + \Omega^{\mu\nu}\left(\frac{\partial B}{\partial a^\nu} + \frac{\partial R_\nu}{\partial t}\right)\frac{\partial}{\partial a^\mu} \tag{4.3.9}$$

则 Birkhoff 系统的形式不变性导致新型守恒量式 (4.3.7).

上述推论已由文献 [5] 给出.

例 1　已知四阶广义 Birkhoff 系统为

$$R_1 = 0, \quad R_2 = a^1 - a^4 - (a^2 + a^3)t + (a^2\sin t + a^4\cos t)\cos t$$

$$R_3 = a^1 - a^4 - (a^2 + a^3)t, \quad R_4 = -(a^2\sin t + a^4\cos t)\sin t$$

$$B = 0, \quad \Lambda_1 = \Lambda_3 = 0, \quad \Lambda_2 = -2(a^2\sin t + a^4\cos t)\sin t \tag{4.3.10}$$

$$\Lambda_4 = -2(a^2\sin t + a^4\cos t)\cos t$$

试由形式不变性导出新型守恒量.

为求形式不变性的生成元, 做如下计算

$$X^{(0)}(B) = 0, \quad X^{(0)}(R_1) = 0$$

$$X^{(0)}(R_2) = \xi_1 - \xi_4 - (\xi_2 + \xi_3)t - (a^2 + a^3)\xi_0$$
$$+ (\xi_2\sin t + \xi_4\cos t + a^2\xi_0\cos t - a^4\xi_0\sin t)\cos t$$
$$- (a^2\sin t + a^4\cos t)\xi_0\sin t$$

$$X^{(0)}(R_3) = \xi_1 - \xi_4 - (\xi_2 + \xi_3)t - (a^2 + a^3)\xi_0$$

$$X^{(0)}(R_4) = -(\xi_2\sin t + \xi_4\cos t + a^2\xi_0\cos t - a^4\xi_0\sin t)\sin t$$
$$- (a^2\sin t + a^4\cos t)\xi_0\cos t$$

$$X^{(0)}(\Lambda_1) = X^{(0)}(\Lambda_3) = 0$$

$$X^{(0)}(\Lambda_2) = -2\left(\xi_2\sin t + \xi_4\cos t + a^2\xi_0\cos t - a^4\xi_0\sin t\right)\sin t$$
$$- 2\left(a^2\sin t + a^4\cos t\right)\xi_0\cos t$$

$$X^{(0)}(\Lambda_4) = -2\left(\xi_2\sin t + \xi_4\cos t + a^2\xi_0\cos t - a^4\xi_0\sin t\right)\cos t$$
$$+ 2\left(a^2\sin t + a^4\cos t\right)\xi_0\sin t$$

今取

$$\xi_0 = \xi_2 = \xi_4 = 0, \quad \xi_1 = (a^2 + a^3)t + 1, \quad \xi_3 = a^2 + a^3$$

则有

$$\frac{\bar{\mathrm{d}}}{\mathrm{d}t}\xi_3 = 0$$

$$X^{(0)}(B) = X^{(0)}(\Lambda_\mu) = 0 \quad (\mu = 1, 2, 3, 4)$$

$$X^{(0)}(R_1) = X^{(0)}(R_4) = 0 \quad X^{(0)}(R_2) = X^{(0)}(R_3) = 1$$

此时结构方程 (4.3.6) 给出

$$G_{\mathrm{F}} = 0$$

而守恒量式 (4.3.7) 给出

$$I_{\mathrm{F}} = X^{(0)}(R_3)\xi_3 = a^2 + a^3 = \mathrm{const.}$$

例 2 四阶广义 Birkhoff 系统为

$$R_1 = a^3, \quad a_2 = a^4, \quad R_3 = R_4 = 0, \quad B = 0 \tag{4.3.11}$$
$$\Lambda_1 = a^1, \quad \Lambda_2 = a^3, \quad \Lambda_3 = -a^3, \quad \Lambda_4 = -a^4$$

试由其形式不变性导出新型守恒量.

做计算

$$X^{(0)}(R_1) = \xi_3, \quad X^{(0)}(R_2) = \xi_4, \quad X^{(0)}(R_3) = X^{(0)}(R_4) = X^{(0)}(B) = 0$$

$$X^{(0)}(\Lambda_1) = \xi_1, \quad X^{(0)}(\Lambda_2) = \xi_3, \quad X^{(0)}(\Lambda_3) = -\xi_3, \quad X^{(0)}(\Lambda_4) = -\xi_4$$

因上式中不出现 ξ_2, 故

$$\xi_2 = 1, \quad \xi_0 = \xi_2 = \xi_3 = \xi_4 = 0$$

是系统形式不变性的生成元. 此时结构方程 (4.3.6) 给出

$$\frac{\bar{\mathrm{d}}}{\mathrm{d}t}G_{\mathrm{F}} = 0$$

而守恒量式 (4.3.7) 给出

$$I_{\mathrm{F}} = G_{\mathrm{F}} = \mathrm{const.}$$

可取

$$G_{\mathrm{F}} = a^4 - a^1$$
$$G_{\mathrm{F}} = (a^1 - a^3)\exp(t)$$

等.

4.4　广义 Birkhoff 系统的 Noether 对称性
与 Hojman 型守恒量

本节研究广义 Birkhoff 系统的 Noether 对称性与 Hojman 型守恒量, 包括广义 Birkhoff 系统的 Noether 对称性与 Lie 对称性, 以及由 Noether 对称性通过 Lie 对称性间接导致的 Hojman 型守恒量.

4.4.1　广义 Birkhoff 系统的 Noether 对称性与 Lie 对称性

在时间不变的无限小变换下, 广义 Birkhoff 系统的 Noether 等式 (4.1.17) 成为

$$\left(\frac{\partial R_\nu}{\partial a^\mu}\dot{a}^\nu - \frac{\partial B}{\partial a^\mu}\right)\xi_\mu + R_\mu\dot{\xi}_\mu + \Lambda_\mu\xi_\mu + \dot{G}_{\mathrm{N}} = 0 \qquad (4.4.1)$$

而 Lie 对称性的确定方程为 (4.2.7), 即

$$\frac{\bar{\mathrm{d}}}{\mathrm{d}t}\xi_\mu = \frac{\partial}{\partial a^\rho}\left\{\Omega^{\mu\nu}\left(\frac{\partial B}{\partial a^\nu} + \frac{\partial R_\nu}{\partial t} - \Lambda_\nu\right)\right\}\xi_\rho \qquad (4.4.2)$$

如果生成元 ξ_μ 满足式 (4.4.1) 和 (4.4.2), 则相应对称性是 Noether 的, 也是 Lie 的.

4.4.2　Noether 对称性间接导致的 Hojman 型守恒量

广义 Birkhoff 系统的 Noether 对称性通过 Lie 对称性可间接导致 Hojman 型守恒量, 有如下结果

命题　对广义 Birkhoff 系统 (2.1.11), 如果无限小变换的生成元 ξ_μ 是 Noether 对称性的生成元, 并且满足式 (4.4.2), 则 Noether 对称性导致 Hojman 型守恒量

$$I_{\mathrm{H}} = \frac{1}{\mu}\frac{\partial}{\partial a^\nu}(\mu\xi_\nu) = \text{const.} \qquad (4.4.3)$$

当 $\Lambda_\mu = 0(\mu = 1, 2\cdots, 2n)$ 时, 广义 Birkhoff 系统成为 Birkhoff 系统, 因此有

推论　对 Birkhoff 系统, 如果无限小生成元 ξ_μ 满足

$$\left(\frac{\partial R_\nu}{\partial a^\mu}\dot{a}^\nu - \frac{\partial B}{\partial a^\mu}\right)\xi_\mu + R_\mu\dot{\xi}_\mu + \dot{G}_{\mathrm{N}} = 0 \qquad (4.4.4)$$

和

$$\frac{\bar{\mathrm{d}}}{\mathrm{d}t}\xi_\mu = \frac{\partial}{\partial a^\rho}\left\{\Omega^{\mu\nu}\left(\frac{\partial B}{\partial a^\nu} + \frac{\partial R_\nu}{\partial t}\right)\right\}\xi_\rho \qquad (4.4.5)$$

则系统有 Hojman 型守恒量式 (4.4.3).

例 1 试将微分方程

$$\ddot{q}_1 = -\frac{1}{1+b^2t^2}, \quad \ddot{q}_2 = -\frac{bt}{1+b^2t^2} \tag{4.4.6}$$

化成广义 Birkhoff 方程, 并用 Noether 对称性导出 Hojman 型守恒量.

令

$$a^1 = q_1, \quad a^2 = q_2, \quad a^3 = \dot{q}_1, \quad a^4 = \dot{q}_2$$

则方程 (4.4.6) 表示为

$$\dot{a}^1 = a^3, \quad \dot{a}^2 = a^4, \quad \dot{a}^3 = -\frac{1}{1+b^2t^2}, \quad \dot{a}^4 = -\frac{bt}{1+b^2t^2}$$

取

$$R_1 = a^3, \quad R_2 = a^4, \quad R_3 = R_4 = B = 0$$
$$\Lambda_1 = -\frac{1}{1+b^2t^2}, \quad \Lambda_2 = -\frac{bt}{1+b^2t^2}, \quad \Lambda_3 = -a^3, \quad \Lambda_4 = -a^4$$

式 (4.4.1) 和 (4.4.2) 分别给出

$$\dot{a}^1\xi_3 + \dot{a}^2\xi_4 + a^3\dot{\xi}_1 + a^4\dot{\xi}_2 - \frac{1}{1+b^2t^2}\xi_1 - \frac{bt}{1+b^2t^2}\xi_2$$
$$-a^3\xi_3 - a^4\xi_4 + \dot{G}_N = 0$$

$$\frac{\bar{\mathrm{d}}}{\mathrm{d}t}\xi_1 = \xi_3, \quad \frac{\bar{\mathrm{d}}}{\mathrm{d}t}\xi_2 = \xi_4, \quad \frac{\bar{\mathrm{d}}}{\mathrm{d}t}\xi_3 = 0, \quad \frac{\bar{\mathrm{d}}}{\mathrm{d}t}\xi_4 = 0$$

这两组方程有解

$$\xi_2 = 1, \quad \xi_1 = \xi_3 = \xi_4 = 0$$

因此, 它对应方程 (4.4.6) 的 Noether 对称性和 Lie 对称性. 式 (4.2.9) 给出

$$\frac{\bar{\mathrm{d}}}{\mathrm{d}t}\ln\mu = 0$$

它有如下解

$$\mu = 1$$
$$\mu = a^2 + \frac{t}{2b}\ln(1+b^2t^2) - \frac{t}{b} + \frac{1}{b^2}\arctan(bt)$$
$$-t\left[a^4 + \frac{1}{2b}\ln(1+b^2t^2)\right]$$

Hojman 型守恒量 (4.2.10) 给出

$$I_H = \frac{1}{\mu}\frac{\partial\mu}{\partial a^2} = \left\{a^2 + \frac{t}{2b}\ln(1+b^2t^2) - \frac{t}{b} + \frac{1}{b^2}\arctan(bt)\right.$$
$$\left.-t\left[a^4 + \frac{1}{2b}\ln(1+b^2t^2)\right]\right\}^{-1} = \text{const.}$$

类似地, 取

$$\xi_1 = 1, \quad \xi_2 = \xi_3 = \xi_4 = 0$$

$$\mu = a^1 + \frac{t}{b}\arctan(bt) - \frac{1}{2b^2}\ln(1+b^2t^2) - t\left[a^3 + \frac{1}{b}\arctan(bt)\right]$$

则有 Hojman 型守恒量

$$I_{\mathrm{H}} = \left\{a^1 + \frac{t}{b}\arctan(bt) - \frac{1}{2b^2}\ln(1+b^2t^2) - t\left[a^3 + \frac{1}{b}\arctan(bt)\right]\right\}^{-1}$$
$$= \mathrm{const}.$$

例 2　四阶广义 Birkhoff 系统为

$$R_1 = a^3, \quad R_2 = a^4, \quad R_3 = R_4 = 0, \quad B = a^2 + \frac{1}{2}(a^3)^2 + \frac{1}{2}(a^4)^2 \tag{4.4.7}$$
$$\Lambda_1 = \Lambda_3 = 0, \quad \Lambda_2 = \Lambda_2(t, a^2), \quad \Lambda_4 = \Lambda_4(t, a^4)$$

试由系统的 Noether 对称性导出 Hojman 型守恒量.

系统的微分方程为

$$-\dot{a}^3 = 0, \quad -\dot{a}^4 - 1 = -\Lambda_2, \quad \dot{a}^1 - a^3 = 0, \quad \dot{a}^2 - a^4 = -\Lambda_4$$

Noether 等式 (4.4.1) 给出

$$-\xi_1 - \xi_2 + \xi_3 + \xi_4 + a^3\dot{\xi}_1 + a^4\dot{\xi}_2 + \Lambda_2\xi_2 + \Lambda_4\xi_4 + \dot{G}_{\mathrm{N}} = 0$$

Lie 对称性的确定方程 (4.4.2) 给出

$$\frac{\bar{\mathrm{d}}}{\mathrm{d}t}\xi_1 = \xi_3, \quad \frac{\bar{\mathrm{d}}}{\mathrm{d}t}\xi_2 = \xi_4 - \frac{\partial\Lambda_4}{\partial a^2}\xi_2, \quad \frac{\bar{\mathrm{d}}}{\mathrm{d}t}\xi_3 = 0, \quad \frac{\bar{\mathrm{d}}}{\mathrm{d}t}\xi_4 = \frac{\partial\Lambda_2}{\partial a^4}\xi_4$$

这两组式有解

$$\xi_1 = 1, \quad \xi_2 = \xi_3 = \xi_4 = 0$$

式 (4.2.9) 给出

$$\frac{\bar{\mathrm{d}}}{\mathrm{d}t}\ln\mu = 0$$

它有解

$$\mu = 1$$
$$\mu = a^3$$
$$\mu = a^1 - a^3 t$$

Hojman 守恒量式 (4.2.10) 给出

$$I_{\mathrm{H}} = \frac{1}{\mu}\frac{\partial}{\partial a^1}(\mu\xi_1) = (a^1 - a^3 t)^{-1} = \mathrm{const}.$$

4.5 广义 Birkhoff 系统的 Noether 对称性与新型守恒量

本节研究广义 Birkhoff 系统的 Noether 对称性与新型守恒量, 包括广义 Birkhoff 系统的 Noether 对称性与形式不变性, 以及由 Noether 对称性通过形式不变性间接导致的新型守恒量.

4.5.1 广义 Birkhoff 系统的 Noether 对称性与形式不变性

广义 Birkhoff 系统的 Noether 对称性表示为 Noether 等式 (4.1.17), 即

$$
\left(\frac{\partial R_\mu}{\partial t} - \frac{\partial B}{\partial t}\right)\xi_0 + \left(\frac{\partial R_\nu}{\partial a^\mu}\dot{a}^\nu - \frac{\partial B}{\partial a^\mu}\right)\xi_\mu - B\dot{\xi}_0 + R_\mu\dot{\xi}_\mu
$$
$$
+ \Lambda_\mu\left(\xi_\mu - \dot{a}^\mu\xi_0\right) + \dot{G}_N = 0 \tag{4.5.1}
$$

广义 Birkhoff 系统形式不变性的判据方程为 (4.3.5), 即

$$
\left\{\frac{\partial}{\partial a^\mu}X^{(0)}(R_\nu) - \frac{\partial}{\partial a^\nu}X^{(0)}(R_\mu)\right\}\dot{a}^\nu - \frac{\partial}{\partial a^\mu}X^{(0)}(B) - \frac{\partial}{\partial t}X^{(0)}(R_\mu) = -X^{(0)}(\Lambda_\mu)
$$
$$
(\mu, \nu = 1, 2, \cdots, 2n) \tag{4.5.2}
$$

如果无限小生成元 ξ_0, ξ_μ 和规范函数 $G_N = G_N(t, \boldsymbol{a})$ 满足式 (4.5.1), 并且 ξ_0, ξ_μ 满足方程 (4.5.2), 则相应不变性是 Noether 的, 也是形式不变性的.

4.5.2 Noether 对称性间接导致的新型守恒量

广义 Birkhoff 系统的 Noether 对称性通过形式不变性可间接地导致新型守恒量, 有如下结果

命题 对广义 Birkhoff 系统 (2.1.11), 如果无限小生成元 ξ_0, ξ_μ 满足式 (4.5.1) 和 (4.5.2), 并且存在规范函数 $G_F = G_F(t, \boldsymbol{a})$ 满足结构方程 (4.3.6), 则 Noether 对称性导致新型守恒量

$$
I_F = X^{(0)}(R_\mu)\xi_\mu - X^{(0)}(B)\xi_0 + G_F = \text{const.} \tag{4.5.3}
$$

在广义 Birkhoff 方程中取 $\Lambda_\mu = 0(\mu = 1, 2, \cdots, 2n)$, 就成为 Birkhoff 系统的方程, 因此有

推论 对 Birkhoff 系统, 如果无限小生成元 ξ_0, ξ_μ 满足

$$
\left(\frac{\partial R_\mu}{\partial t} - \frac{\partial B}{\partial t}\right)\xi_0 + \left(\frac{\partial R_\nu}{\partial a^\mu}\dot{a}^\nu - \frac{\partial B}{\partial a^\mu}\right)\xi_\mu - B\dot{\xi}_0 + R_\mu\dot{\xi}_\mu + \dot{G}_N = 0 \tag{4.5.4}
$$

和

$$
\left\{\frac{\partial}{\partial a^\mu}X^{(0)}(R_\nu) - \frac{\partial}{\partial a^\nu}X^{(0)}(R_\mu)\right\}\dot{a}^\nu - \frac{\partial}{\partial a^\mu}X^{(0)}(B) - \frac{\partial}{\partial t}X^{(0)}(R_\mu) = 0 \tag{4.5.5}
$$

并且存在规范函数 $G_{\mathrm{F}} = G_{\mathrm{F}}(t, \boldsymbol{a})$ 满足结构方程

$$X^{(0)} \left\{ X^{(0)}(R_\mu) \right\} \Omega^{\mu\nu} \left(\frac{\partial B}{\partial a^\nu} + \frac{\partial R_\nu}{\partial t} \right) - X^{(0)} \left\{ X^{(0)}(B) \right\} - X^{(0)}(B) \frac{\bar{\mathrm{d}}}{\mathrm{d}t} \xi_0$$

$$+ X^{(0)}(R_\mu) \frac{\bar{\mathrm{d}}}{\mathrm{d}t} \xi_\mu + \frac{\bar{\mathrm{d}}}{\mathrm{d}t} G_{\mathrm{F}} = 0 \tag{4.5.6}$$

则系统的 Noether 对称性导致新型守恒量式 (4.5.3).

上述推论已由文献 [5] 给出.

例　四阶广义 Birkhoff 系统为

$$R_1 = a^3, \quad R_2 = a^4, \quad R_3 = R_4 = 0 \quad B = a^2 + \frac{1}{2}(a^4)^2$$

$$\Lambda_1 = \Lambda_2 = \Lambda_4 = 0, \quad \Lambda_3 = -a^3 \tag{4.5.7}$$

试由系统的 Noether 对称性导出新型守恒量.

式 (4.5.1) 给出

$$\dot{a}^1 \xi_3 + (\dot{a}^2 - a^4)\xi_4 - \xi_2 - B\dot{\xi}_0 + a^3 \dot{\xi}_1 + a^4 \dot{\xi}_2 - a^3(\xi_3 - \dot{a}^3 \xi_0) + \dot{G}_{\mathrm{N}} = 0$$

做计算, 有

$$X^{(0)}(B) = \xi_2 + a^4 \xi_4, \quad X^{(0)}(R_1) = \xi_3, \quad X^{(0)}(R_2) = \xi_4$$

$$X^{(0)}(R_3) = X^{(0)}(R_4) = 0, \quad X^{(0)}(\Lambda_1) = X^{(0)}(\Lambda_2) = X^{(0)}(\Lambda_4) = 0$$

$$X^{(0)}(\Lambda_3) = -\xi_3$$

取生成元为

$$\xi_0 = \xi_1 = \xi_3 = 0, \quad \xi_2 = a^4, \quad \xi_4 = -1$$

它是 Noether 对称的, 也是形式不变性的.

结构方程 (4.3.6) 给出

$$(-1)(-1) + \frac{\bar{\mathrm{d}}}{\mathrm{d}t} G_{\mathrm{F}} = 0$$

由此得

$$G_{\mathrm{F}} = -t$$

而守恒量式 (4.5.3) 给出

$$I_{\mathrm{F}} = -a^4 - t = \mathrm{const.}$$

4.6 广义 Birkhoff 系统的 Lie 对称性与 Noether 守恒量

本节研究广义 Birkhoff 系统的 Lie 对称性与 Noether 守恒量, 包括系统的 Lie 对称性与 Noether 对称性, 以及由 Lie 对称性通过 Noether 对称性间接导致的 Noether 守恒量.

4.6.1 广义 Birkhoff 系统的 Lie 对称性与 Noether 对称性

广义 Birkhoff 系统 Lie 对称性的确定方程为式 (4.2.5), 即

$$\dot{\xi}_\mu - \Omega^{\mu\nu}\left(\frac{\partial B}{\partial a^\nu} + \frac{\partial R_\nu}{\partial t} - \Lambda_\nu\right)\dot{\xi}_0 = X^{(0)}\left\{\Omega^{\mu\nu}\left(\frac{\partial B}{\partial a^\nu} + \frac{\partial R_\nu}{\partial t} - \Lambda_\nu\right)\right\} \quad (4.6.1)$$

而广义 Birkhoff 系统的 Noether 等式为 (4.1.17), 即

$$\left(\frac{\partial R_\mu}{\partial t}\dot{a}^\mu - \frac{\partial B}{\partial t}\right)\xi_0 + \left(\frac{\partial R_\nu}{\partial a^\mu}\dot{a}^\nu - \frac{\partial B}{\partial a^\mu}\right)\xi_\mu - B\dot{\xi}_0 + R_\mu\dot{\xi}_\mu$$
$$+ \Lambda_\mu\left(\xi_\mu - \dot{a}^\mu\xi_0\right) + \dot{G}_\mathrm{N} = 0 \quad (4.6.2)$$

如果生成元 ξ_0, ξ_μ 和 G_N 既满足式 (4.6.2), 又满足式 (4.6.1), 则相应对称性是 Lie 的, 并且也是 Noether 的.

4.6.2 Lie 对称性间接导致的 Noether 守恒量

广义 Birkhoff 系统的 Lie 对称性通过 Noether 对称性可间接地导致 Noether 守恒量. 有如下结果.

命题 对广义 Birkhoff 系统 (2.1.11), 如果无限小生成元 ξ_0, ξ_μ 和规范函数 G_N 满足式 (4.6.1) 和 (4.6.2), 则系统的 Lie 对称性导致 Noether

$$I_\mathrm{N} = R_\mu\xi_\mu - B\xi_0 + G_\mathrm{N} = \mathrm{const.} \quad (4.6.3)$$

在广义 Birkhoff 方程中取 $\Lambda_\mu = 0 (\mu = 1, 2, \cdots, 2n)$, 则成为 Birkhoff 系统的方程. 于是有

推论 对 Birkhoff 系统, 如果无限小生成元 ξ_0, ξ_μ 和规范函数 G_N 满足

$$\dot{\xi}_\mu - \Omega^{\mu\nu}\left(\frac{\partial B}{\partial a^\nu} + \frac{\partial R_\nu}{\partial t}\right)\dot{\xi}_0 = X^{(0)}\left\{\Omega^{\mu\nu}\left(\frac{\partial B}{\partial a^\nu} + \frac{\partial R_\nu}{\partial t}\right)\right\} \quad (4.6.4)$$

和

$$\left(\frac{\partial R_\mu}{\partial t}\dot{a}^\mu - \frac{\partial B}{\partial t}\right)\xi_0 + \left(\frac{\partial R_\nu}{\partial a^\mu}\dot{a}^\nu - \frac{\partial B}{\partial a^\mu}\right)\xi_\mu - B\dot{\xi}_0 + R_\mu\dot{\xi}_\mu + \dot{G}_\mathrm{N} = 0 \quad (4.6.5)$$

则系统 Lie 对称性导致 Noether 守恒量式 (4.6.3).

上述推论已由文献 [5] 给出.

例 1   试证, 对广义 Birkhoff 系统, 如果满足

$$\frac{\partial R_\mu}{\partial a^1} = \frac{\partial B}{\partial a^1} = \frac{\partial \Lambda_\mu}{\partial a^1} = \Lambda_1 = 0 \tag{4.6.6}$$

则系统的 Lie 对称性导致 Noether 守恒量

$$I_N = R_1 = \text{const.} \tag{4.6.7}$$

证明   取生成元为

$$\xi_1 = 1, \quad \xi_0 = \xi_\mu = 0 \quad (\mu \neq 1)$$

考虑到式 (4.6.6), 则式 (4.6.1) 满足, 因此上述对称性是 Lie 的. 由式 (4.6.2) 得

$$G_N = 0$$

守恒量式 (4.6.3) 给出

$$I_N = R_1 = \text{const.}$$

证毕.

例 2   已知二阶广义 Birkhoff 系统为

$$R_1 = 0, \quad R_2 = ta^1, \quad B = \frac{1}{2}(a^2)^2, \quad \Lambda_1 = -t^2 a^1, \quad \Lambda_2 = 0 \tag{4.6.8}$$

试由 Lie 对称性求 Noether 守恒量.

广义 Birkhoff 方程 (2.1.11) 给出

$$t\dot{a}^2 = t^2 a^1$$
$$-t\dot{a}^1 - a^2 - a^1 = 0$$

Lie 对称性的确定方程 (4.6.1) 给出

$$\dot{\xi}_2 - ta^1 \dot{\xi}_0 = a^1 \xi_0 + t\xi_1$$
$$\dot{\xi}_1 + \frac{1}{t}(a^1 + a^2)\dot{\xi}_0 = \frac{\xi_0}{t^2}(a^1 + a^2) - \frac{1}{t}(\xi_1 + \xi_2) \quad (t > 0)$$

Noether 等式 (4.6.2) 给出

$$a^1 \dot{a}^2 \xi_0 + t\dot{a}^2 \xi_1 - a^2 \xi_2 - B\dot{\xi}_0 + ta^1 \dot{\xi}_2 - t^2 a^1(\xi_1 - \dot{a}^1 \xi_0) + \dot{G}_N = 0$$

由这两组方程, 解得

$$\xi_0 = 0, \quad \xi_1 = -\frac{a^2}{t}, \quad \xi_2 = ta^1, \quad G_N = \frac{1}{2}(a^2)^2 - \frac{1}{2}(ta^1)^2$$

Noether 守恒量式 (4.6.3) 给出

$$I_N = \frac{1}{2}(ta^1)^2 + \frac{1}{2}(a^2)^2 = \text{const.}$$

4.7 广义 Birkhoff 系统的 Lie 对称性与新型守恒量

本节研究广义 Birkhoff 系统的 Lie 对称性与新型守恒量, 包括广义 Birkhoff 系统的 Lie 对称性与形式不变性, 以及由 Lie 对称性通过形式不变性间接导致的新型守恒量.

4.7.1　广义 Birkhoff 系统的 Lie 对称性与形式不变性

广义 Birkhoff 系统的 Lie 对称性的确定方程为 (4.2.5), 即

$$\dot{\xi}_\mu - \Omega^{\mu\nu}\left(\frac{\partial B}{\partial a^\nu} + \frac{\partial R_\nu}{\partial t} - \Lambda_\nu\right)\dot{\xi}_0 = X^{(0)}\left\{\Omega^{\mu\nu}\left(\frac{\partial B}{\partial a^\nu} + \frac{\partial R_\nu}{\partial t} - \Lambda_\nu\right)\right\} \quad (4.7.1)$$

而系统形式不变性的判据方程为 (4.3.5), 即

$$\left[\frac{\partial}{\partial a^\mu}X^{(0)}(R_\nu) - \frac{\partial}{\partial a^\nu}X^{(0)}(R_\mu)\right]\dot{a}^\nu - \frac{\partial}{\partial a^\mu}X^{(0)}(B) - \frac{\partial}{\partial t}X^{(0)}(R_\mu) = -X^{(0)}(\Lambda_\mu) \tag{4.7.2}$$

如果无限小生成元 ξ_0, ξ_μ 满足方程 (4.7.1) 和 (4.7.2), 则相应不变性是 Lie 的, 也是形式不变性的.

4.7.2　Lie 对称性间接导致的新型守恒量

广义 Birkhoff 系统的 Lie 对称性通过形式不变性, 可间接导致新型守恒量. 有如下结果

命题　对广义 Birkhoff 系统 (2.1.11), 如果无限小生成元 ξ_0, ξ_μ 满足方程 (4.7.1) 和 (4.7.2), 并且存在规范函数 $G_{\mathrm{F}} = G_{\mathrm{F}}(t, \boldsymbol{a})$ 满足如下结构方程

$$X^{(0)}\left\{X^{(0)}(R_\mu)\right\}\Omega^{\mu\nu}\left(\frac{\partial B}{\partial a^\nu} + \frac{\partial R_\nu}{\partial t} - \Lambda_\nu\right) - X^{(0)}\left\{X^{(0)}(B)\right\} - X^{(0)}(B)\frac{\bar{\mathrm{d}}}{\mathrm{d}t}\xi_0$$

$$+ X^{(0)}(R_\mu)\frac{\bar{\mathrm{d}}}{\mathrm{d}t}\xi_\mu + X^{(0)}(\Lambda_\mu)\left[\xi_\mu - \Omega^{\mu\nu}\left(\frac{\partial B}{\partial a^\nu} + \frac{\partial R_\nu}{\partial t} - \Lambda_\nu\right)\xi_0\right] + \frac{\bar{\mathrm{d}}}{\mathrm{d}t}G_{\mathrm{F}} = 0 \tag{4.7.3}$$

则 Lie 对称性导致新型守恒量

$$I_{\mathrm{F}} = X^{(0)}(R_\mu)\xi_\mu - X^{(0)}(B)\xi_0 + G_{\mathrm{F}} = \mathrm{const.} \tag{4.7.4}$$

在广义 Birkhoff 方程中取 $\Lambda_\mu = 0 (\mu = 1, 2, \cdots, 2n)$, 则成为 Birkhoff 系统的方程. 于是有

推论　对 Birkhoff 系统, 如果无限小生成元 ξ_0, ξ_μ 满足方程

$$\dot{\xi}_\mu - \Omega^{\mu\nu}\left(\frac{\partial B}{\partial a^\nu} + \frac{\partial R_\nu}{\partial t}\right)\dot{\xi}_0 = X^{(0)}\left\{\Omega^{\mu\nu}\left(\frac{\partial B}{\partial a^\nu} + \frac{\partial R_\nu}{\partial t}\right)\right\} \tag{4.7.5}$$

和方程

$$\left[\frac{\partial}{\partial a^\mu}X^{(0)}(R_\nu) - \frac{\partial}{\partial a^\nu}X^{(0)}(R_\mu)\right]\dot{a}^\nu - \frac{\partial}{\partial a^\mu}X^{(0)}(B) - \frac{\partial}{\partial t}X^{(0)}(R_\mu) = 0 \tag{4.7.6}$$

并且存在规范函数 $G_F = G_F(t, \boldsymbol{a})$ 满足如下结构方程

$$X^{(0)}\left\{X^{(0)}(R_\mu)\right\}\Omega^{\mu\nu}\left(\frac{\partial B}{\partial a^\nu} + \frac{\partial R_\nu}{\partial t}\right) - X^{(0)}\left\{X^{(0)}(B)\right\} - X^{(0)}(B)\frac{\bar{\mathrm{d}}}{\mathrm{d}t}\xi_0$$

$$+ X^{(0)}(R_\mu)\frac{\bar{\mathrm{d}}}{\mathrm{d}t}\xi_\mu + \frac{\bar{\mathrm{d}}}{\mathrm{d}t}G_F = 0 \tag{4.7.7}$$

则系统 Lie 对称性导致新型守恒量式 (4.7.4).

上述推论已由文献 [5] 给出.

例　四阶广义 Birkhoff 系统为

$$R_1 = 0, \quad R_2 = a^1 - a^4 - a^3 t + (a^2 \sin t + a^4 \cos t)\cos t$$
$$R_3 = a^1 - a^4 - (a^2 + a^3)t, \quad R_4 = -(a^2 \sin t + a^4 \cos t)\sin t \tag{4.7.8}$$
$$B = (a^2 \sin t + a^4 \cos t)^2, \quad \Lambda_1 = \Lambda_3 = \Lambda_4 = 0, \quad \Lambda_2 = a^2$$

试由系统的 Lie 对称性导出新型守恒量.

广义 Birkhoff 方程 (2.1.11) 给出

$$\dot{a}^2 + \dot{a}^3 = 0, \quad -\dot{a}^1 + \dot{a}^3 = 0$$
$$-\dot{a}^1 + \dot{a}^4 + a^2 + a^3 = 0, \quad -\dot{a}^3 - a^4 = 0$$

Lie 对称性的确定方程 (4.7.1) 给出

$$\dot{\xi}_2 - a^4 \dot{\xi}_0 + \dot{\xi}_3 + a^4 \dot{\xi}_0 = 0$$
$$\dot{\xi}_1 - a^3 \dot{\xi}_0 = \dot{\xi}_3$$
$$-\dot{\xi}_1 + a^3 \dot{\xi}_0 + \dot{\xi}_4 + a^2 \dot{\xi}_0 + \xi_2 + \xi_3 = 0$$
$$\dot{\xi}_3 + a^4 \dot{\xi}_0 = -\dot{\xi}_4$$

可找到如下解

$$\xi_0 = \xi_2 = \xi_4 = 0, \quad \xi_1 = (a^2 + a^3)t + 1, \quad \xi_3 = a^2 + a^3$$

于是有

$$X^{(0)}(B) = X^{(0)}(R_1) = X^{(0)}(R_4) = 0$$
$$X^{(0)}(\Lambda_1) = X^{(0)}(\Lambda_2) = X^{(0)}(\Lambda_3) = X^{(0)}(\Lambda_4) = 0$$
$$X^{(0)}(R_2) = X^{(0)}(R_3) = 1$$

因此, 生成元也满足方程 (4.7.2). 将生成元代入方程 (4.7.3) 得到

$$G_{\mathrm{F}} = 0$$

而守恒量式 (4.7.4) 给出

$$I_{\mathrm{F}} = X^{(0)}(R_3)\xi_3 = a^2 + a^3 = \text{const.}$$

4.8 广义 Birkhoff 系统的形式不变性与 Noether 守恒量

本节研究广义 Birkhoff 系统的形式不变性与 Noether 守恒量, 包括系统的形式不变性与 Noether 对称性, 以及由形式不变性通过 Noether 对称性间接导致的 Noether 守恒量.

4.8.1 广义 Birkhoff 系统的形式不变性与 Noether 对称性

广义 Birkhoff 系统形式不变性的判据方程为 (4.3.5), 即

$$\left[\frac{\partial}{\partial a^\mu} X^{(0)}(R_\nu) - \frac{\partial}{\partial a^\nu} X^{(0)}(R_\mu)\right] \dot{a}^\nu - \frac{\partial}{\partial a^\mu} X^{(0)}(B) - \frac{\partial}{\partial t} X^{(0)}(R_\mu) = -X^{(0)}(\Lambda_\mu)$$
$$(\mu, \nu = 1, 2, \cdots, 2n) \tag{4.8.1}$$

而 Noether 等式为 (4.1.17), 即

$$\left(\frac{\partial R_\mu}{\partial t}\dot{a}^\mu - \frac{\partial B}{\partial t}\right)\xi_0 + \left(\frac{\partial R_\nu}{\partial a^\mu}\dot{a}^\nu - \frac{\partial B}{\partial a^\mu}\right)\xi_\mu - B\dot{\xi}_0 + R_\mu\dot{\xi}_\mu$$
$$+ \Lambda_\mu(\xi_\mu - \dot{a}^\mu\xi_0) + \dot{G}_{\mathrm{N}} = 0 \tag{4.8.2}$$

如果满足方程 (4.8.1) 的无限小生成元 ξ_0, ξ_μ 和规范函数 G_{N} 满足式 (4.8.2), 则相应不变性是 Noether 对称性.

4.8.2 形式不变性间接导致的 Noether 守恒量

广义 Birkhoff 系统的形式不变性通过 Noether 对称性可间接导致 Noether 守恒量. 有如下结果

命题　对广义 Birkhoff 系统 (2.1.11), 如果无限小生成元 ξ_0, ξ_μ 满足方程 (4.8.1), 并且存在规范函数 G_N 满足 Noether 等式 (4.8.2), 则形式不变性导致 Noether 守恒量

$$I_N = R_\mu \xi_\mu - B \xi_0 + G_N = \text{const.} \tag{4.8.3}$$

在广义 Birkhoff 方程中取 $\Lambda_\mu = 0(\mu = 1, 2, \cdots, 2n)$, 则成为 Birkhoff 方程. 因此有

推论　对 Birkhoff 系统, 如果无限小生成元 ξ_0, ξ_μ 满足

$$\left[\frac{\partial}{\partial a^\mu} X^{(0)}(R_\nu) - \frac{\partial}{\partial a^\nu} X^{(0)}(R_\mu)\right] \dot{a}^\nu - \frac{\partial}{\partial a^\mu} X^{(0)}(B) - \frac{\partial}{\partial t} X^{(0)}(R_\mu) = 0 \tag{4.8.4}$$

并且存在规范函数 G_N 满足 Noether 等式

$$\left(\frac{\partial R_\mu}{\partial t} \dot{a}^\mu - \frac{\partial B}{\partial t}\right) \xi_0 + \left(\frac{\partial R_\nu}{\partial a^\mu} \dot{a}^\nu - \frac{\partial B}{\partial a^\mu}\right) \xi_\mu - B \dot{\xi}_0 + R_\mu \dot{\xi}_\mu + \dot{G}_N = 0 \tag{4.8.5}$$

则系统形式不变性导致 Noether 守恒量式 (4.8.3).

上述推论已由文献 [5] 给出.

例　试证, 对广义 Birkhoff 系统, 如果满足条件

$$\frac{\partial R_\mu}{\partial a^1} = \frac{\partial B}{\partial a^1} = \frac{\partial \Lambda_\mu}{\partial a^1} = \Lambda_1 = 0 \tag{4.8.6}$$

则形式不变性导致 Noether 守恒量

$$I_N = R_1(a^2, a^3, \cdots, a^{2n}, t) = \text{const.} \tag{4.8.7}$$

证明　取无限小生成元为

$$\xi_0 = 0, \quad \xi_1 = 1, \quad \xi_\mu = 0 \quad (\mu = 2, 3 \cdots, 2n)$$

则在条件 (4.8.6) 下, 有

$$X^{(0)}(R_\mu) = \xi_0 \frac{\partial R_\mu}{\partial t} + \xi_\nu \frac{\partial R_\mu}{\partial a^\nu} = 0$$
$$X^{(0)}(B) = X^{(0)}(\Lambda_\mu) = 0$$

因此, 对应形式不变性. 此时, Noether 等式 (4.8.2) 给出

$$\Lambda_1 + \dot{G}_N = 0$$

注意到式 (4.8.6), 则有

$$G_N = 0$$

而 Noether 守恒量式 (4.8.3) 给出

$$I_N = R_1 = \text{const.}$$

证毕.

4.9 广义 Birkhoff 系统的形式不变性与 Hojman 型守恒量

本节研究广义 Birkhoff 系统的形式不变性与 Hojman 型守恒量, 包括广义 Birkhoff 系统的形式不变性与 Lie 对称性, 以及由形式不变性通过 Lie 对称性间接导致的 Hojman 型守恒量.

4.9.1 广义 Birkhoff 系统的形式不变性与 Lie 对称性

广义 Birkhoff 系统形式不变性的判据方程为 (4.3.5) 即

$$
\begin{aligned}
&\left[\frac{\partial}{\partial a^{\mu}}X^{(0)}\left(R_{\nu}\right)-\frac{\partial}{\partial a^{\nu}}X^{(0)}\left(R_{\mu}\right)\right]\dot{a}^{\nu}-\frac{\partial}{\partial a^{\mu}}X^{(0)}(B)\\
&-\frac{\partial}{\partial t}X^{(0)}\left(R_{\mu}\right)=-X^{(0)}\left(\varLambda_{\mu}\right)
\end{aligned}
\tag{4.9.1}
$$

在时间不变的特殊无限小变换下, 广义 Birkhoff 系统的 Lie 对称性的确定方程为式 (4.2.7), 即

$$
\frac{\mathrm{d}}{\mathrm{d}t}\xi_{\mu}=\frac{\partial}{\partial a^{\rho}}\left\{\varOmega^{\mu\nu}\left(\frac{\partial B}{\partial a^{\nu}}+\frac{\partial R_{\nu}}{\partial t}-\varLambda_{\nu}\right)\right\}\xi_{\rho}
\tag{4.9.2}
$$

如果生成元 $\xi_{\mu}(\xi_0=0)$ 满足方程 (4.9.1) 和 (4.9.2), 则系统的形式不变性是 Lie 对称性.

4.9.2 形式不变性间接导致的 Hojman 型守恒量

广义 Birkhoff 系统的形式不变性通过 Lie 对称性可间接导致 Hojman 型守恒量. 有如下结果

命题 对广义 Birkhoff 系统 (2.1.11), 如果无限小生成元 $\xi_{\mu}(\xi_0=0)$ 满足方程 (4.9.1) 和 (4.9.2), 并且存在某函数 $\mu=\mu(t,\boldsymbol{a})$ 使得

$$
\frac{\partial}{\partial a^{\mu}}\left\{\varOmega^{\mu\nu}\left(\frac{\partial B}{\partial a^{\nu}}+\frac{\partial R_{\nu}}{\partial t}-\varLambda_{\nu}\right)\right\}+\frac{\mathrm{d}}{\mathrm{d}t}\ln\mu=0
\tag{4.9.3}
$$

则系统形式不变性导致 Hojman 型守恒量

$$
I_{\mathrm{H}}=\frac{1}{\mu}\frac{\partial}{\partial a^{\nu}}(\mu\xi_{\nu})=\mathrm{const.}
\tag{4.9.4}
$$

在广义 Birkhoff 方程中取 $\varLambda_{\mu}=0(\mu=1,2,\cdots,2n)$, 则成为 Birkhoff 方程. 因此有

推论 对 Birkhoff 系统, 如果无限小生成元 $\xi_{\mu}(\xi_0=0)$ 满足形式不变性的判据方程

$$
\left[\frac{\partial}{\partial a^{\mu}}X^{(0)}\left(R_{\nu}\right)-\frac{\partial}{\partial a^{\nu}}X^{(0)}\left(R_{\mu}\right)\right]\dot{a}^{\nu}-\frac{\partial}{\partial a^{\mu}}X^{(0)}(B)-\frac{\partial}{\partial t}X^{(0)}\left(R_{\mu}\right)=0
\tag{4.9.5}
$$

和 Lie 对称性的确定方程

$$\frac{\bar{\mathrm{d}}}{\mathrm{d}t}\xi_\mu = \frac{\partial}{\partial a^\rho}\left\{\Omega^{\mu\nu}\left(\frac{\partial B}{\partial a^\nu} + \frac{\partial R_\nu}{\partial t}\right)\right\}\xi_\rho \tag{4.9.6}$$

并且存在某函数 $\mu = \mu(t, \boldsymbol{a})$ 使得

$$\frac{\partial}{\partial a^\mu}\left\{\Omega^{\mu\nu}\left(\frac{\partial B}{\partial a^\nu} + \frac{\partial R_\nu}{\partial t}\right)\right\} + \frac{\bar{\mathrm{d}}}{\mathrm{d}t}\ln\mu = 0 \tag{4.9.7}$$

则 Birkhoff 系统的形式不变性导致 Hojman 型守恒量

$$I_{\mathrm{H}} = \frac{1}{\mu}\frac{\partial}{\partial a^\nu}(\mu\xi_\nu) = \mathrm{const.} \tag{4.9.8}$$

上述推论已由文献 [5] 给出.

例　Whittaker 方程为

$$\ddot{q}_1 = q_1, \quad \ddot{q}_2 = \dot{q}_1 \tag{4.9.9}$$

试将其化为一个广义 Birkhoff 系统的方程, 并由形式不变性导出 Hojman 型守恒量.

令

$$a^1 = q_1, \quad a^2 = q_2, \quad a^3 = \dot{q}_1, \quad a^4 = \dot{q}_2$$

则方程 (4.9.9) 化为四个一阶方程

$$\dot{a}^1 = a^3, \quad \dot{a}^2 = a^4, \quad \dot{a}^3 = a^1, \quad \dot{a}^4 = a^3$$

它可化为一个广义 Birkhoff 系统

$$R_1 = a^3, \quad R_2 = a^4, \quad R_3 = R_4 = 0, \quad B = 0$$
$$\Lambda_1 = a^1, \quad \Lambda_2 = a^3, \quad \Lambda_3 = -a^3, \quad \Lambda_4 = -a^4$$

方程 (4.9.1) 给出

$$\left(\frac{\partial\xi_4}{\partial a^1} - \frac{\partial\xi_3}{\partial a^2}\right)\dot{a}^2 - \frac{\partial\xi_3}{\partial a^3}\dot{a}^3 - \frac{\partial\xi_3}{\partial a^4}\dot{a}^4 - \frac{\partial\xi_3}{\partial t} = -\xi_1$$

$$\left(\frac{\partial\xi_3}{\partial a^2} - \frac{\partial\xi_4}{\partial a^1}\right)\dot{a}^1 - \frac{\partial\xi_4}{\partial a^3}\dot{a}^3 - \frac{\partial\xi_4}{\partial a^4}\dot{a}^4 - \frac{\partial\xi_4}{\partial t} = -\xi_3$$

$$\frac{\partial\xi_3}{\partial a^3}\dot{a}^1 + \frac{\partial\xi_4}{\partial a^3}\dot{a}^2 = \xi_3$$

$$\frac{\partial\xi_3}{\partial a^4}\dot{a}^1 + \frac{\partial\xi_4}{\partial a^4}\dot{a}^2 = \xi_4$$

方程 (4.9.2) 给出

$$\frac{\bar{\mathrm{d}}}{\mathrm{d}t}\xi_1 = \xi_3, \quad \frac{\bar{\mathrm{d}}}{\mathrm{d}t}\xi_2 = \xi_4, \quad \frac{\bar{\mathrm{d}}}{\mathrm{d}t}\xi_3 = \xi_1, \quad \frac{\bar{\mathrm{d}}}{\mathrm{d}t}\xi_4 = \xi_3$$

以上两组方程有如下解

$$\xi_2 = 1, \quad \xi_1 = \xi_3 = \xi_4 = 0$$

式 (4.9.3) 给出

$$\frac{\bar{\mathrm{d}}}{\mathrm{d}t}\ln\mu = 0$$

由此得

$$\mu = 1$$
$$\mu = a^1 t + a^2 - a^3 - a^4 t$$

守恒量式 (4.9.4) 给出

$$I_{\mathrm{H}} = \frac{1}{\mu}\frac{\partial\mu}{\partial a^2} = (a^1 t + a^2 - a^3 - a^4 t)^{-1} = \text{const.}$$

参 考 文 献

[1] Birkhoff G D. Dynamical Systems. Providence RI: AMS College Pub, 1927

[2] Santilli R M. Foundations of Theoretical Mechanics II. New York: Springer-Verlag, 1983

[3] 梅凤翔, 史荣昌, 张永发, 吴惠彬. Birkhoff 系统动力学. 北京: 北京理工大学出版社,1996

[4] Mei F X. The Noether's theory of Birkhoffian systems. Science in China, Serie A, 1993, 36(12): 1456–1467

[5] 梅凤翔. 约束力学系统的对称性与守恒量. 北京: 北京理工大学出版社, 2004

[6] Mei F X, Wu H B. Form invariance and new conserved quantity of generalized Birkhoffian system. Chin Phys. B, 2010, 19(5): 050301–1–4

第 5 章　广义 Birkhoff 系统的积分方法III

本章研究广义 Birkhoff 系统的弱 Noether 对称性、Birkhoff 对称性、共形不变性、对称性摄动与绝热不变量,以及积分不变量等.

5.1　广义 Birkhoff 系统的弱 Noether 对称性
与 Noether 守恒量

文献 [1, 2] 研究了 Lagrange 系统的弱 Noether 对称性,以及由其导致的守恒量. 这种研究可以推广到广义 Birkhoff 系统. 本节以及 5.2 节, 5.3 节研究系统弱 Noether 对称性以及由其导出的三类守恒量.

本节研究广义 Birkhoff 系统的弱 Noether 对称性与 Noether 守恒量,包括系统弱 Noether 对称性的定义和判据,以及由其导致的 Noether 守恒量.

5.1.1　弱 Noether 对称性的定义和判据

广义 Birkhoff 系统的 Noether 等式有形式 [3]

$$\left(\frac{\partial R_\mu}{\partial t}\dot{a}^\mu - \frac{\partial B}{\partial t}\right)\xi_0 + \left(\frac{\partial R_\nu}{\partial a^\mu}\dot{a}^\nu - \frac{\partial B}{\partial a^\mu}\right)\xi_\mu - B\dot{\xi}_0 + R_\mu\dot{\xi}_\mu + \Lambda_\mu(\xi_\mu - \dot{a}^\mu\xi_0) + \dot{G}_{\mathrm{N}} = 0 \tag{5.1.1}$$

如果用广义 Birkhoff 方程消去式 (5.1.1) 中的 $\dot{a}^\mu$,即令

$$\dot{a}^\mu = \Omega^{\mu\nu}\left(\frac{\partial B}{\partial a^\nu} + \frac{\partial R_\nu}{\partial t} - \Lambda_\nu\right) \tag{5.1.2}$$

则等式 (5.1.1) 成为

$$\left[\frac{\partial R_\mu}{\partial t}\Omega^{\mu\nu}\left(\frac{\partial B}{\partial a^\nu} + \frac{\partial R_\nu}{\partial t} - \Lambda_\nu\right) - \frac{\partial B}{\partial t}\right]\xi_0 + \left[\frac{\partial R_\nu}{\partial a^\mu}\Omega^{\nu\rho}\left(\frac{\partial B}{\partial a^\rho} + \frac{\partial R_\nu}{\partial t} - \Lambda\rho\right) - \frac{\partial B}{\partial a^\mu}\right]\xi_\mu$$

$$- B\frac{\bar{\mathrm{d}}}{\mathrm{d}t}\xi_0 + R_\mu\frac{\bar{\mathrm{d}}}{\mathrm{d}t}\xi_\mu + \Lambda_\mu\left[\xi_\mu - \Omega^{\mu\nu}\left(\frac{\partial B}{\partial a^\nu} + \frac{\partial R_\nu}{\partial t} - \Lambda_\nu\right)\xi_0\right] + \frac{\bar{\mathrm{d}}}{\mathrm{d}t}G_{\mathrm{N}} = 0 \tag{5.1.3}$$

其中

$$\frac{\bar{\mathrm{d}}}{\mathrm{d}t} = \frac{\partial}{\partial t} + \Omega^{\mu\nu}\left(\frac{\partial B}{\partial a^\nu} + \frac{\partial R_\nu}{\partial t} - \Lambda_\nu\right)\frac{\partial}{\partial a^\mu} \tag{5.1.4}$$

对系统的弱 Noether 对称性,有如下定义和判据:

定义 如果 Noether 等式中出现的 $\dot{a}^\mu$ 借助广义 Birkhoff 方程用式 (5.1.2) 替代, 则相应对称性称为弱 Noether 对称性.

判据 如果无限小生成元 ξ_0, ξ_μ 和规范函数 $G_N = G_N(t, \boldsymbol{a})$ 满足等式 (5.1.3), 则相应对称性为系统的弱 Noether 对称性.

等式 (5.1.3) 称为弱 Noether 等式.

弱 Noether 等式 (5.1.3) 与 Noether 等式 (5.1.1) 相比较, 条件放宽了, 因此, 可找到更多的对称性.

例 1 二阶广义 Birkhoff 系统为

$$R_1 = a^2, \quad R_2 = 0, \quad B = \frac{1}{2}(a^1)^2 + \frac{1}{2}(a^2)^2, \quad \Lambda_1 = 0, \quad \Lambda_2 = a^2 \tag{5.1.5}$$

试研究其弱 Noether 对称性与 Noether 对称性.

Noether 等式 (5.1.1) 给出

$$(\dot{a}^1 - a^2)\xi_2 - a^1\xi_1 - B\dot{\xi}_0 + a^2\dot{\xi}_1 + a^2(\xi_2 - \dot{a}^2\xi_0) + \dot{G}_N = 0 \tag{5.1.6}$$

弱 Noether 等式 (5.1.3) 给出

$$-a^2\xi_2 - a^1\xi_1 - B\frac{\bar{\mathrm{d}}}{\mathrm{d}t}\xi_0 + a^2\frac{\bar{\mathrm{d}}}{\mathrm{d}t}\xi_1 + a^2(\xi_2 + a^1\xi_0) + \frac{\bar{\mathrm{d}}}{\mathrm{d}t}G_N = 0 \tag{5.1.7}$$

取生成元

$$\xi_0 = \xi_1 = 0, \quad \xi_2 = 1 \tag{5.1.8}$$

由式 (5.1.6) 或 (5.1.7) 都可找到规范函数 G_N. 因此, 生成元 (5.1.8) 是弱 Noether 的, 又是 Noether 的. 取生成元

$$\xi_0 = \xi_2 = 0, \quad \xi_1 = a^1 \tag{5.1.9}$$

此时式 (5.1.6) 给出

$$-(a^1)^2 + a^2\dot{a}^1 + \dot{G}_N = 0$$

由此找不到 G_N. 式 (5.1.7) 给出

$$-(a^1)^2 + \frac{\bar{\mathrm{d}}}{\mathrm{d}t}G_N = 0$$

由此可求得

$$G_N = t(a^1)^2$$

因此, 生成元 (5.1.9) 是弱 Noether 的, 但不能判断是 Noether 的.

5.1.2　弱 Noether 对称性导致的 Noether 守恒量

广义 Birkhoff 系统的弱 Noether 对称性可直接导致 Noether 守恒量. 有如下结果

命题　对广义 Birkhoff 系统 (2.1.11), 如果无限小生成元 ξ_0, ξ_μ 和规范函数 $G_{\mathrm{N}} = G_{\mathrm{N}}(t, \boldsymbol{a})$ 满足弱 Noether 等式 (5.1.3), 则系统有 Noether 守恒量

$$I_{\mathrm{N}} = R_\mu \xi_\mu - B\xi_0 + G_{\mathrm{N}} = \text{const.} \tag{5.1.10}$$

证明

$$
\begin{aligned}
\frac{\bar{\mathrm{d}}}{\mathrm{d}t} I_{\mathrm{N}} =\ & \xi_\mu \frac{\bar{\mathrm{d}}}{\mathrm{d}t} R_\mu + R_\mu \frac{\bar{\mathrm{d}}}{\mathrm{d}t} \xi_\mu - \xi_0 \frac{\bar{\mathrm{d}}}{\mathrm{d}t} B - B \frac{\bar{\mathrm{d}}}{\mathrm{d}t} \xi_0 + \frac{\bar{\mathrm{d}}}{\mathrm{d}t} G_{\mathrm{N}} \\
=\ & \left[\frac{\partial R_\mu}{\partial t} + \frac{\partial R_\mu}{\partial a^\nu} \varOmega^{\nu\rho} \left(\frac{\partial B}{\partial a^\rho} + \frac{\partial R_\rho}{\partial t} - \varLambda_\rho \right) \right] \xi_\mu + R_\mu \frac{\bar{\mathrm{d}}}{\mathrm{d}t} \xi_\mu \\
& - \left[\frac{\partial B}{\partial t} + \frac{\partial B}{\partial a^\mu} \varOmega^{\mu\nu} \left(\frac{\partial B}{\partial a^\nu} + \frac{\partial R_\nu}{\partial t} - \varLambda_\nu \right) \right] \xi_0 - B \frac{\bar{\mathrm{d}}}{\mathrm{d}t} \xi_0 \\
& - \left[\frac{\partial R_\mu}{\partial t} \varOmega^{\mu\nu} \left(\frac{\partial B}{\partial a^\nu} + \frac{\partial R_\nu}{\partial t} - \varLambda_\nu \right) - \frac{\partial B}{\partial t} \right] \xi_0 \\
& - \left[\frac{\partial R_\nu}{\partial a^\mu} \varOmega^{\nu\rho} \left(\frac{\partial B}{\partial a^\rho} + \frac{\partial R_\rho}{\partial t} - \varLambda_\rho \right) - \frac{\partial B}{\partial a^\mu} \right] \xi_\mu \\
& + B \frac{\bar{\mathrm{d}}}{\mathrm{d}t} \xi_0 - R_\mu \frac{\bar{\mathrm{d}}}{\mathrm{d}t} \xi_\mu - \varLambda_\mu \left[\xi_\mu - \varOmega^{\mu\nu} \left(\frac{\partial B}{\partial a^\nu} + \frac{\partial R_\nu}{\partial t} - \varLambda \right) \xi_0 \right] \\
=\ & \xi_\mu \left[\left(\frac{\partial R_\mu}{\partial a^\nu} - \frac{\partial R_\nu}{\partial a^\mu} \right) \varOmega^{\nu\rho} \left(\frac{\partial B}{\partial a^\rho} + \frac{\partial R_\rho}{\partial t} - \varLambda_\rho \right) + \frac{\partial B}{\partial a^\mu} + \frac{\partial R_\mu}{\partial t} - \varLambda_\mu \right] \\
& + \varOmega^{\mu\nu} \left(\frac{\partial B}{\partial a^\nu} + \frac{\partial R_\nu}{\partial t} - \varLambda_\nu \right) \xi_0 \left[\left(\frac{\partial R_\rho}{\partial a^\mu} - \frac{\partial R_\mu}{\partial a^\rho} \right) \varOmega^{\rho\tau} \left(\frac{\partial B}{\partial a^\tau} + \frac{\partial R_\tau}{\partial t} - \varLambda_\tau \right) \right. \\
& \left. - \frac{\partial B}{\partial a^\mu} - \frac{\partial R_\mu}{\partial t} + \varLambda_\mu \right] \\
=\ & 0
\end{aligned}
$$

例 2　研究例 1 的弱 Noether 对称性导致的 Noether 守恒量.

系统的弱 Noether 等式为 (5.1.7). 取生成元为

$$\xi_0 = 1, \quad \xi_1 = \xi_2 = 0 \tag{5.1.11}$$

则式 (5.1.7) 成为

$$a^2 a^1 + \frac{\bar{\mathrm{d}}}{\mathrm{d}t} G_{\mathrm{N}} = 0$$

由此得到

$$G_N = \frac{1}{2}(a^2)^2$$

而守恒量式 (5.1.10) 给出

$$I_N = -\frac{1}{2}(a^1)^2 - \frac{1}{2}(a^2)^2 + \frac{1}{2}(a^2)^2 = -\frac{1}{2}(a^1)^2 = \text{const.}$$

再取生成元

$$\xi_0 = \xi_2 = 0, \quad \xi_1 = a^1 \tag{5.1.12}$$

则弱 Noether 等式 (5.1.7) 成为

$$-(a^1)^2 + \frac{\bar{d}}{dt}G_N = 0$$

由此得

$$G_N = t(a^1)^2$$

而守恒量式 (5.1.10) 给出

$$I_N = a^2 a^1 + t(a^1)^2 = \text{const.}$$

注意到, 生成元 (5.1.11) 是 Noether 的, 而生成元 (5.1.12) 不能判断是 Noether 的.

例 3 四阶广义 Birkhoff 系统为

$$R_1 = a^3, \quad R_2 = a^4, \quad R_3 = R_4 = 0, \quad B = a^2 + \frac{1}{2}(a^3)^2 \tag{5.1.13}$$
$$\Lambda_1 = \Lambda_2 = \Lambda_3 = 0, \quad \Lambda_4 = -a^4$$

试由弱 Noether 对称性导出 Noether 守恒量.

弱 Noether 等式 (5.1.3) 给出

$$\left(\frac{\bar{d}}{dt}a^1 - a^3\right)\xi_3 - \xi_2 - B\frac{\bar{d}}{dt}\xi_0 + a^3\frac{\bar{d}}{dt}\xi_1 + a^4\frac{\bar{d}}{dt}\xi_2 - a^4\left(\xi_4 - \xi_0\frac{\bar{d}}{dt}a^4\right) + \frac{\bar{d}}{dt}G_N = 0$$

它有如下解

$$\xi_0 = -1, \quad \xi_1 = \xi_2 = \xi_3 = \xi_4 = 0, \quad G_N = \frac{1}{2}(a^4)^2 \tag{5.1.14}$$

$$\xi_2 = a^3, \quad \xi_0 = \xi_1 = \xi_3 = \xi_4 = 0, \quad G_N = a^1 \tag{5.1.15}$$

$$\xi_2 = a^1 - a^3 t, \quad \xi_0 = \xi_1 = \xi_3 = \xi_4 = 0, \quad G_N = (a^1 - a^3 t)t \tag{5.1.16}$$

$$\xi_1 = 1, \quad \xi_0 = \xi_2 = \xi_3 = \xi_4 = 0, \quad G_N = 0 \tag{5.1.17}$$

$$\xi_2 = 1, \quad \xi_0 = \xi_1 = \xi_3 = \xi_4 = 0, \quad G_N = t \tag{5.1.18}$$

$$\xi_1 = -t, \ \xi_0 = \xi_2 = \xi_3 = \xi_4 = 0, \ G_{\mathrm{N}} = a^1 \tag{5.1.19}$$

其中式 (5.1.15)，(5.1.16) 和 (5.1.19) 是弱 Noether 对称性的生成元, 而不能判断它们是 Noether 的.

由式 (5.1.15)，(5.1.16) 和 (5.1.19), 利用命题分别得到如下 Noether 守恒量

$$I_{\mathrm{N}_1} = a^4 a^3 + a^1 = \text{const.}$$

$$I_{\mathrm{N}_2} = a^4(a^1 - a^3 t) + (a^1 - a^3 t)t = \text{const.}$$

$$I_{\mathrm{N}_3} = -t a^3 + a^1 = \text{const.}$$

例 4　四阶广义 Birkhoff 系统为

$$R_1 = a^3, \quad R_2 = a^4, \quad R_3 = R_4 = 0, \quad B = \frac{1}{2}\left[a^3 - \frac{1}{b}\arctan(bt)\right]^2$$
$$\Lambda_1 = \Lambda_2 = \Lambda_3 = 0, \quad \Lambda_4 = -a^4 + \frac{1}{2b}\ln(1 + b^2 t^2) \tag{5.1.20}$$

试由系统的弱 Noether 对称性导出 Noether 守恒量.

系统的微分方程为

$$-\dot{a}^3 = 0, \ -\dot{a}^4 = 0$$

$$\dot{a}^1 - \left[a^3 - \frac{1}{b}\arctan(bt)\right] = 0$$

$$\dot{a}^2 = a^4 - \frac{1}{2b}\ln(1 + b^2 t^2)$$

弱 Noether 等式 (5.1.3) 给出

$$\left[a^3 - \frac{1}{b}\arctan(bt)\right]\frac{1}{1 + b^2 t^2}\xi_0 - B\frac{\bar{\mathrm{d}}}{\mathrm{d}t}\xi_0 + a^3\frac{\bar{\mathrm{d}}}{\mathrm{d}t}\xi_1$$

$$+ a^4\frac{\bar{\mathrm{d}}}{\mathrm{d}t}\xi_2 - \left[a^4 - \frac{1}{2b}\ln(1 + b^2 t^2)\right]\xi_4 + \frac{\bar{\mathrm{d}}}{\mathrm{d}t}G_{\mathrm{N}} = 0$$

它有解

$$\xi_1 = a^3, \ \xi_0 = \xi_2 = \xi_3 = \xi_4 = 0, \ G_{\mathrm{N}} = 0$$

$$\xi_2 = a^3 t - a^1 - \frac{1}{b}\int \arctan(bt)\mathrm{d}t, \ \xi_0 = \xi_1 = \xi_3 = \xi_4 = 0, \ G_{\mathrm{N}} = 0$$

$$\xi_1 = a^4 t - a^2 - \frac{1}{2b}\int \ln(1 + b^2 t^2)\mathrm{d}t, \ \xi_0 = \xi_2 = \xi_3 = \xi_4 = 0, \ G_{\mathrm{N}} = 0$$

守恒量式 (5.1.10) 分别给出

$$I_{N_1} = (a^3)^2 = \text{const.}$$

$$I_{N_2} = a^4 \left[a^3 t - a^1 - \frac{1}{b} \int \arctan(bt) \mathrm{d}t \right] = \text{const.}$$

$$I_{N_3} = a^3 \left[a^4 t - a^2 - \frac{1}{2b} \int \ln(1 + b^2 t^2) \mathrm{d}t \right] = \text{const.}$$

例 5　Whittaker 方程为

$$\ddot{x} - x = 0, \quad \ddot{y} - \dot{x} = 0 \tag{5.1.21}$$

试将其表示为广义 Birkhoff 系统, 并用弱 Noether 对称性导出 Noether 守恒量.
令

$$a^1 = x, \quad a^2 = y, \quad a^3 = \dot{x}, \quad a^4 = \dot{y}$$

则方程表示为

$$\dot{a}^1 = a^3, \quad \dot{a}^2 = a^4, \quad \dot{a}^3 = a^1, \quad \dot{a}^4 = a^3$$

将其表示为一个广义 Birkhoff 系统, 有

$$R_1 = a^3, \quad R_2 = a^4, \quad R_3 = R_4 = 0, \quad B = \frac{1}{2}(a^3)^2 + \frac{1}{2}(a^4)^2$$

$$\Lambda_1 = a^1, \quad \Lambda_2 = a^3, \quad \Lambda_3 = \Lambda_4 = 0$$

弱 Noether 等式 (5.1.3) 给出

$$\left[\frac{\partial R_1}{\partial a^3} \Omega^{1\rho} \left(\frac{\partial B}{\partial a^\rho} - \Lambda_\rho \right) - \frac{\partial B}{\partial a^3} \right] \xi_3 + \left[\frac{\partial R_2}{\partial a^4} \Omega^{2\rho} \left(\frac{\partial B}{\partial a^\rho} - \Lambda_\rho \right) - \frac{\partial B}{\partial a^4} \right] \xi_4$$

$$- B \frac{\bar{\mathrm{d}}}{\mathrm{d}t} \xi_0 + R_1 \frac{\bar{\mathrm{d}}}{\mathrm{d}t} \xi_1 + R_2 \frac{\bar{\mathrm{d}}}{\mathrm{d}t} \xi_2 + \Lambda_1 \left[\xi_1 - \Omega^{1\rho} \left(\frac{\partial B}{\partial a^\rho} - \Lambda_\rho \right) \xi_0 \right]$$

$$+ \Lambda_2 \left[\xi_2 - \Omega^{2\rho} \left(\frac{\partial B}{\partial a^\rho} - \Lambda_\rho \right) \xi_0 \right] + \frac{\bar{\mathrm{d}}}{\mathrm{d}t} G_N = 0$$

注意到

$$(\Omega_{\mu\nu}) = \begin{pmatrix} 0 & 0 & -1 & 0 \\ 0 & 0 & 0 & -1 \\ 1 & 0 & 0 & 0 \\ 0 & 1 & 0 & 0 \end{pmatrix}, \quad (\Omega^{\mu\nu}) = \begin{pmatrix} 0 & 0 & 1 & 0 \\ 0 & 0 & 0 & 1 \\ -1 & 0 & 0 & 0 \\ 0 & -1 & 0 & 0 \end{pmatrix}$$

则有

$$-B\frac{\bar{\mathrm{d}}}{\mathrm{d}t}\xi_0 + a^3\frac{\bar{\mathrm{d}}}{\mathrm{d}t}\xi_1 + a^4\frac{\bar{\mathrm{d}}}{\mathrm{d}t}\xi_2 + a^1\left(\xi_1 - \frac{\partial B}{\partial a^3}\xi_0\right) + a^3\left(\xi_2 - \frac{\partial B}{\partial a^4}\xi_0\right) + \frac{\bar{\mathrm{d}}}{\mathrm{d}t}G_\mathrm{N} = 0$$

可找到如下解

$$\xi_1 = 1, \quad \xi_2 = t, \quad \xi_0 = \xi_3 = \xi_4 = 0, \quad G_\mathrm{N} = -a^2 - a^1 t$$

$$\xi_2 = 1, \quad \xi_0 = \xi_1 = \xi_3 = \xi_4 = 0, \quad G_\mathrm{N} = -a^1$$

$$\xi_1 = -\exp(t), \quad \xi_0 = \xi_2 = \xi_3 = \xi_4 = 0, \quad G_\mathrm{N} = a^1\exp(t)$$

$$\xi_1 = -\exp(-t), \quad \xi_0 = \xi_2 = \xi_3 = \xi_4 = 0, \quad G_\mathrm{N} = a^1\exp(-t)$$

守恒量式 (5.1.10) 分别给出

$$I_{\mathrm{N}_1} = a^3 + a^4 t - a^2 - a^1 t = C_1$$

$$I_{\mathrm{N}_2} = a^4 - a^1 = C_2$$

$$I_{\mathrm{N}_3} = (a^1 - a^3)\exp(t) = C_3$$

$$I_{\mathrm{N}_4} = (a^1 + a^3)\exp(-t) = C_4$$

5.2　广义 Birkhoff 系统的弱 Noether 对称性与 Hojman 型守恒量

本节研究广义 Birkhoff 系统的弱 Noether 对称性与 Hojman 型守恒量, 包括广义 Birkhoff 系统的弱 Noether 对称性与 Lie 对称性, 以及由弱 Noether 对称性通过 Lie 对称性导致的 Hojman 型守恒量.

5.2.1　弱 Noether 对称性与 Lie 对称性

广义 Birkhoff 系统的弱 Noether 等式为式 (5.1.3). 在时间不变的无限小变换下, 有 $\xi_0 = 0$, 此时等式 (5.1.3) 成为

$$\left[\frac{\partial R_\nu}{\partial a^\mu}\Omega^{\nu\rho}\left(\frac{\partial B}{\partial a^\rho} + \frac{\partial R_\rho}{\partial t} - \Lambda_\rho\right) - \frac{\partial B}{\partial a^\mu}\right]\xi_\mu + R_\mu\frac{\bar{\mathrm{d}}}{\mathrm{d}t}\xi_\mu + \Lambda_\mu\xi_\mu + \frac{\bar{\mathrm{d}}}{\mathrm{d}t}G_\mathrm{N} = 0 \quad (5.2.1)$$

而 Lie 对称性的确定方程为

$$\frac{\bar{\mathrm{d}}}{\mathrm{d}t}\xi_\mu = \frac{\partial}{\partial a^\rho}\left\{\Omega^{\mu\nu}\left(\frac{\partial B}{\partial a^\nu} + \frac{\partial R_\nu}{\partial t} - \Lambda_\nu\right)\right\}\xi_\rho \quad (5.2.2)$$

如果无限小生成元 ξ_μ 满足式 (5.2.1) 和 (5.2.2), 则相应对称性是弱 Noether 对称性, 又是 Lie 对称性.

5.2.2 弱 Noether 对称性导致的 Hojman 型守恒量

广义 Birkhoff 系统的弱 Noether 对称性通过 Lie 对称性可间接导致 Hojman 型守恒量. 有如下结果

命题 对广义 Birkhoff 系统 (2.1.11), 如果无限小生成元 ξ_μ 满足式 (5.2.1) 和 (5.2.2), 并且存在某函数 $\mu = \mu(t, \boldsymbol{a})$ 使得

$$\frac{\partial}{\partial a^\mu}\left\{\Omega^{\mu\nu}\left(\frac{\partial B}{\partial a^\nu} + \frac{\partial R_\nu}{\partial t} - \Lambda_\nu\right)\right\} + \frac{\bar{\mathrm{d}}}{\mathrm{d}t}\ln\mu = 0 \tag{5.2.3}$$

则系统的弱 Noether 对称性导致 Hojman 型守恒量

$$I_{\mathrm{H}} = \frac{1}{\mu}\frac{\partial}{\partial a^\nu}(\mu\xi_\nu) = \text{const.} \tag{5.2.4}$$

例 1 二阶广义 Birkhoff 系统为

$$\begin{aligned}
&R_1 = a^2, \quad R_2 = 0, \quad B = \frac{1}{2}(a^2)^2 \\
&\Lambda_1 = 0, \quad \Lambda_2 = -f(t)
\end{aligned} \tag{5.2.5}$$

试由系统的弱 Noether 对称性导出 Hojman 型守恒量.

弱 Noether 等式 (5.2.1) 给出

$$a^2\frac{\bar{\mathrm{d}}}{\mathrm{d}t}\xi_1 - f(t)\xi_2 + \frac{\bar{\mathrm{d}}}{\mathrm{d}t}G_{\mathrm{N}} = 0$$

式 (5.2.2) 给出

$$\frac{\bar{\mathrm{d}}}{\mathrm{d}t}\xi_1 = \xi_2, \quad \frac{\bar{\mathrm{d}}}{\mathrm{d}t}\xi_2 = 0$$

这两组方程有解

$$\xi_1 = \left[a^1 - ta^2 - \int f(t)\mathrm{d}t\right]^2, \quad \xi_2 = 0, \quad G_{\mathrm{N}} = 0$$

式 (5.2.3) 给出

$$\frac{\bar{\mathrm{d}}}{\mathrm{d}t}\ln\mu = 0$$

它有解

$$\mu = 1$$

而守恒量式 (5.2.4) 给出

$$I_{\mathrm{H}} = \frac{\partial\xi_1}{\partial a^1} = 2\left[a^1 - ta^2 - \int f(t)\mathrm{d}t\right] = \text{const.}$$

例 2　四阶广义 Birkhoff 系统为

$$R_1 = a^3, \quad R_2 = a^4, \quad R_3 = R_4 = 0, \quad B = 0$$
$$\Lambda_1 = -a^3 - a^4, \quad \Lambda_2 = ta^2 - F(t, a^2), \quad \Lambda_3 = -a^3, \quad \Lambda_4 = -a^4 \tag{5.2.6}$$

试由系统的弱 Noether 对称性导出 Hojman 型守恒量.

弱 Noether 等式 (5.2.1) 给出

$$a^3\xi_3 + a^4\xi_4 + a^3\frac{\bar{\mathrm{d}}}{\mathrm{d}t}\xi_1 + a^4\frac{\bar{\mathrm{d}}}{\mathrm{d}t}\xi_2 - (a^3 + a^4)\xi_1 + (ta^2 - F)\xi_2 - a^3\xi_3 - a^4\xi_4 + \frac{\bar{\mathrm{d}}}{\mathrm{d}t}G_{\mathrm{N}} = 0$$

式 (5.2.2) 给出

$$\frac{\bar{\mathrm{d}}}{\mathrm{d}t}\xi_1 = \xi_3, \quad \frac{\bar{\mathrm{d}}}{\mathrm{d}t}\xi_2 = \xi_4, \quad \frac{\bar{\mathrm{d}}}{\mathrm{d}t}\xi_3 = -\xi_3 - \xi_4, \quad \frac{\bar{\mathrm{d}}}{\mathrm{d}t}\xi_4 = -t\xi_2 + \frac{\partial F}{\partial a^2}\xi_2$$

以上两组方程有解

$$\xi_1 = 1, \quad \xi_2 = \xi_3 = \xi_4 = 0, \quad G_{\mathrm{N}} = -a^3$$

式 (5.2.3) 给出

$$-1 + \frac{\bar{\mathrm{d}}}{\mathrm{d}t}\ln\mu = 0$$

它有解

$$\mu = \exp(t)$$
$$\mu = (a^1 + a^2 + a^3)\exp(t)$$

而守恒量式 (5.2.4) 给出

$$I_H = \frac{1}{\mu}\frac{\partial\mu}{\partial a^1} = (a^1 + a^2 + a^3)^{-1} = \text{const.}$$

5.3　广义 Birkhoff 系统的弱 Noether 对称性与新型守恒量

本节研究广义 Birkhoff 系统的弱 Noether 对称性, 以及由弱 Noether 对称性通过形式不变性而导致的新型守恒量.

5.3.1　弱 Noether 对称性与形式不变性

广义 Birkhoff 系统的弱 Noether 对称性表示为等式 (5.1.3), 即

$$\left[\frac{\partial R_\mu}{\partial t}\Omega^{\mu\nu}\left(\frac{\partial B}{\partial a^\nu} + \frac{\partial R_\nu}{\partial t} - \Lambda_\nu\right) - \frac{\partial B}{\partial t}\right]\xi_0 + \left[\frac{\partial R_\nu}{\partial a^\mu}\Omega^{\nu\rho}\left(\frac{\partial B}{\partial a^\rho} + \frac{\partial R_\rho}{\partial t} - \Lambda_\rho\right) - \frac{\partial B}{\partial a^\mu}\right]\xi_\mu$$
$$- B\frac{\bar{\mathrm{d}}}{\mathrm{d}t}\xi_0 + R_\mu\frac{\bar{\mathrm{d}}}{\mathrm{d}t}\xi_\mu + \Lambda_\mu\left[\xi_\mu - \Omega^{\mu\nu}\left(\frac{\partial B}{\partial a^\nu} + \frac{\partial R_\nu}{\partial t} - \Lambda_\nu\right)\xi_0\right] + \frac{\bar{\mathrm{d}}}{\mathrm{d}t}G_{\mathrm{N}} = 0 \tag{5.3.1}$$

广义 Birkhoff 系统形式不变性的判据方程为

$$\left[\frac{\partial}{\partial a^\mu}X^{(0)}(R_\nu) - \frac{\partial}{\partial a^\nu}X^{(0)}(R_\mu)\right]\dot{a}^\nu - \frac{\partial}{\partial a^\mu}X^{(0)}(B) - \frac{\partial}{\partial t}X^{(0)}(R_\mu) = -X^{(0)}(\Lambda_\mu)$$

(5.3.2)

如果无限小生成元 ξ_0, ξ_μ 满足等式 (5.3.1) 和 (5.3.2), 则相应不变性是弱 Noether 对称性, 并且是形式不变性.

5.3.2 弱 Noether 对称性与新型守恒量

如果广义 Birkhoff 系统的弱 Noether 对称性是一个形式不变性, 那么可通过形式不变性导出一类新型守恒量. 有如下结果

命题 对广义 Birkhoff 系统 (2.1.11), 如果无限小生成元 ξ_0, ξ_μ 满足式 (5.3.1) 和 (5.3.2), 并且存在规范函数 $G_F = G_F(t, \boldsymbol{a})$ 满足如下结构方程

$$X^{(0)}\left\{X^{(0)}(R_\mu)\right\}\Omega^{\mu\nu}\left(\frac{\partial B}{\partial a^\nu} + \frac{\partial R_\nu}{\partial t} - \Lambda_\nu\right) - X^{(0)}\left\{X^{(0)}(B)\right\} - X^{(0)}(B)\frac{\bar{\mathrm{d}}}{\mathrm{d}t}\xi_0$$
$$+ X^{(0)}(R_\mu)\frac{\bar{\mathrm{d}}}{\mathrm{d}t}\xi_\mu + X^{(0)}(\Lambda_\nu)\left[\xi_\mu - \Omega^{\mu\nu}\left(\frac{\partial B}{\partial a^\nu} + \frac{\partial R_\nu}{\partial t} - \Lambda_\nu\right)\xi_0\right] + \frac{\bar{\mathrm{d}}}{\mathrm{d}t}G_F = 0$$

(5.3.3)

则弱 Noether 对称性导致新型守恒量

$$I_F = X^{(0)}(R_\mu)\xi_\mu - X^{(0)}(B)\xi_0 + G_F = \text{const.}$$

(5.3.4)

例 四阶广义 Birkhoff 系统为

$$R_1 = a^3, \ R_2 = a^4, \ R_3 = R_4 = 0, \ B = a^2 + \frac{1}{2}(a^3)^2$$
$$\Lambda_1 = \Lambda_2 = \Lambda_3 = 0, \ \Lambda_4 = a^4$$

(5.3.5)

试由系统的形式不变性导出新型守恒量.

弱 Noether 等式 (5.3.1) 给出

$$-\xi_2 + a^4\xi_4 - a^3\xi_3 - B\frac{\bar{\mathrm{d}}}{\mathrm{d}t}\xi_0 + a^3\frac{\bar{\mathrm{d}}}{\mathrm{d}t}\xi_1 + a^4\frac{\bar{\mathrm{d}}}{\mathrm{d}t}\xi_2 + a^4(\xi_4 - \xi_0) + \frac{\bar{\mathrm{d}}}{\mathrm{d}t}G_N = 0$$

取生成元为

$$\xi_0 = \xi_4 = 0, \ \xi_1 = a^4 + t, \ \xi_2 = -a^3, \ \xi_3 = 1$$

(5.3.6)

则可找到 G_N. 做计算, 有

$$X^{(0)}(R_1) = \xi_3 = 1, \ X^{(0)}(R_2) = \xi_4 = 0, \ X^{(0)}(R_3) = X^{(0)}(R_4) = 0$$
$$X^{(0)}(B) = \xi_2 + a^3\xi_3 = 0, \ X^{(0)}(\Lambda_\mu) = 0 \ (\mu = 1, 2, 3, 4)$$

因此, 生成元 (5.3.6) 是形式不变性的生成元. 将其代入结构方程 (5.3.3), 得

$$G_F = 0$$

而守恒量式 (5.3.4) 给出

$$I_F = X^{(0)}(R_1)\xi_1 = a^4 + t = \text{const.}$$

5.4　广义 Birkhoff 系统的 Birkhoff 对称性

本节研究广义 Birkhoff 系统的 Birkhoff 对称性, 包括 Birkhoff 对称性的定义和判据, 以及由此对称性导致的一类守恒量.

5.4.1　系统 Birkhoff 对称性的定义和判据

广义 Birkhoff 方程为

$$\Omega_{\mu\nu}\dot{a}^\nu - \frac{\partial B}{\partial a^\mu} - \frac{\partial R_\mu}{\partial t} + \Lambda_\mu = 0 \quad (\mu, \nu = 1, 2, \cdots, 2n) \tag{5.4.1}$$

并设系统非奇异, 即设

$$\det(\Omega_{\mu\nu}) \neq 0 \tag{5.4.2}$$

令

$$S_\mu = \Omega_{\mu\nu}\dot{a}^\nu - \frac{\partial B}{\partial a^\mu} - \frac{\partial R_\mu}{\partial t} + \Lambda_\mu \tag{5.4.3}$$

$$\bar{S}_\mu = \bar{\Omega}_{\mu\nu}\dot{a}^\nu - \frac{\partial \bar{B}}{\partial a^\mu} - \frac{\partial \bar{R}_\mu}{\partial t} + \bar{\Lambda}_\mu \tag{5.4.4}$$

其中

$$\bar{\Omega}_{\mu\nu} = \frac{\partial \bar{R}_\nu}{\partial a^\mu} - \frac{\partial \bar{R}_\mu}{\partial a^\nu} \tag{5.4.5}$$

定义　若 $S_\mu = 0(\mu = 1, 2\cdots, 2n)$, 则有 $\bar{S}_\nu = 0(\nu = 1, 2\cdots, 2n)$, 反之亦然, 则称相应的对称性为 Birkhoff 对称性.

以上定义表明,Birkhoff 对称性是指两组动力学函数 R_μ, B, Λ_μ 和 $\bar{R}_\mu, \bar{B}, \bar{\Lambda}_\mu$ 表示同样的广义 Birkhoff 方程.

下面给出系统 Birkhoff 对称性的判据.

由 $\bar{S}_\mu = 0$ 解出 $\dot{a}^\mu$, 有

$$\dot{a}^\mu = \bar{\Omega}^{\mu\nu}\left(\frac{\partial \bar{B}}{\partial a^\nu} + \frac{\partial \bar{R}_\nu}{\partial t} - \bar{\Lambda}_\nu\right) \tag{5.4.6}$$

其中

$$\bar{\Omega}^{\mu\nu}\bar{\Omega}_{\nu\rho} = \delta^\mu_\rho \tag{5.4.7}$$

将式 (5.4.6) 代入 $S_\mu = 0$, 得

$$\Omega_{\mu\nu}\bar{\Omega}^{\nu\rho}\left(\frac{\partial \bar{B}}{\partial a^\rho} + \frac{\partial \bar{R}_\rho}{\partial t} - \bar{\Lambda}_\rho\right) = \frac{\partial B}{\partial a^\mu} + \frac{\partial R_\mu}{\partial t} - \Lambda_\mu \quad (\mu,\nu,\rho = 1, 2\cdots, 2n) \tag{5.4.8}$$

于是有

判据　如果两组动力学函数 R_μ, B, Λ_μ 和 $\bar{R}_\mu, \bar{B}, \bar{\Lambda}_\mu$ 满足式 (5.4.8), 则相应对称性必是系统的 Birkhoff 对称性.

5.4.2　Birkhoff 对称性导致的守恒量

下面用较长篇幅推导由 Birkhoff 对称性引起的一类守恒量.

将式 (5.4.8) 代入式 (5.4.3), 得

$$S_\mu = \Omega_{\mu\nu}\dot{a}^\nu - \Omega_{\mu\nu}\bar{\Omega}^{\nu\rho}\left(\frac{\partial \bar{B}}{\partial a^\rho} + \frac{\partial \bar{R}_\rho}{\partial t} - \bar{\Lambda}_\rho\right)$$

$$= \Omega_{\mu\nu}\bar{\Omega}^{\nu\rho}\left(\bar{\Omega}_{\rho\tau}\dot{a}^\tau - \frac{\partial \bar{B}}{\partial a^\rho} + \frac{\partial \bar{R}_\rho}{\partial t} + \bar{\Lambda}_\rho\right)$$

$$= \Omega_{\mu\nu}\bar{\Omega}^{\nu\rho}\bar{S}_\rho \tag{5.4.9}$$

令

$$\bar{\Omega}_{\mu\nu}\Omega^{\nu\rho} = A^\rho_\mu \tag{5.4.10}$$

则有

$$\bar{S}_\mu = A^\nu_\mu S_\nu \tag{5.4.11}$$

$$A^\nu_\mu \Omega_{\nu\rho} = \bar{\Omega}_{\mu\rho} \tag{5.4.12}$$

将式 (5.4.12) 对 a^τ 求偏导数, 得

$$\frac{\partial A^\nu_\mu}{\partial a^\tau}\Omega_{\nu\rho} + A^\nu_\mu\frac{\partial \Omega_{\nu\rho}}{\partial a^\tau} = \frac{\partial \bar{\Omega}_{\mu\rho}}{\partial a^\tau}$$

展开得

$$\frac{\partial A^\nu_\mu}{\partial a^\tau}\Omega_{\nu\rho} = \frac{\partial^2 \bar{R}_\rho}{\partial a^\tau \partial a^\mu} - \frac{\partial^2 \bar{R}_\mu}{\partial a^\tau \partial a^\rho} - A^\nu_\mu\left(\frac{\partial^2 \bar{R}_\rho}{\partial a^\tau \partial a^\nu} - \frac{\partial^2 \bar{R}_\nu}{\partial a^\tau \partial a^\rho}\right)$$

类似地, 有

$$\frac{\partial A^\nu_\mu}{\partial a^\rho}\Omega_{\nu\tau} = \frac{\partial^2 \bar{R}_\tau}{\partial a^\rho \partial a^\mu} - \frac{\partial^2 \bar{R}_\mu}{\partial a^\rho \partial a^\tau} - A^\nu_\mu\left(\frac{\partial^2 \bar{R}_\tau}{\partial a^\rho \partial a^\nu} - \frac{\partial^2 \bar{R}_\nu}{\partial a^\rho \partial a^\tau}\right)$$

以上两式相减, 得

$$\frac{\partial A_\mu^\nu}{\partial a^\tau} \Omega_{\nu\rho} - \frac{\partial A_\mu^\nu}{\partial a^\rho} \Omega_{\nu\tau} = \frac{\partial \bar{\Omega}_{\tau\rho}}{\partial a^\mu} - A_\mu^\nu \frac{\partial \bar{\Omega}_{\tau\rho}}{\partial a^\nu} \tag{5.4.13}$$

将式 (5.4.8) 乘以 $A_\rho^\nu = \bar{\Omega}_{\rho\tau} \Omega^{\tau\nu}$, 得

$$\frac{\partial \bar{B}}{\partial a^\rho} + \frac{\partial \bar{R}_\rho}{\partial t} - \bar{\Lambda}_\rho = A_\rho^\nu \left(\frac{\partial B}{\partial a^\nu} + \frac{\partial R_\nu}{\partial t} - \Lambda_\nu \right) \tag{5.4.14}$$

将式 (5.4.14) 对 a^τ 求偏导数, 得

$$\frac{\partial^2 \bar{B}}{\partial a^\rho \partial a^\tau} + \frac{\partial^2 \bar{R}_\rho}{\partial t \partial a^\tau} - \frac{\partial \bar{\Lambda}_\rho}{\partial a^\tau} = \frac{\partial A_\rho^\nu}{\partial a^\tau} \left(\frac{\partial B}{\partial a^\nu} + \frac{\partial R_\nu}{\partial t} - \Lambda_\nu \right) + A_\rho^\nu \left(\frac{\partial^2 B}{\partial a^\nu \partial a^\tau} + \frac{\partial^2 R_\nu}{\partial t \partial a^\tau} - \frac{\partial \Lambda_\nu}{\partial a^\tau} \right) \tag{5.4.15}$$

又由 $S_\nu = 0$, 得

$$\frac{\partial B}{\partial a^\nu} + \frac{\partial R_\nu}{\partial t} - \Lambda_\nu = \Omega_{\nu\mu} \dot{a}^\mu$$

将其代入式 (5.4.15), 得

$$\frac{\partial^2 \bar{B}}{\partial a^\rho \partial a^\tau} + \frac{\partial^2 \bar{R}_\rho}{\partial t \partial a^\tau} - \frac{\partial \bar{\Lambda}_\rho}{\partial a^\tau} = \frac{\partial A_\rho^\nu}{\partial a^\tau} \Omega_{\nu\mu} \dot{a}^\mu + A_\rho^\nu \left(\frac{\partial^2 B}{\partial a^\nu \partial a^\tau} + \frac{\partial^2 R_\nu}{\partial t \partial a^\tau} - \frac{\partial \Lambda_\nu}{\partial a^\tau} \right) \tag{5.4.16}$$

将式 (5.4.13) 乘以 $\dot{a}^\mu$ 并对 μ 求和, 得

$$\frac{\partial A_\rho^\nu}{\partial a^\tau} \Omega_{\nu\mu} \dot{a}^\mu = \left(\frac{\partial A_\rho^\nu}{\partial a^\mu} \Omega_{\nu\tau} + \frac{\partial \bar{\Omega}_{\tau\mu}}{\partial a^\rho} - A_\rho^\nu \frac{\partial \bar{\Omega}_{\tau\mu}}{\partial a^\nu} \right) \dot{a}^\mu$$

$$= \left(\frac{\mathrm{d}}{\mathrm{d}t} A_\rho^\nu - \frac{\partial A_\rho^\nu}{\partial t} \right) \Omega_{\nu\tau} + \frac{\partial}{\partial a^\rho} \left(\frac{\partial \bar{B}}{\partial a^\tau} + \frac{\partial \bar{R}_\tau}{\partial t} - \bar{\Lambda}_\tau \right) - A_\rho^\nu \frac{\partial}{\partial a^\nu} \left(\frac{\partial B}{\partial a^\tau} + \frac{\partial R_\tau}{\partial t} - \Lambda_\tau \right) \tag{5.4.17}$$

将式 (5.4.17) 代入式 (5.4.16), 有

$$\frac{\partial^2 \bar{B}}{\partial a^\rho \partial a^\tau} + \frac{\partial^2 \bar{R}_\rho}{\partial t \partial a^\tau} - \frac{\partial \bar{\Lambda}_\rho}{\partial a^\tau}$$

$$= \left(\frac{\mathrm{d}}{\mathrm{d}t} A_\rho^\nu - \frac{\partial A_\rho^\nu}{\partial t} \right) \Omega_{\nu\tau} + \frac{\partial}{\partial a^\rho} \left(\frac{\partial \bar{B}}{\partial a^\tau} + \frac{\partial \bar{R}_\tau}{\partial t} - \bar{\Lambda}_\tau \right) - A_\rho^\nu \frac{\partial}{\partial a^\nu} \left(\frac{\partial B}{\partial a^\tau} + \frac{\partial R_\tau}{\partial t} - \Lambda_\tau \right)$$

$$+ A_\rho^\nu \left(\frac{\partial^2 B}{\partial a^\nu \partial a^\tau} + \frac{\partial^2 R_\nu}{\partial t \partial a^\tau} - \frac{\partial \Lambda_\nu}{\partial a^\tau} \right) \tag{5.4.18}$$

注意到

$$\frac{\partial A_\rho^\nu}{\partial t} \Omega_{\nu\tau} = \frac{\partial}{\partial t} \left(\bar{\Omega}_{\rho\mu} \Omega^{\mu\nu} \right) \Omega_{\nu\tau} = \frac{\partial \bar{\Omega}_{\rho\mu}}{\partial t} \Omega^{\mu\nu} \Omega_{\nu\tau} + \bar{\Omega}_{\rho\mu} \frac{\partial \Omega^{\mu\nu}}{\partial t} \Omega_{\nu\tau}$$

$$= \frac{\partial \bar{\Omega}_{\rho\tau}}{\partial t} + \bar{\Omega}_{\rho\mu} \left[\frac{\partial}{\partial t} \left(\Omega^{\mu\nu} \Omega_{\nu\tau} \right) - \Omega^{\mu\nu} \frac{\partial \Omega_{\nu\tau}}{\partial t} \right]$$

$$= \frac{\partial^2 \bar{R}_\tau}{\partial t \partial a^\rho} - \frac{\partial^2 \bar{R}_\rho}{\partial t \partial a^\tau} - A_\rho^\nu \left(\frac{\partial^2 R_\tau}{\partial t \partial a^\nu} - \frac{\partial^2 R_\nu}{\partial t \partial a^\tau} \right) \qquad (5.4.19)$$

则有

$$\frac{\mathrm{d}}{\mathrm{d}t} \left(A_\rho^\nu \right) \Omega_{\nu\tau} = -\frac{\partial \bar{\Lambda}_\tau}{\partial a^\rho} + \frac{\partial \bar{\Lambda}_\rho}{\partial a^\tau} + A_\rho^\nu \frac{\partial \Omega_\tau}{\partial a^\nu} - A_\rho^\nu \frac{\partial \Omega_\nu}{\partial a^\tau} \qquad (5.4.20)$$

令

$$T_{\tau\nu} = \frac{\partial \Lambda_\tau}{\partial a^\nu} - \frac{\partial \Lambda_\nu}{\partial a^\tau}$$
$$\bar{T}_{\tau\rho} = \frac{\partial \bar{\Lambda}_\tau}{\partial a^\rho} - \frac{\partial \bar{\Lambda}_\rho}{\partial a^\tau} \qquad (5.4.21)$$

相应的矩阵分别表示为 $\boldsymbol{T}$ 和 $\bar{\boldsymbol{T}}$, 则式 (5.4.20) 可写成矩阵形式

$$\dot{\boldsymbol{A}}\boldsymbol{\Omega} = -\bar{\boldsymbol{T}} + \boldsymbol{A}\boldsymbol{T} \qquad (5.4.22)$$

其中 $\boldsymbol{\Omega}$ 的元素为 $\Omega_{\mu\nu}$.

如果矩阵 $\boldsymbol{T}$ 和 $\bar{\boldsymbol{T}}$ 是对称的, 因 $\boldsymbol{A}$ 对称而 $\boldsymbol{\Omega}$ 反对称, 故由式 (5.4.22) 得到

$$\frac{\mathrm{d}}{\mathrm{d}t} \{ (\mathrm{tr}\boldsymbol{A})^m \} = 0 \quad (m = 1, 2, \cdots) \qquad (5.4.23)$$

于是有

命题 对广义 Birkhoff 系统, 如果矩阵 $\boldsymbol{T}$ 和 $\bar{\boldsymbol{T}}$ 是对称的, 则系统 Birkhoff 对称性导致守恒量

$$I_{\mathrm{B}} = (\mathrm{tr}\boldsymbol{A})^m = \mathrm{const.} \qquad (5.4.24)$$

对 Birkhoff 系统, 有 $\boldsymbol{T} = \bar{\boldsymbol{T}} = \boldsymbol{0}$, 于是有

推论 对 Birkhoff 系统, Birkhoff 对称性导致守恒量式 (5.4.24).

以上推论已由文献 [4] 给出.

例 1 四阶广义 Birkhoff 系统为

$$R_1 = R_2 = 0, \quad R_3 = a^1, \quad R_4 = a^2, \quad B = \frac{1}{2}(a^3)^2 + \frac{1}{2}(a^4)^2$$
$$\Lambda_1 = -t, \quad \Lambda_2 = -t, \quad \Lambda_3 = a^3, \quad \Lambda_4 = a^4 \qquad (5.4.25)$$

试由系统 Birkhoff 对称性导出守恒量.

选一组动力学函数为

$$\bar{R}_1 = \bar{R}_2 = 0, \quad \bar{R}_3 = \frac{1}{2}(a^1)^2, \quad \bar{R}_4 = \frac{1}{2}(a^2)^2$$
$$\bar{B} = \frac{1}{2}a^1(a^3)^2 + \frac{1}{2}a^2(a^4)^2, \quad \bar{\Lambda}_1 = \frac{1}{2}(a^3)^2 - a^1 t \qquad (5.4.26)$$
$$\bar{\Lambda}_2 = \frac{1}{2}(a^4)^2 - a^2 t, \quad \bar{\Lambda}_3 = a^1 a^3, \quad \bar{\Lambda}_4 = a^2 a^4$$

则有

$$(\Omega_{\mu\nu}) = \begin{pmatrix} 0 & 0 & 1 & 0 \\ 0 & 0 & 0 & 1 \\ -1 & 0 & 0 & 0 \\ 0 & -1 & 0 & 0 \end{pmatrix}$$

$$(\bar{\Omega}_{\mu\nu}) = \begin{pmatrix} 0 & 0 & a^1 & 0 \\ 0 & 0 & 0 & a^2 \\ -a^1 & 0 & 0 & 0 \\ 0 & -a^2 & 0 & 0 \end{pmatrix}$$

容易验证, 两组动力学函数满足 Birkhoff 对称性的判据方程 (5.4.8). 又

$$\boldsymbol{T} = \bar{\boldsymbol{T}} = \boldsymbol{0}$$

故存在 Birkhoff 对称性导致的守恒量. 做计算, 有

$$(A^\rho_\mu) = (\bar{\Omega}_{\mu\nu}\Omega^{\nu\rho}) = \begin{pmatrix} 0 & 0 & a^1 & 0 \\ 0 & 0 & 0 & a^2 \\ -a^1 & 0 & 0 & 0 \\ 0 & -a^2 & 0 & 0 \end{pmatrix} \begin{pmatrix} 0 & 0 & -1 & 0 \\ 0 & 0 & 0 & -1 \\ 1 & 0 & 0 & 0 \\ 0 & 1 & 0 & 0 \end{pmatrix}$$

$$= \begin{pmatrix} a^1 & 0 & 0 & 0 \\ 0 & a^2 & 0 & 0 \\ 0 & 0 & a^1 & 0 \\ 0 & 0 & 0 & a^2 \end{pmatrix}$$

而守恒量式 (5.4.24) 给出

$$I_{\mathrm{B}} = 2(a^1 + a^2) = \mathrm{const.}$$

选另一组动力学函数为

$$\bar{R}_1 = \frac{1}{2}\left(a^3 - \frac{1}{2}t^2\right)^2, \quad \bar{R}_2 = \frac{1}{2}\left(a^4 - \frac{1}{2}t^2\right)^2, \quad \bar{R}_3 = \bar{R}_4 = 0$$

$$\bar{B} = -\frac{1}{3}(a^3)^3 + \frac{1}{4}t^2(a^3)^2 - \frac{1}{3}(a^4)^3 + \frac{1}{4}t^2(a^4)^2 \tag{5.4.27}$$

$$\bar{\Lambda}_1 = \bar{\Lambda}_2 = 0, \quad \bar{\Lambda}_3 = -a^3\left(a^3 - \frac{1}{2}t^2\right), \quad \bar{\Lambda}_4 = -a^4\left(a^4 - \frac{1}{2}t^2\right)$$

容易验证, 它也是 Birkhoff 对称性的. 计算 A_μ^ρ, 有

$$
(A_\mu^\rho) = (\bar{\Omega}_{\mu\nu}\Omega^{\nu\rho}) = \begin{pmatrix} -\left(a^3 - \dfrac{1}{2}t^2\right) & 0 & 0 & 0 \\ 0 & -\left(a^4 - \dfrac{1}{2}t^2\right) & 0 & 0 \\ 0 & 0 & -\left(a^3 - \dfrac{1}{2}t^2\right) & 0 \\ 0 & 0 & 0 & -\left(a^4 - \dfrac{1}{2}t^2\right) \end{pmatrix}
$$

于是有守恒量

$$
I_{\mathrm{B}} = -2\left(a^3 - \frac{1}{2}t^2\right) - 2\left(a^4 - \frac{1}{2}t^2\right) = \text{const.}
$$

例 2 四阶广义 Birkhoff 系统为

$$
\begin{aligned}
&R_1 = a^3, \quad R_2 = a^4, \quad R_3 = R_4 = 0 \\
&B = \frac{1}{2}\left[a^4 - \frac{1}{2b}\ln(1 + b^2 t^2)\right]^2 \\
&\Lambda_1 = \Lambda_2 = \Lambda_4 = 0, \quad \Lambda_3 = -a^3 + \frac{1}{b}\arctan(bt)
\end{aligned} \tag{5.4.28}
$$

试由系统的 Birkhoff 对称性导出守恒量.

广义 Birkhoff 方程有形式

$$
-\dot{a}^3 = 0, \quad -\dot{a}^4 = 0
$$

$$
\dot{a}^1 - a^3 + \frac{1}{b}\arctan(bt) = 0
$$

$$
\dot{a}^2 - a^4 + \frac{1}{2b}\ln(1 + b^2 t^2) = 0
$$

取一组动力学函数为

$$
\begin{aligned}
&\bar{R}_1 = \frac{1}{2}(a^3)^2, \quad \bar{R}_2 = a^4, \quad \bar{R}_3 = \bar{R}_4 = 0 \\
&\bar{B} = \frac{1}{2}\left[a^4 - \frac{1}{2b}\ln(1 + b^2 t^2)\right]^2 \\
&\bar{\Lambda}_1 = \bar{\Lambda}_2 = \bar{\Lambda}_4 = 0, \quad \bar{\Lambda}_3 = -a^3\left[a^3 - \frac{1}{b}\arctan(bt)\right]
\end{aligned} \tag{5.4.29}
$$

于是有

$$
(\bar{\Omega}_{\mu\nu}) = \begin{pmatrix} 0 & 0 & -a^3 & 0 \\ 0 & 0 & 0 & -1 \\ a^3 & 0 & 0 & 0 \\ 0 & 1 & 0 & 0 \end{pmatrix}
$$

$$
(\Omega^{\nu\rho}) = \begin{pmatrix} 0 & 0 & 1 & 0 \\ 0 & 0 & 0 & 1 \\ -1 & 0 & 0 & 0 \\ 0 & -1 & 0 & 0 \end{pmatrix}
$$

$$
(A^\rho_\mu) = (\bar{\Omega}_{\mu\nu}\Omega^{\nu\rho}) = \begin{pmatrix} a^3 & 0 & 0 & 0 \\ 0 & 1 & 0 & 0 \\ 0 & 0 & a^3 & 0 \\ 0 & 0 & 0 & 1 \end{pmatrix}
$$

而守恒量式 (5.4.24) 给出

$$
I_{\mathrm{B}} = 2a^3 + 2 = \mathrm{const.}
$$

取另一组动力函数为

$$
\bar{R}_1 = a^3, \quad \bar{R}_2 = \frac{1}{2}(a^4)^2, \quad \bar{R}_3 = \bar{R}_4 = 0
$$

$$
\bar{B} = \frac{1}{3}\left(a^4\right)^3 - \frac{1}{4b}\left(a^4\right)^2 \ln(1 + b^2 t^2) \tag{5.4.30}
$$

$$
\bar{\Lambda}_1 = \bar{\Lambda}_2 = \bar{\Lambda}_4 = 0, \quad \bar{\Lambda}_3 = -a^3 + \frac{1}{b}\arctan(bt)
$$

则 Birkhoff 对称性导致守恒量

$$
I_{\mathrm{B}} = 2a^4 + 2 = \mathrm{const.}
$$

5.5　广义 Birkhoff 系统的共形不变性

本节研究广义 Birkhoff 系统的共形不变性, 包括系统的共形不变性与 Lie 对称性, 以及由共形不变性导致的 Hojman 型守恒量和 Noether 守恒量.

5.5.1　系统的共形不变性与 Lie 对称性

文献 [5] 研究了 Birkhoff 系统的共性不变性, 这种研究可以推广到广义 Birkhoff 系统 [6].

广义 Birkhoff 方程有形式

$$
\Omega_{\mu\nu}\dot{a}^\nu - \frac{\partial B}{\partial a^\mu} - \frac{\partial R_\mu}{\partial t} + \Lambda_\mu = 0 \quad (\mu, \nu = 1, 2, \cdots, 2n) \tag{5.5.1}
$$

其中

$$\Omega_{\mu\nu} = \frac{\partial R_\nu}{\partial a^\mu} - \frac{\partial R_\mu}{\partial a^\nu} \tag{5.5.2}$$

假设系统非奇异, 即设

$$\det(\Omega_{\mu\nu}) \neq 0$$

则由式 (5.5.1) 可解出所有 $\dot{a}^\mu$

$$\dot{a}^\mu = \Omega^{\mu\nu} \left(\frac{\partial B}{\partial a^\nu} + \frac{\partial R_\nu}{\partial t} - \Lambda_\nu \right) \tag{5.5.3}$$

其中

$$\Omega^{\mu\nu} \Omega_{\nu\rho} = \delta^\mu_\rho$$

取无限小变换

$$t^* = t + \varepsilon \xi_0(t), \quad a^{\mu*}(t^*) = a^\mu(t) + \varepsilon \xi_\mu(t, \boldsymbol{a}) \tag{5.5.4}$$

定义 如果存在非奇异矩阵 $\mathcal{L}^\rho_\mu$ 使得成立

$$X^{(1)} \left(\dot{a}^\mu - f_\mu \right) = \mathcal{L}^\rho_\mu \left(\dot{a}^\rho - f_\rho \right) \tag{5.5.5}$$

其中

$$f_\mu = \Omega^{\mu\nu} \left(\frac{\partial B}{\partial a^\nu} + \frac{\partial R_\nu}{\partial t} - \Lambda_\nu \right) \tag{5.5.6}$$

则称广义 Birkhoff 系统 (5.5.3) 相对变换 (5.5.4) 是共形不变的.

下面导出的系统是共形不变的, 又是 Lie 对称的充分必要条件. 为此, 计算差

$$X^{(1)} \left(\dot{a}^\mu - f_\mu \right) - X^{(1)} \left(\dot{a}^\mu - f_\mu \right) \Big|_{\dot{a}^\mu - f_\mu = 0}$$

容易得到

$$
\begin{aligned}
& X^{(1)} \left(\dot{a}^\mu - f_\mu \right) - X^{(1)} \left(\dot{a}^\mu - f_\mu \right) \Big|_{\dot{a}^\mu - f_\mu = 0} \\
&= \left(\frac{\partial \xi_\mu}{\partial t} + \frac{\partial \xi_\mu}{\partial a^\rho} \dot{a}^\rho \right) - \dot{a}^\mu \frac{\partial \xi_0}{\partial t} - X^{(0)}(f_\mu) \\
& \quad - \left(\frac{\partial \xi_\mu}{\partial t} + \frac{\partial \xi_\mu}{\partial a^\rho} f_\rho \right) + f_\mu \frac{\partial \xi_0}{\partial t} + X^{(0)}(f_\mu) \\
&= \frac{\partial \xi_\mu}{\partial a^\rho} \left(\dot{a}^\rho - f_\rho \right) - \frac{\partial \xi_0}{\partial t} \left(\dot{a}^\mu - f_\mu \right) \\
&= \beta^\nu_\mu \left(\dot{a}^\nu - f_\nu \right) \tag{5.5.7}
\end{aligned}
$$

其中

$$\beta_\mu^\nu = \frac{\partial \xi_\mu}{\partial a^\nu} - \frac{\partial \xi_0}{\partial t}\delta_\mu^\nu \tag{5.5.8}$$

于是有

$$X^{(1)}(\dot{a}^\mu - f_\mu) - X^{(1)}(\dot{a}^\mu - f_\mu)\Big|_{\dot{a}^\mu - f_\mu = 0} = \beta_\mu^\nu(\dot{a}^\nu - f_\nu) \tag{5.5.9}$$

这归为如下命题

命题 1　变换 (5.5.4) 是系统 (5.5.3)Lie 对称的, 同时又是共形不变的, 其充分必要条件是

$$\mathcal{L}_\mu^\nu = \frac{\partial \xi_\mu}{\partial a^\nu} - \frac{\partial \xi_0}{\partial t}\delta_\mu^\nu \tag{5.5.10}$$

称 $\mathcal{L}_\mu^\nu$ 为共形乘子.

如果由方程 (5.5.1) 出发, 也可找到共形乘子 $\mathcal{L}_\mu^\nu$. 令

$$\Gamma_\mu = \frac{\partial B}{\partial a^\mu} + \frac{\partial R_\mu}{\partial t} - \Lambda_\mu \tag{5.5.11}$$

计算差

$$X^{(1)}(\Omega_{\mu\nu}\dot{a}^\nu - \Gamma_\mu) - X^{(1)}(\Omega_{\mu\nu}\dot{a}^\nu - \Gamma_\mu)\Big|_{\Omega_{\mu\nu}\dot{a}^\nu - \Gamma_\mu = 0}$$
$$= X^{(0)}(\Omega_{\mu\nu})(\dot{a}^\nu - f_\nu) + \Omega_{\mu\nu}\frac{\partial \xi_\nu}{\partial a^\rho}(\dot{a}^\rho - f_\rho) - \Omega_{\mu\nu}\frac{\partial \xi_0}{\partial t}(\dot{a}^\nu - f_\nu) \tag{5.5.12}$$

注意到

$$f_\nu = \Omega^{\nu\rho}\Gamma_\rho$$
$$\dot{a}^\nu - f_\nu = \dot{a}^\nu - \Omega^{\nu\rho}\Gamma_\rho = \Omega^{\nu\rho}(\Omega_{\rho\tau}\dot{a}^\tau - \Gamma_\rho) \tag{5.5.13}$$

则式 (5.5.12) 表示为

$$X^{(1)}(\Omega_{\mu\nu}\dot{a}^\nu - \Gamma_\mu) - X^{(1)}(\Omega_{\mu\nu}\dot{a}^\nu - \Gamma_\mu)\Big|_{\Omega_{\mu\nu}\dot{a}^\nu - \Gamma_\mu = 0}$$
$$= \left[X^{(0)}(\Omega_{\mu\nu})\Omega^{\nu\rho} + \Omega_{\mu\nu}\frac{\partial \xi_\nu}{\partial a^\sigma}\Omega^{\sigma\rho} - \delta_\mu^\rho\frac{\partial \xi_0}{\partial t}\right](\Omega_{\rho\tau}\dot{a}^\tau - \Gamma_\rho)$$
$$= \beta_\mu^\rho(\Omega_{\rho\tau}\dot{a}^\tau - \Gamma_\rho) \tag{5.5.14}$$

于是有

命题 2　变换 (5.5.4) 是系统 (5.5.1)Lie 对称的, 同时又是共形不变的, 其充分必要条件是

$$\mathcal{L}_\mu^\rho = X^{(0)}(\Omega_{\mu\nu})\Omega^{\nu\rho} + \Omega_{\mu\nu}\frac{\partial \xi_\nu}{\partial a^\sigma}\Omega^{\sigma\rho} - \delta_\mu^\rho\frac{\partial \xi_0}{\partial t} \tag{5.5.15}$$

5.5.2 共形不变性导致的 Hojman 型守恒量

将广义 Birkhoff 方程表示为形式

$$\dot{a}^\mu = f_\mu(t, \boldsymbol{a}) \tag{5.5.16}$$

其中

$$f_\mu = \Omega^{\mu\nu}\left(\frac{\partial B}{\partial a^\nu} + \frac{\partial R_\nu}{\partial t} - \Lambda_\nu\right) \tag{5.5.17}$$

取时间不变的特殊无限小变换

$$t^* = t, \quad a^{\mu*}(t^*) = a^\mu(t) + \varepsilon\xi_\mu(t, \boldsymbol{a}) \tag{5.5.18}$$

如果存在某函数 $\mu = \mu(t, \boldsymbol{a})$ 满足

$$\frac{\partial f_\mu}{\partial a^\mu} + \frac{\bar{\mathrm{d}}}{\mathrm{d}t}\ln\mu = 0 \tag{5.5.19}$$

其中

$$\frac{\bar{\mathrm{d}}}{\mathrm{d}t} = \frac{\partial}{\partial t} + f_\nu\frac{\partial}{\partial a^\nu} \tag{5.5.20}$$

则 Lie 对称性导致 Hojman 型守恒量

$$I_\mathrm{H} = \frac{1}{\mu}\frac{\partial}{\partial a^\nu}(\mu\xi_\nu) = \mathrm{const.} \tag{5.5.21}$$

为由共形不变性求得 Hojman 型守恒量, 需用变换 (5.5.18) 代替变换 (5.5.4), 于是式 (5.5.10) 成为

$$\mathcal{L}_\mu^\nu = \frac{\partial\xi_\mu}{\partial a^\nu} \tag{5.5.22}$$

方程 (5.5.16)Lie 对称性的确定方程为

$$\frac{\bar{\mathrm{d}}}{\mathrm{d}t}\xi_\mu = \frac{\partial f_\mu}{\partial a^\nu}\xi_\nu \qquad (\mu, \nu = 1, 2, \cdots, 2n) \tag{5.5.23}$$

因此, 首先由方程 (5.5.23) 求得生成元 ξ_μ; 再由式 (5.4.22) 求得共形乘子 $\mathcal{L}_\mu^\nu$; 最后, 在条件 (5.5.19) 满足下按式 (5.5.21) 求得 Hojman 型守恒量.

例 1 二阶广义 Birkhoff 系统为

$$R_1 = \frac{1}{2}a^2, \quad R_2 = -\frac{1}{2}a^1, \quad B = 0, \quad \Lambda_1 = \gamma a^2, \quad \Lambda_2 = -a^2 \quad (\gamma = \mathrm{const.}) \tag{5.5.24}$$

试研究系统共形不变性与 Hojman 守恒量.

广义 Birkhoff 方程方程给出

$$-\dot{a}^2 + \gamma a^2 = 0, \quad \dot{a}^1 - a^2 = 0$$

即

$$\dot{a}^1 = a^2, \quad \dot{a}^2 = \gamma a^2$$

Lie 对称性的确定方程 (5.5.23) 给出

$$\frac{\bar{\mathrm{d}}}{\mathrm{d}t}\xi_1 = \xi_2, \quad \frac{\bar{\mathrm{d}}}{\mathrm{d}t}\xi_2 = \gamma\xi_2$$

可找到如下解

$$\xi_1 = a^1 + (\gamma a^1 - a^2)^2, \quad \xi_2 = a^2$$

式 (5.5.22) 给出

$$\mathcal{L}_1^1 = 1 + 2\gamma(\gamma a^1 - a^2), \quad \mathcal{L}_1^2 = -2(\gamma a^1 - a^2)$$
$$\mathcal{L}_2^1 = 0, \quad \mathcal{L}_2^2 = 1$$

式 (5.5.19) 给出

$$\gamma + \frac{\bar{\mathrm{d}}}{\mathrm{d}t}\ln\mu = 0$$

可求得

$$\mu = \exp(-\gamma t)$$

Hojman 型守恒量式 (5.5.21) 给出

$$I_{\mathrm{H}} = \frac{\partial\xi_1}{\partial a^1} + \frac{\partial\xi_2}{\partial a^2} = 2 + 2\gamma(\gamma a^1 - a^2) = \mathrm{const.}$$

例 2　四阶广义 Birkhoff 系统为

$$R_1 = R_2 = 0, \quad R_3 = a^1, \quad R_4 = a^2, \quad B = 0$$
$$\Lambda_1 = \frac{t}{1+t^2}a^3, \quad \Lambda_2 = -\frac{1}{1+t^2}a^3, \quad \Lambda_3 = a^3, \quad \Lambda_4 = a^4 \tag{5.5.25}$$

试研究系统的共形不变性与 Hojman 型守恒量.

广义 Birkhoff 方程给出

$$\dot{a}^3 + \frac{t}{1+t^2}a^3 = 0, \quad \dot{a}^4 - \frac{1}{1+t^2}a^3 = 0$$
$$-\dot{a}^1 + a^3 = 0, \quad -\dot{a}^2 + a^4 = 0$$

即

$$\dot{a}^1 = a^3, \quad \dot{a}^2 = a^4, \quad \dot{a}^3 = -\frac{t}{1+t^2}a^3, \quad \dot{a}^4 = \frac{1}{1+t^2}a^3$$

Lie 对称性的确定方程 (5.5.23) 给出

$$\frac{\bar{\mathrm{d}}}{\mathrm{d}t}\xi_1 = \xi_3, \quad \frac{\bar{\mathrm{d}}}{\mathrm{d}t}\xi_2 = \xi_4, \quad \frac{\bar{\mathrm{d}}}{\mathrm{d}t}\xi_3 = -\frac{t}{1+t^2}\xi_3, \quad \frac{\bar{\mathrm{d}}}{\mathrm{d}t}\xi_4 = \frac{1}{1+t^2}\xi_3$$

它有解

$$\xi_1 = a^1, \quad \xi_2 = a^2 + (a^3 + ta^4 - a^2)^2, \quad \xi_3 = a^3, \quad \xi_4 = a^4$$

式 (5.2.22) 给出

$$\mathcal{L}_1^1 = 1, \quad \mathcal{L}_1^2 = \mathcal{L}_1^3 = \mathcal{L}_1^4 = 0$$

$$\mathcal{L}_2^1 = 0, \quad \mathcal{L}_2^2 = 1 - 2(a^3 + ta^4 - a^2), \quad \mathcal{L}_2^3 = 2(a^3 + ta^4 - a^2)$$

$$\mathcal{L}_2^4 = 2t(a^3 + ta^4 - a^2), \quad \mathcal{L}_3^1 = \mathcal{L}_3^2 = 0, \quad \mathcal{L}_3^3 = 1, \quad \mathcal{L}_3^4 = 0$$

$$\mathcal{L}_4^1 = \mathcal{L}_4^2 = \mathcal{L}_4^3 = 0, \quad \mathcal{L}_4^4 = 1$$

式 (5.5.19) 给出

$$-\frac{t}{1+t^2} + \frac{\bar{d}}{dt}\ln\mu = 0$$

它有解

$$\mu = (1+t^2)^{1/2}$$

Hojman 型守恒量式 (5.5.21) 给出

$$I_{\mathrm{H}} = 4 - 2(a^3 + ta^4 - a^3) = \text{const.}$$

5.5.3 共形不变性导致的 Noether 守恒量

对广义 Birkhoff 系统, 如果共形不变性的生成元 $\xi_0 = \xi_0(t), \xi_\mu = \xi_\mu(t, \boldsymbol{a})$ 是 Noether 对称的, 则可导致 Noether 守恒量.

广义 Birkhoff 系统的 Noether 等式为

$$\left(\frac{\partial R_\nu}{\partial t}\dot{a}^\nu - \frac{\partial B}{\partial t}\right)\xi_0 + \left(\frac{\partial R_\nu}{\partial a^\mu}\dot{a}^\nu - \frac{\partial B}{\partial a^\mu}\right)\xi_\mu - B\dot{\xi}_0$$

$$+ R_\mu\dot{\xi}_\mu + \Lambda_\mu(\xi_\mu - \dot{a}^\mu\xi_0) + \dot{G}_{\mathrm{N}} = 0 \tag{5.5.26}$$

Noether 守恒量为

$$I_{\mathrm{N}} = R_\mu\xi_\mu - B\xi_0 + G_{\mathrm{N}} = \text{const.} \tag{5.5.27}$$

例 3 Emden 方程

气体质量在粒子的万有引力作用下在常压下在其界面的平衡问题, 由 Emden 方程

$$\ddot{x} + \frac{2}{t}\dot{x} + x^5 = 0 \tag{5.5.28}$$

来描述 [5]. 试研究方程的共形不变性与 Noether 守恒量

令

$$a^1 = x, \quad a^2 = \dot{x}$$

方程 (5.5.28) 可表示为广义 Birkhoff 系统, 有

$$R_1 = \frac{1}{2}t^2a^2, \quad R_2 = -\frac{1}{2}t^2a^1, \quad B = \frac{1}{6}t^2(a^1)^6 + \frac{1}{2}t^2(a^2)^2$$
$$\Lambda_1 = -ta^2, \quad \Lambda_2 = -ta^1$$

广义 Birkhoff 方程有形式

$$-t^2\dot{a}^2 - t^2(a^1)^5 - 2ta^2 = 0$$
$$t^2\dot{a}^1 - t^2a^2 = 0$$

或写成

$$\dot{a}^1 = a^2, \quad \dot{a}^2 = -\frac{2}{t}a^2 - (a^1)^5$$

其 Lie 对称性的确定方程为

$$\dot{\xi}_1 - \dot{a}^1\dot{\xi}_0 = \xi_2$$
$$\dot{\xi}_2 - \dot{a}^2\dot{\xi}_0 = \frac{2}{t^2}\xi_0 a^2 - \frac{2}{t}\xi_2 - 5(a^1)^4\xi_1$$

它有解

$$\xi_0 = -2t, \quad \xi_1 = a^1, \quad \xi_2 = 3a^2$$

式 (5.5.22) 给出共形乘子 [6]

$$\mathcal{L}_1^1 = 1, \quad \mathcal{L}_1^2 = \mathcal{L}_2^1 = 0, \quad \mathcal{L}_2^2 = -1$$

将生成元代入式 (5.5.26), 可求得

$$G_N = 2t^2a^1a^2$$

Noether 守恒量式 (5.5.27) 给出

$$I_N = t^2a^1a^2 + \frac{1}{3}t^3(a^1)^6 + t^3(a^2)^2 = \text{const.}$$

5.6　广义 Birkhoff 系统对称性摄动与绝热不变量

文献 [7] 研究了 Birkhoff 系统的对称性摄动与绝热不变量, 这种研究可以推广到广义 Birkhoff 系统.

5.6.1　广义 Birkhoff 系统的摄动

广义 Birkhoff 方程为

$$\left(\frac{\partial R_\nu}{\partial a^\mu} - \frac{\partial R_\mu}{\partial a^\nu}\right)\dot{a}^\nu - \frac{\partial B}{\partial a^\mu} - \frac{\partial R_\mu}{\partial t} + \Lambda_\mu = 0 \quad (\mu,\nu = 1,2,\cdots,2n) \tag{5.6.1}$$

对方程 (5.6.1) 施加一小扰动项 εF_μ, 则有

$$\left(\frac{\partial R_\nu}{\partial a^\mu} - \frac{\partial R_\mu}{\partial a^\nu}\right)\dot{a}^\nu - \frac{\partial B}{\partial a^\mu} - \frac{\partial R_\mu}{\partial t} + \Lambda_\mu + \varepsilon F_\mu = 0 \tag{5.6.2}$$

在 εF_μ 作用下, 方程 (5.6.1) 的对称性与不变量将会发生改变.

5.6.2　广义 Birkhoff 系统的绝热不变量

对系统 (5.6.2) 建立 Noether 等式, 有

$$\left(\frac{\partial R_\mu}{\partial t}\dot{a}^\mu - \frac{\partial B}{\partial t}\right)\xi_0 + \left(\frac{\partial R_\nu}{\partial a^\mu}\dot{a}^\nu - \frac{\partial B}{\partial a^\mu}\right)\xi_\mu - B\dot{\xi}_0 + R_\mu\dot{\xi}_\mu$$
$$+ \Lambda_\mu(\xi_\mu - \dot{a}^\mu\xi_0) + \varepsilon F_\mu(\xi_\mu - \dot{a}^\mu\xi_0) + \dot{G}_{\mathrm{N}} = 0 \tag{5.6.3}$$

其中 $\xi_0 = \xi_0(t,\boldsymbol{a}), \xi_\mu = \xi_\mu(t,\boldsymbol{a})$ 为无限小生成元, $G_{\mathrm{N}} = G_{\mathrm{N}}(t,\boldsymbol{a})$ 为规范函数.

为研究对称性摄动, 将 $\xi_0, \xi_\mu, G_{\mathrm{N}}$ 按 ε 幂展开, 有

$$\begin{aligned}
\xi_0 &= \xi_0^0 + \varepsilon\xi_0^1 + \varepsilon^2\xi_0^2 + \cdots \\
\xi_\mu &= \xi_\mu^0 + \varepsilon\xi_\mu^1 + \varepsilon^2\xi_\mu^2 + \cdots \\
G_{\mathrm{N}} &= G_{\mathrm{N}}^0 + \varepsilon G_{\mathrm{N}}^1 + \varepsilon^2 G_{\mathrm{N}}^2 + \cdots
\end{aligned} \tag{5.6.4}$$

将式 (5.6.4) 代入 Noether 等式 (5.6.3), 得到不含 ε 的项为

$$\left(\frac{\partial R_\mu}{\partial t}\dot{a}^\mu - \frac{\partial B}{\partial t}\right)\xi_0^0 + \left(\frac{\partial R_\nu}{\partial a^\mu}\dot{a}^\nu - \frac{\partial B}{\partial a^\mu}\right)\xi_\mu^0 - B\dot{\xi}_0^0 + R_\mu\dot{\xi}_\mu^0$$
$$+ \Lambda_\mu(\xi_\mu^0 - \dot{a}^\mu\xi_0^0) + \dot{G}_{\mathrm{N}}^0 = 0 \tag{5.6.5}$$

含 ε^k 的项为

$$\left(\frac{\partial R_\mu}{\partial t}\dot{a}^\mu - \frac{\partial B}{\partial t}\right)\xi_0^k + \left(\frac{\partial R_\nu}{\partial a^\mu}\dot{a}^\nu - \frac{\partial B}{\partial a^\mu}\right)\xi_\mu^k - B\dot{\xi}_0^k + R_\mu\dot{\xi}_\mu^k$$
$$+ \Lambda_\mu(\xi_\mu^k - \dot{a}^\mu\xi_0^k) + F_\mu(\xi_\mu^{k-1} - \dot{a}^\mu\xi_0^{k-1}) + \dot{G}_{\mathrm{N}}^k = 0 \tag{5.6.6}$$

定义　如果 $I_s(t,\boldsymbol{a},\varepsilon)$ 为系统 (5.6.2) 的一个含 ε 最高次幂为 s 的物理量, 其对时间 t 的一阶导数与 ε^{s+1} 成正比, 则称 I_s 为系统的 s 阶绝热不变量.

命题　对于受小扰动 εF_μ 的广义 Birkhoff 系统 (5.6.2), 如果无限小生成元 ξ_0^k, ξ_μ^k 和规范函数 G_N^k 满足式 (5.6.6), 则

$$I_s = \varepsilon^k (R_\mu \xi_\mu^k - B\xi_0^k + G_N^k) \quad (k = 0, 1, 2 \cdots, s; \quad \mu = 1, 2, \cdots, 2n) \tag{5.6.7}$$

是系统的一个 S 阶绝热不变量.

证明　对式 (5.6.7) 求时间 t 的导数, 得

$$\frac{\mathrm{d}I_s}{\mathrm{d}t} = \varepsilon^k \left[\left(\frac{\partial R_\mu}{\partial a^\nu} - \frac{\partial R_\nu}{\partial a^\mu} \right) \dot{a}^\nu + \frac{\partial R_\nu}{\partial t} + \frac{\partial B}{\partial a^\mu} - \Lambda_\mu \right] (\xi_\mu^k - \dot{a}^\mu \xi_0^k)$$
$$- \varepsilon^k F_\mu (\xi_\mu^{k-1} - \dot{a}^\mu \xi_0^{k-1})$$

利用方程 (5.6.2), 则有

$$\frac{\mathrm{d}I_s}{\mathrm{d}t} = \varepsilon^k \left[\varepsilon F_\mu (\xi_\mu^k - \dot{a}^\mu \xi_0^k) - F_\mu (\xi_\mu^{k-1} - \dot{a}^\mu \xi_0^{k-1}) \right]$$

对 k 求和后, 有

$$\frac{\mathrm{d}I_s}{\mathrm{d}t} = \varepsilon^{s+1} F_\mu (\xi_\mu^s - \dot{a}^\mu \xi_0^s)$$

证毕.

例　四阶广义 Birkhoff 系统为

$$R_1 = a^3, \quad R_2 = a^4, \quad R_3 = R_4 = 0, \quad B = \frac{1}{2}(a^3)^2 + \frac{1}{2}(a^4)^2$$
$$\Lambda_1 = \Lambda_2 = 0, \quad \Lambda_3 = -\frac{1}{b}\arctan(bt), \quad \Lambda_4 = \frac{1}{2b}\ln(1 + b^2 t^2) \tag{5.6.8}$$

小扰动函数为

$$F_1 = a^4, \quad F_2 = -a^3, \quad F_3 = F_4 = 0 \tag{5.6.9}$$

求系统的精确不变量和一阶绝热不变量.

式 (5.6.5) 给出

$$\dot{a}^1 \xi_3^0 + \dot{a}^2 \xi_4^0 - a^3 \dot{\xi}_3^0 - a^4 \dot{\xi}_4^0 - B\dot{\xi}_0^0 + a^3 \dot{\xi}_1^0 + a^4 \dot{\xi}_2^0 - \frac{1}{b}(\xi_3^0 - \dot{a}^3 \xi_0^0)\arctan(bt)$$
$$+ \frac{1}{2b}(\xi_4^0 - \dot{a}^4 \xi_0^0)\ln(1 + b^2 t^2) + \dot{G}_N^0 = 0 \tag{5.6.10}$$

它有如下解

$$\xi_1^0 = 1, \quad \xi_0^0 = \xi_2^0 = \xi_3^0 = \xi_4^0 = 0, \quad G_N^0 = 0 \tag{5.6.11}$$
$$\xi_2^0 = 1, \quad \xi_0^0 = \xi_1^0 = \xi_3^0 = \xi_4^0 = 0, \quad G_N^0 = 0 \tag{5.6.12}$$

相应的 Noether 守恒量分别为

$$I_{N_1} = a^3 = \text{const.} \tag{5.6.13}$$

$$I_{N_2} = a^4 = \text{const.} \tag{5.6.14}$$

它们是精确不变量.

下面求一阶绝热不变量. 当 $k = 1$ 时, 式 (5.6.6) 给出为

$$\dot a^1\xi_3^1 + \dot a^2\xi_4^1 - a^3\xi_3^1 - a^4\xi_4^1 - B\dot\xi_0^1 + a^3\dot\xi_1^1 + a^4\dot\xi_2^1 - \frac{1}{b}(\xi_3^1 - \dot a^3\xi_0^1)\arctan(bt)$$

$$+ \frac{1}{2b}(\xi_4^1 - \dot a^4\xi_0^1) + a^4(\xi_1^0 - \dot a^4\xi_0^0) - a^3(\xi_2^0 - \dot a^2\xi_0^0) + \dot G_N^1 = 0 \tag{5.6.15}$$

它有如下解

$$\xi_0^0 = \xi_0^1 = 0, \quad \xi_1^0 = 1, \quad \xi_2^0 = 0, \quad \xi_1^1 = a^3, \quad \xi_2^1 = a^4$$

$$\xi_3^1 = 0, \quad \xi_4^1 = 1, \quad G_N^1 = -\frac{1}{2}(a^3)^2 - \frac{1}{2}(a^4)^2 - a^2 - \frac{1}{2b}\int \ln(1 + b^2t^2)\mathrm{d}t \tag{5.6.16}$$

一阶绝热不变量式 (5.6.7) 给出

$$I_1 = a^3 + \varepsilon\left[\frac{1}{2}(a^3)^2 + \frac{1}{2}(a^4)^2 - a^2 - \frac{1}{2b}\int \ln(1 + b^2t^2)\mathrm{d}t\right] \tag{5.6.17}$$

5.7 广义 Birkhoff 系统的积分不变量

本节讨论广义 Birkhoff 系统的积分不变量, 包括系统存在积分不变量的条件, 以及由此条件导出的线性积分不变量和通用积分不变量等.

5.7.1 系统存在积分不变量的条件

Poincaré 提出的积分不变量 [8], 在天体力学、统计物理、量子力学, 以及微分方程的定性理论中都有重要的应用. 通常讨论 Hamilton 系统的积分不变量, 如专著 [9]. 专著 [5] 讨论了 Birkhoff 系统的积分不变量. 一般说来, 广义 Birkhoff 系统没有积分不变量. 下面讨论一类特殊的广义 Birkhoff 系统. 假设, 广义 Birkhoff 方程中附加项 Λ_μ 满足条件

$$\delta W = \Lambda_\mu \delta a^\mu \tag{5.7.1}$$

此时引进 Pfaff 作用量

$$A = \int_{t_0}^{t_1} (R_\mu \dot a^\mu - B + W)\mathrm{d}t \tag{5.7.2}$$

便可讨论广义 Birkhoff 系统的积分不变量.

5.7.2 系统的线性积分不变量

现在计算作用量 (5.7.2) 的全变分, 类似于文献 [9] 中的结果, 得到 [10]

$$\Delta A = \int_{t_0(\alpha)}^{t_1(\alpha)} \left\{ \frac{\mathrm{d}}{\mathrm{d}t} \left[(R_\mu \dot{a}^\mu - B + W)\Delta t + R_\mu \delta a^\mu \right] \right.$$
$$\left. + \left[\left(\frac{\partial R_\nu}{\partial a^\mu} - \frac{\partial R_\mu}{\partial a^\nu} \right) \dot{a}^\nu - \frac{\partial B}{\partial a^\mu} - \frac{\partial R_\mu}{\partial t} + \frac{\partial W}{\partial a^\mu} \right] \delta a^\mu \right\} \mathrm{d}t \qquad (5.7.3)$$

利用全变分和等时变分的关系

$$\delta a^\mu = \Delta a^\mu - \dot{a}^\mu \Delta t \qquad (5.7.4)$$

以及广义 Birkhoff 方程, 式 (5.7.3) 可写成形式

$$\Delta A = \int_{t_0(\alpha)}^{t_1(\alpha)} \frac{\mathrm{d}}{\mathrm{d}t} (R_\mu \Delta a^\mu - B\Delta t + W\Delta t)\mathrm{d}t$$
$$= R_\mu^1 \Delta a^{\mu 1} - R_\mu^0 \Delta a^{\mu 0} + (W^1 - B^1)\Delta t_1 - (W^0 - B^0)\Delta t_0 \qquad (5.7.5)$$

在任意 α 下, 按式 (5.7.5), 有

$$\Delta A = A'(\alpha)\Delta \alpha = (R_\mu \Delta a^\mu - B\Delta t + W\Delta t)|_0^1$$

将其对 α 由 0 到 α_0 积分, 得

$$0 = A(\alpha_0) - A(0)$$
$$= \int_0^{\alpha_0} (R_\mu^1 \Delta a^{\mu 1} - B^1\Delta t_1 + W^1\Delta t_1) - \int_0^{\alpha_0} (R_\mu^0 \Delta a^{\mu 0} - B^0\Delta t_0 + W^0\Delta t_0)$$
$$= \oint_{C_1} (R_\mu \Delta a^\mu - B\Delta t + W\Delta t) - \oint_{C_0} (R_\mu \Delta a^\mu - B\Delta t + W\Delta t) \qquad (5.7.6)$$

考虑到, 真实管形轨道上初始轮廓 C_0 和终了轮廓 C_1 完全任意选取, 得知, 在真实管形轨道选取的任意轮廓 C 上的积分, 在轮廓沿管移动时, 不改变其值, 即

$$I = \oint_C (R_\mu \Delta a^\mu - B\Delta t + W\Delta t) = \mathrm{inv}. \qquad (5.7.7)$$

这个积分称为广义 Birkhoff 系统的线性积分不变量 [10].

当 $\Lambda_\mu = 0(\mu = 1, 2, \cdots, 2n)$ 时, 式 (5.7.7) 给出

$$I = \oint_C (R_\mu \Delta a^\mu - B\Delta t) = \mathrm{inv}. \qquad (5.7.8)$$

这个积分是 Birkhoff 系统的线性积分不变量. 式 (5.7.8) 已由文献 [5] 给出. 对 Hamilton 系统, 式 (5.7.8) 成为 Poincaré-Cartan 积分不变量.

5.7.3 系统的通用积分不变量

研究一力学系统, 其在任何时刻 t 的状态由 $2n$ 维动力学空间 $\{a\}$ 中的代表点的位置来确定, 并设代表点的坐标按广义 Birkhoff 方程来改变. 设在时刻 t_0 代表点 $M(a^0)$ 在其上的曲线 C_0 是闭曲线. 在此曲线上的每个点在动力学空间中确定相应的轨道, 而所有曲线就是管形轨道. 研究时刻 t 的曲线 C_t, 闭曲线 C_0 和 C_t 是同时状态曲线. 由条件 (5.7.8) 取 $\Delta t = 0$, 得到

$$\oint_{C_0} R_\mu \delta a^\mu = \oint_{C_t} R_\mu \delta a^\mu \tag{5.7.9}$$

这意味着, 在动力学空间中沿同时状态闭曲线选取的积分

$$I_1 = \oint_C R_\mu \delta a^\mu \tag{5.7.10}$$

在此曲线沿管形轨管移动时保持其值. 积分 (5.7.10) 称为广义 Birkhoff 系统的通用积分不变量. 它与 Birkhoff 系统的通用积分不变量有同样的形式.

5.7.4 系统的二阶绝对积分不变量

由积分 I_1 利用 Stokes 定理容易导出二阶绝对积分不变量. 因为

$$I_1 = \oint_C R_\mu \delta a^\mu = \oint \delta(R_\mu a^\mu) - \oint a^\mu \delta R_\mu$$
$$= -\oint a^\mu \delta R_\mu$$

于是有

$$I_1 = \frac{1}{2} \oint_C (R_\mu \delta a^\mu - a^\mu \delta R_\mu)$$
$$= \frac{1}{2} \oint_C \left(R_\mu \delta a^\mu - a^\mu \frac{\partial R_\mu}{\partial a^\nu} \delta a^\nu \right) \tag{5.7.11}$$

Stokes 定理有形式

$$\oint_C F_x(x, y)\mathrm{d}x + F_y(x, y)\mathrm{d}y = \iint_\sigma \left(\frac{\partial F_x}{\partial y} - \frac{\partial F_y}{\partial x} \right) \mathrm{d}x\mathrm{d}y \tag{5.7.12}$$

其中 σ 为闭轮廓限定的曲面. 利用式 (5.7.12), 则式 (5.7.11) 可表示为

$$I_2 = \frac{1}{2} \iint_\sigma \left(2\frac{\partial R_\mu}{\partial a^\nu} + \frac{\partial^2 R_\mu}{\partial a^\mu \partial a^\nu} \right) \delta a^\mu \delta a^\nu = \mathrm{inv}. \tag{5.7.13}$$

这就是广义 Birkhoff 系统的二阶绝对积分不变量 [10].

5.7.5　由积分生成积分不变量

如果广义 Birkhoff 系统有积分

$$F(t, \boldsymbol{a}) = \text{const.} \tag{5.7.14}$$

则表达式

$$\oint \frac{\partial F}{\partial a^\mu} \delta a^\mu \tag{5.7.15}$$

是系统的积分不变量.

例　单自由度线性阻尼系统的方程为

$$\ddot{q} + 2n\dot{q} + k^2 q = 0 \quad (k > n > 0) \tag{5.7.16}$$

试将其化为一个广义 Birkhoff 系统, 并研究其积分不变量.

令

$$a^1 = q, \quad a^2 = \dot{q}$$

则方程 (5.7.16) 表示为

$$\dot{a}^1 = a^2, \quad \dot{a}^2 = -2na^2 - k^2 a^1 \tag{5.7.17}$$

进一步表示为

$$\dot{a}^2 \exp(2nt) + 2na^2 \exp(2nt) = -k^2 a^1 \exp(2nt)$$

$$-\dot{a}^1 \exp(2nt) + a^2 \exp(2nt) = 0$$

将其化为一个广义 Birkhoff 系统, 有

$$R_1 = -a^2 \exp(2nt), \quad R_2 = 0, \quad B = -\frac{1}{2}(a^2)^2 \exp(2nt)$$

$$\Lambda_1 = k^2 a^1 \exp(2nt), \quad \Lambda_2 = 0$$

于是得

$$W = \frac{1}{2} k^2 (a^1)^2 \exp(2nt) \tag{5.7.18}$$

线性积分不变量式 (5.7.7) 给出

$$I = \oint \left\{ -a^2 \exp(2nt)\Delta a^1 + \frac{1}{2}(a^2)^2 \exp(2nt)\Delta t + \frac{1}{2} k^2 (a^1)^2 \exp(2nt)\Delta t \right\} \tag{5.7.19}$$

而通用积分不变量式 (5.5.10) 给出

$$I_1 = \oint \left[-a^2 \exp(2nt) \right] \delta a^1 = \text{inv.} \tag{5.7.20}$$

下面具体计算 I_1. 方程 (5.7.17) 的解表示为

$$
\begin{aligned}
a^1 &= [C_1 \sin(\omega t) + C_2 \cos(\omega t)] \exp(-nt) \\
a^2 &= \{C_1[\omega \cos(\omega t) - n \sin(\omega t)] - C_2[\omega \sin(\omega t) + n \cos(\omega t)]\} \exp(-nt)
\end{aligned}
\tag{5.7.21}
$$

其中

$$
\omega = (k^2 - n^2)^{1/2}
$$

取参数

$$
C_1 = \rho_0 \cos \alpha, \quad C_2 = b\rho_0 \sin \alpha
\tag{5.7.22}
$$

其中 ρ_0, b 为常数, α 由 0 到 2π. 做计算, 有

$$
\begin{aligned}
\delta a^1 &= [\delta C_1 \sin(\omega t) + \delta C_2 \cos(\omega t)] \exp(-nt) \\
&= \rho_0[-\sin \alpha \sin(\omega t) + b \cos \alpha \cos(\omega t)]\delta \alpha \exp(-nt)
\end{aligned}
$$

$$
\begin{aligned}
\int -a^2 \exp(2nt)\delta a^1 = \rho_0^2 \int_0^{2\pi} \{&[\omega \cos(\omega t) - n \sin(\omega t)] \cos \alpha \sin \alpha \cos(\omega t) \\
&- b \cos^2 \alpha \cos(\omega t)[\omega \cos(\omega t) - n \sin(\omega t)] \\
&- b \sin^2 \alpha \cos(\omega t)[\omega \sin(\omega t) + n \cos(\omega t)] \\
&+ b^2 \sin \alpha \cos \alpha \cos(\omega t)[\omega \sin(\omega t) + n \cos(\omega t)]\} \, d\alpha \\
= -&\rho_0^2 b\omega\pi
\end{aligned}
\tag{5.7.23}
$$

由 I_1 可求得二阶绝对积分不变量

$$
I_2 = \frac{1}{2} \iint_\sigma 2\frac{\partial R_1}{\partial a^2}\delta a^1 \delta a^2 = \iint_\sigma -\exp(2nt)\delta a^1 \delta a^2
\tag{5.7.24}
$$

5.8 广义 Birkhoff 系统的无限小正则变换与积分

动力学的变换理论是分析动力学的重要组成部分, 其中正则变换以及无限小正则变换尤为重要. 专著 [11] 研究了 Hamilton 系统的变换理论, 专著 [5, 12, 13] 研究了 Birkhoff 系统的变换理论. 专著 [5] 还研究了 Birkhoff 系统的无限小正则变换与系统的运动常数. 本节研究一类广义 Birkhoff 系统的无限小正则变换与系统的积分, 包括系统的运动微分方程、Birkhoff 系统的无限小正则变换与积分, 以及广义 Birkhoff 系统的无限小正则变换与积分.

5.8.1　系统的运动微分方程

广义 Birkhoff 系统的微分方程有形式

$$\Omega_{\mu\nu}\dot{a}^{\nu} - \frac{\partial B}{\partial a^{\mu}} - \frac{\partial R_{\mu}}{\partial t} + \Lambda_{\mu} = 0 \quad (\mu, \nu = 1, 2, \cdots, 2n) \tag{5.8.1}$$

其中

$$\Omega_{\mu\nu} = \frac{\partial R_{\nu}}{\partial a^{\mu}} - \frac{\partial R_{\mu}}{\partial a^{\nu}} \tag{5.8.2}$$

下面研究一类特殊的广义 Birkhoff 系统. 假设存在函数 $W = W(t, \boldsymbol{a})$, 使得附加项 Λ_{μ} 可表示为

$$\Lambda_{\mu} = \frac{\partial W}{\partial a^{\mu}} \quad (\mu = 1, 2, \cdots, 2n) \tag{5.8.3}$$

引入函数

$$\widetilde{B}(t, \boldsymbol{a}) = B(t, \boldsymbol{a}) - W(t, \boldsymbol{a}) \tag{5.8.4}$$

则方程 (5.8.1) 可表示为

$$\Omega_{\mu\nu}\dot{a}^{\nu} - \frac{\partial \widetilde{B}}{\partial a^{\mu}} - \frac{\partial R_{\mu}}{\partial t} = 0 \quad (\mu, \nu = 1, 2, \cdots, 2n) \tag{5.8.5}$$

这类广义 Birkhoff 方程有 Birkhoff 方程的形式.

5.8.2　Birkhoff 系统的无限小正则变换与积分

变换

$$t^{*} = t, \quad a^{\mu *} = a^{\mu}(t, \boldsymbol{a}) \tag{5.8.6}$$

是 Birkhoff 系统正则变换的条件表示为

$$R_{\mu}(t, \boldsymbol{a})\mathrm{d}a^{\mu} - B(t, \boldsymbol{a})\mathrm{d}t - R_{\mu}^{*}(t, \boldsymbol{a}^{*})\mathrm{d}a^{\mu *} + B^{*}(t, \boldsymbol{a}^{*}) = \mathrm{d}\Phi \tag{5.8.7}$$

文献 [5] 证明, 对 Birkhoff 系统的无限小变换

$$t^{*} = t, \quad a^{\mu *} = a^{\mu} + \varepsilon\xi_{\mu}(t, \boldsymbol{a}) \tag{5.8.8}$$

是完全接触变换 $(B^{*} = B)$, 有形式

$$a^{\mu *} = a^{\mu} + \varepsilon\Omega^{\mu\nu}\frac{\partial\varphi}{\partial a^{\nu}} \tag{5.8.9}$$

其中

$$\Omega^{\mu\nu}\Omega_{\nu\rho} = \delta_{\rho}^{\mu}$$

而 φ 满足

$$\Omega_{\mu\nu}\xi_{\nu}\delta a^{\mu} = \frac{\partial\varphi}{\partial a^{\mu}}\delta a^{\mu} \tag{5.8.10}$$

由此得到无限小生成元

$$\xi_\mu = \Omega^{\mu\nu} \frac{\partial \varphi}{\partial a^\nu} \tag{5.8.11}$$

文献 [5] 给出如下定理

定理 如果无限小正则变换 (5.8.9) 是 Birkhoff 系统的 Lie 对称变换, 则表达式

$$\varphi - \int C(\tau) \mathrm{d}\tau = \mathrm{const.} \tag{5.8.12}$$

是系统的第一积分, 这里

$$C(t) = \frac{\partial \varphi}{\partial t} \tag{5.8.13}$$

5.8.3 系统的无限小正则变换与积分

文献 [5] 的上述定理可推广并应用于广义 Birkhoff 系统 (5.8.5), 有如下结果

命题 如果无限小变换 (5.8.8) 的生成元 ξ_μ 是广义 Birkhoff 系统 (5.8.5) 的 Lie 对称性生成元, 则系统有积分

$$\varphi - \int C(\tau) \mathrm{d}\tau = \mathrm{const.} \tag{5.8.14}$$

其中

$$C(t) = \frac{\mathrm{d}\varphi}{\mathrm{d}t} \tag{5.8.15}$$

而

$$\xi_\mu = \Omega^{\mu\nu} \frac{\partial \varphi}{\partial a^\nu} \tag{5.8.16}$$

为按上述结果研究广义 Birkhoff 系统的无限小正则变换与积分, 首先, 需将方程 (5.8.5) 表示为显式

$$\dot{a}^\mu = \sigma_\mu(t, \boldsymbol{a}) \quad (\mu = 1, 2, \cdots, 2n) \tag{5.8.17}$$

其中

$$\sigma_\mu = \Omega^{\mu\nu} \left(\frac{\partial \widetilde{B}}{\partial a^\nu} + \frac{\partial R_\nu}{\partial t} \right) \tag{5.8.18}$$

方程 (5.8.17) 的 Lie 对称性确定方程为

$$\dot{\xi}_\mu = \frac{\partial \sigma_\mu}{\partial a^\nu} \xi_\nu \quad (\mu, \nu = 1, 2, \cdots, 2n) \tag{5.8.19}$$

由方程 (5.8.19) 可求得生成元 ξ_μ. 其次, 将所得 ξ_μ 代入式 (5.8.16) 而求得 φ. 最后, 按式 (5.8.14) ,(5.8.15) 求得积分. 值得注意的是, 函数 $C(t)$ 中的 $\dot{a}^\mu$ 需用方程替代.

例　四阶广义 Birkhoff 系统为

$$R_1 = (a^3)^2, \quad R_2 = a^4, \quad R_3 = R_4 = 0, \quad B = \frac{1}{2}(a^3)^2 + \frac{1}{2}(a^4)^2$$
$$\Lambda_1 = \Lambda_2 = 0, \quad \Lambda_3 = \frac{1}{b}\arctan(bt), \quad \Lambda_4 = \frac{1}{2b}\ln(1 + b^2t^2) \tag{5.8.20}$$

其中 b 为常数, 试研究系统的无限小正则变换与积分.

利用式 (5.8.3) 可求得函数 W, 有

$$W = \frac{1}{b}a^3\arctan(bt) + \frac{a^4}{2b}\ln(1 + b^2t^2)$$

式 (5.8.4) 给出

$$\widetilde{B} = \frac{1}{2}(a^3)^2 + \frac{1}{2}(a^4)^2 - \frac{1}{b}a^3\arctan(bt) - \frac{1}{2b}a^4\ln(1 + b^2t^2)$$

方程 (5.8.5) 给出

$$-\dot{a}^3 = 0, \quad -\dot{a}^4 = 0$$
$$\dot{a}^1 - a^3 + \frac{1}{b}\arctan(bt) = 0$$
$$\dot{a}^2 - a^4 + \frac{1}{2b}\ln(1 + b^2t^2) = 0$$

由式 (5.8.20) 知

$$(\Omega_{\mu\nu}) = \begin{pmatrix} 0 & 0 & -1 & 0 \\ 0 & 0 & 0 & -1 \\ 1 & 0 & 0 & 0 \\ 0 & 1 & 0 & 0 \end{pmatrix}$$
$$(\Omega^{\mu\nu}) = \begin{pmatrix} 0 & 0 & 1 & 0 \\ 0 & 0 & 0 & 1 \\ -1 & 0 & 0 & 0 \\ 0 & -1 & 0 & 0 \end{pmatrix}$$

方程 (5.8.19) 给出

$$\dot{\xi}_1 = \xi_3, \quad \dot{\xi}_2 = \xi_4, \quad \dot{\xi}_3 = 0, \quad \dot{\xi}_4 = 0$$

它有如下解

$$\xi_1 = 1, \quad \xi_2 = \xi_3 = \xi_4 = 0 \tag{5.8.21}$$
$$\xi_2 = 1, \quad \xi_1 = \xi_3 = \xi_4 = 0 \tag{5.8.22}$$
$$\xi_1 = -t, \quad \xi_2 = 0, \quad \xi_3 = -1, \quad \xi_4 = 0 \tag{5.8.23}$$
$$\xi_1 = 0, \quad \xi_2 = -t, \quad \xi_3 = 0, \quad \xi_4 = -1 \tag{5.8.24}$$

将式 (5.8.21) 代入式 (5.8.16), 得

$$\frac{\partial \varphi}{\partial a^3} = 1, \quad \frac{\partial \varphi}{\partial a^1} = 0, \quad \frac{\partial \varphi}{\partial a^2} = 0, \quad \frac{\partial \varphi}{\partial a^4} = 0$$

由此得

$$\varphi = a^3 + f(t)$$

将其代入式 (5.8.14), 得到积分

$$a^3 = \text{const.} \tag{5.8.25}$$

类似地, 由式 (5.8.22) 得到积分

$$a^4 = \text{const.} \tag{5.8.26}$$

将式 (5.8.23) 代入式 (5.8.16), 得

$$\frac{\partial \varphi}{\partial a^1} = 1, \quad \frac{\partial \varphi}{\partial a^2} = 0, \quad \frac{\partial \varphi}{\partial a^3} = -t, \quad \frac{\partial \varphi}{\partial a^4} = 0$$

由此得

$$\varphi = a^1 - a^3 t + g(t)$$

将其代入式 (5.8.14), 得到积分

$$a^1 - a^3 t + \frac{1}{b} \int \arctan(bt) \mathrm{d}t = \text{const.} \tag{5.8.27}$$

类似地, 由式 (5.8.24) 得到积分

$$a^2 - a^4 t + \frac{1}{2b} \int \ln(1 + b^2 t^2) \mathrm{d}t = \text{const.} \tag{5.8.28}$$

由以上四个积分式 (5.8.25)$\sim$ 式 (5.8.28) 便得到系统的解.

参 考 文 献

[1] 梅凤翔, 水小平. Lagrange 系统的弱 Noether 对称性. 北京理工大学学报, 2006, 26(4): 285–287

[2] Xie J F, Gang T Q, Mei F X. Hojman conserved quantity deduced by weak Noether symmetry for Lagrange systems. Chin. Phys., 2008, 17(2): 390–393

[3] Mei F X. The Noether's theory of Birkhoffian systems. Science in China, Serie A, 1993, 36(12): 1456–1467

[4] Mei F X, Gang T Q, Xie J F. A symmetry and conserved quantity for the Birkhoff system. Chin. Phys, 2006, 15(8): 1678–1681

[5] Галиуллин А С, Гафаров Г Г, Малайшка Р П, Хван А М. Аналитическа я Динамика Систем Гельмтольца, Биркгофа, Намбу. Москва: РЖУФН, 1997

[6] Mei F X, Xie J F, Gang T Q. A conformal invariance for generalized Birkhoff equations. Acta Mech. Sin., 2008, 24: 583–585

[7] 陈向炜. Birkhoff 系统的全局分析. 开封: 河南大学出版社, 2002

[8] Poincaré H. Les Méthodes Nouvelles de la Mécanique Céleste. Paris: Gauthier-Vilars, 1895

[9] 梅凤翔, 刘端, 罗勇. 高等分析力学. 北京: 北京理工大学出版社, 1991

[10] 梅凤翔, 蔡建乐. 广义 Birkhoff 系统的积分不变量. 物理学报, 2008, 57(8): 4657–4659

[11] Whittaker E T. A Treatise on the Analytical Dynamics of Particles and Rigid Bodies. Fourth Edition. Cambridge: Cambridge Univ. Press, 1937

[12] Santilli R M. Foundations of Theoretical Mechanics II. NewYork: Springer-Verlag, 1983

[13] 梅凤翔, 史荣昌, 张永发, 吴惠彬. Birkhoff 系统动力学. 北京: 北京理工大学出版社, 1996

第6章 广义 Birkhoff 系统的积分方法 Ⅳ

本章研究广义 Birkhoff 系统的场积分方法、势积分方法, 以及 Jacobi 最终乘子法对广义 Birkhoff 系统的应用. 场积分方法和势积分方法, 最初是力学中的积分方法, 后来发展到求解一般的常微分方程. 这两种方法都是将常微分方程的求解问题归为求某个偏微分方程的完全积分.

6.1 广义 Birkhoff 系统的场积分方法

南斯拉夫学者 Vujanović 在 1984 年提出的场积分方法, 主要用于研究非保守系统, 特别是振动系统的积分 [1]. 文献 [2-4] 将场积分方法推广并应用于非完整系统的积分. 文献 [5] 研究了 Birkhoff 系统的场积分方法. 文献 [6] 研究了弱非完整系统的场积分方法. 本节研究广义 Birkhoff 系统的场积分方法, 包括场积分方法的一般结果、广义 Birkhoff 方程的场积分方法, 以及对几个典例问题的应用.

6.1.1 场积分方法

研究一阶常微分方程组

$$\dot{x}_\mu = f_\mu(t, x_\nu) \quad (\mu, \nu = 1, 2, \cdots, 2n) \tag{6.1.1}$$

将一个变量, 例如 x_1, 表示为其余变量 x_α ($\alpha = 2, 3, \cdots, 2n$) 和时间 t 的函数

$$x_1 = u(t, x_\alpha) \tag{6.1.2}$$

基本偏微分方程为

$$\frac{\partial u}{\partial t} + \frac{\partial u}{\partial x_\alpha} f_\alpha(t, u, x_\beta) - f_1(t, u, x_\beta) = 0 \quad (\alpha, \beta = 2, 3, \cdots, 2n) \tag{6.1.3}$$

假设可找到它的完全积分

$$x_1 = u(t, x_\alpha, C_\mu) \tag{6.1.4}$$

初始条件为

$$x_\mu(0) = x_{\mu 0} \tag{6.1.5}$$

将式 (6.1.5) 代入式 (6.1.4), 可将一个常数, 例如 C_1, 表示为其余常数 C_α 和初始常数 $x_{\mu 0}$ 的函数, 则有

$$x_1 = u(t, x_\alpha, C_\alpha, x_{\mu 0}) \tag{6.1.6}$$

根据场方法, 常微分方程 (6.1.1) 在初始条件 (6.1.5) 下的解, 由以下 $(2n-1)$ 个代数方程

$$\frac{\partial u}{\partial C_\alpha} = 0 \quad (\alpha = 2, 3, \cdots 2n) \tag{6.1.7}$$

和式 (6.1.6) 给出.

　　利用场方法的主要困难在于求基本偏微分方程的完全积分. 只要能找到完全积分, 只需解代数方程 (6.1.7) 便可求得常微分方程初值问题的解. 场积分方法有通用性, 对微分方程未加过多限制. 场积分方法有灵活性, 可适当选取 x_μ 使得基本偏微分方程 (6.1.3) 容易求解.

6.1.2　广义 Birkhoff 方程的场积分方法

　　广义 Birkhoff 方程写成形式

$$\dot{a}^\mu = \Omega^{\mu\nu} \left(\frac{\partial B}{\partial a^\nu} + \frac{\partial R_\nu}{\partial t} - \Lambda_\nu \right) \quad (\mu, \nu = 1, 2, \cdots, 2n) \tag{6.1.8}$$

令

$$x_\mu = a^\mu, \quad f_\mu = \Omega^{\mu\nu} \left(\frac{\partial B}{\partial a^\nu} + \frac{\partial R_\nu}{\partial t} - \Lambda_\nu \right) \tag{6.1.9}$$

则方程 (6.1.8) 表示为形式 (6.1.1). 这样, 就可利用场积分方法来研究广义 Birkhoff 系统的积分. 关键在于选择较好的 x_μ, 使得建立的基本偏微分方程易于求解.

　　例 1　四阶广义 Birkhoff 系统为

$$\begin{aligned} &R_1 = a^3, \quad R_2 = a^4, \quad R_3 = R_4 = 0, \quad B = 0 \\ &\Lambda_1 = -a^4, \quad \Lambda_2 = -a^2, \quad \Lambda_3 = -a^3, \quad \Lambda_4 = -a^4 \end{aligned} \tag{6.1.10}$$

试用场积分方法求其解.

　　广义 Birkhoff 方程 (2.1.11) 给出

$$-\dot{a}^3 = a^4, \quad -\dot{a}^4 = a^2, \quad \dot{a}^1 = a^3, \quad \dot{a}^2 = a^4$$

令

$$x_1 = a^1, \quad x_2 = a^2, \quad x_3 = a^3, \quad x_4 = a^4$$

则方程表示为

$$\dot{x}_1 = x_3, \quad \dot{x}_2 = x_4, \quad \dot{x}_3 = -x_4, \quad \dot{x}_4 = -x_2$$

令

$$x_1 = u(t, x_2, x_3, x_4)$$

则基本偏微分方程 (6.1.3) 给出

$$\frac{\partial u}{\partial t} + \frac{\partial u}{\partial x_2} x_4 + \frac{\partial u}{\partial x_3}(-x_4) + \frac{\partial u}{\partial x_4}(-x_2) - x_3 = 0$$

令其完全积分有形式

$$x_1 = u = f_0(t) + f_2(t)x_2 + f_3(t)x_3 + f_4(t)x_4$$

其中 f_0, f_2, f_3, f_4 为待定函数. 将其代入基本偏微分方程, 分出自由项, 含 x_2, x_3 和 x_4 的项, 并取为零, 得

$$\dot{f}_0 = 0, \quad \dot{f}_2 - f_4 = 0$$
$$\dot{f}_3 - 1 = 0, \quad \dot{f}_4 + f_2 - f_3 = 0$$

积分得

$$f_0 = C_0, \quad f_3 = t + C_3, \quad f_2 = C_2 \cos t + C_4 \sin t + t + C_3$$
$$f_4 = -C_2 \sin t + C_4 \cos t + 1$$

于是有

$$x_1 = u = C_0 + (C_2 \cos t + C_4 \sin t + t + C_3)x_2$$
$$+ (t + C_3)x_3 + (-C_2 \sin t + C_4 \cos t + 1)x_4$$

假设初始条件为

$$t = 0, \quad x_\mu(0) = x_{\mu 0} \quad (\mu = 1, 2, 3, 4)$$

将其代入 μ, 并解出常数 C_0, 有

$$C_0 = x_{10} - (C_2 + C_3)x_{20} - C_3 x_{30} - (C_4 + 1)x_{40}$$

于是

$$x_1 = u = x_{10} - (C_2 + C_3)x_{20} - C_3 x_{30} - (C_4 + 1)x_{40}$$
$$+ (C_2 \cos t + C_4 \sin t + t + C_3)x_2 + (t + C_3)x_3$$
$$+ (-C_2 \sin t + C_4 \cos t + 1)x_4$$

式 (6.1.7) 给出

$$0 = \frac{\partial u}{\partial C_2} = -x_{20} + x_2 \cos t - x_4 \sin t$$

$$0 = \frac{\partial u}{\partial C_3} = -x_{20} - x_{30} + x_2 + x_3$$

$$0 = \frac{\partial u}{\partial C_4} = -x_{40} + x_2 \sin t + x_4 \cos t$$

由此以及 u 的表达式, 得到

$$x_1 = (x_{20} + x_{30})t - x_{20}\sin t + x_{40}\cos t + x_{10} - x_{40}$$

$$x_2 = x_{20}\cos t + x_{40}\sin t$$

$$x_3 = x_{20} + x_{30} - x_{20}\cos t - x_{40}\sin t$$

$$x_4 = x_{40}\cos t - x_{20}\sin t$$

这就是方程初值问题的解.

例 2　四阶广义 Birkhoff 系统为

$$R_1 = a^3, \quad R_2 = a^4, \quad R_3 = R_4 = 0$$

$$B = \frac{1}{2}\left[a^3 - \frac{1}{b}\arctan(bt)\right]^2 \tag{6.1.11}$$

$$\varLambda_1 = \varLambda_2 = \varLambda_3 = 0 \quad \varLambda_4 = -a^4 + \frac{1}{2b}\ln(1 + b^2 t^2)$$

试用场积分方法求其解.

广义 Birkhoff 方程 (2.1.11) 给出

$$-\dot{a}^3 = 0, \quad -\dot{a}^4 = 0$$

$$\dot{a}^1 - a^3 + \frac{1}{b}\arctan(bt) = 0, \quad \dot{a}^2 = a^4 - \frac{1}{2b}\ln(1 + b^2 t^2)$$

令

$$x_\mu = a^\mu \quad (\mu = 1, 2, 3, 4)$$

则方程表示为

$$\dot{x}_1 = x_3 - \frac{1}{b}\arctan(bt), \quad \dot{x}_2 = x_4 - \frac{1}{2b}\ln(1 + b^2 t^2)$$

$$\dot{x}_3 = 0, \quad \dot{x}_4 = 0$$

令

$$x_1 = u(t, x_2, x_3, x_4)$$

则基本偏微分方程 (6.1.3) 给出

$$\frac{\partial u}{\partial t} + \frac{\partial u}{\partial x_2}\left[x_4 - \frac{1}{2b}\ln(1 + b^2 t^2)\right] - x_3 + \frac{1}{b}\arctan(bt) = 0$$

令其完全积分有形式

$$x_1 = u = f_1(t) + f_2(t)x_2 + f_3(t)x_3 + f_4(t)x_4$$

将其代入基本偏微分方程, 分出自由项, 以及含 x_2, x_3 和 x_4 的项, 并取为零, 得到

$$\dot{f}_1 - \frac{f_2}{b}\ln(1 + b^2t^2) + \frac{1}{b}\arctan(bt) = 0$$

$$\dot{f}_2 = 0, \quad \dot{f}_3 - 1 = 0, \quad \dot{f}_4 + f_2 = 0$$

积分得

$$f_1 = C_1 - \frac{1}{b}\left[t\arctan(bt) - \frac{1}{2b}\ln(1 + b^2t^2)\right] + \frac{C_2}{2b}\int \ln(1 + b^2t^2)\mathrm{d}t$$

$$f_2 = C_2, \quad f_3 = C_3 + t, \quad f_4 = C_4 - C_2t$$

于是有

$$x_1 = u = C_1 - \frac{1}{b}\left[t\arctan(bt) - \frac{1}{2b}\ln(1 + b^2t^2)\right] + \frac{C_2}{2b}\int \ln(1 + b^2t^2)\mathrm{d}t$$

$$+ C_2x_2 + (C_3 + t)x_3 + (C_4 - C_2t)x_4$$

令初始条件为

$$x_\mu(0) = x_{\mu 0} \quad (\mu = 1, 2, 3, 4)$$

将其代入 μ 的表达式, 并解出 C_1, 得

$$C_1 = x_{10} - C_2x_{20} - C_3x_{30} - C_4x_{40}$$

于是有

$$x_1 = u = x_{10} - C_2x_{20} - C_3x_{30} - C_4x_{40} - \frac{1}{b}\left[t\arctan(bt) - \frac{1}{2b}\ln(1 + b^2t^2)\right]$$

$$+ \frac{C_2}{2b}\int \ln(1 + b^2t^2)\mathrm{d}t + C_2x_2 + (C_3 + t)x_3 + (C_4 - C_2t)x_4$$

式 (6.1.7) 给出

$$0 = \frac{\partial u}{\partial C_2} = -x_{20} + \frac{1}{2b}\int \ln(1 + b^2t^2)\mathrm{d}t + x_2 - tx_4$$

$$0 = \frac{\partial u}{\partial C_3} = -x_{30} + x_3$$

$$0 = \frac{\partial u}{\partial C_4} = -x_{40} + x_4$$

由此解得

$$x_2 = x_{20} + tx_{40} - \frac{1}{2b} \int \ln(1 + b^2 t^2)\mathrm{d}t$$

$$x_3 = x_{30}$$

$$x_4 = x_{40}$$

将其代入 u, 得

$$x_1 = u = x_{10} - \frac{1}{b}\left[t\arctan(bt) - \frac{1}{2b}\ln(1 + b^2 t^2)\right] + tx_{30}$$

例 3　四阶广义 Birkhoff 系统为

$$R_1 = a^3, \quad R_2 = a^4, \quad R_3 = R_4 = 0, \quad B = \frac{1}{2}(a^3)^2 + \frac{1}{2}(a^4)^2 \tag{6.1.12}$$
$$\Lambda_1 = a^1, \quad \Lambda_2 = a^3, \quad \Lambda_3 = \Lambda_4 = 0$$

试用场积分方法求其解.

广义 Birkhoff 方程 (2.1.11) 给出

$$-\dot{a}^3 = -a^1, \quad -\dot{a}^4 = -a^3, \quad \dot{a}^1 - a^3 = 0, \quad \dot{a}^2 - a^4 = 0$$

令

$$x_\mu = a^\mu \quad (\mu = 1, 2, 3, 4)$$

则方程表示为

$$\dot{x}_1 = x_3, \quad \dot{x}_2 = x_4, \quad \dot{x}_3 = x_1, \quad \dot{x}_4 = x_3$$

令

$$x_2 = u(t, x_1, x_3, x_4)$$

基本偏微分方程 (6.1.3) 给出

$$\frac{\partial u}{\partial t} + \frac{\partial u}{\partial x_1}x_3 + \frac{\partial u}{\partial x_3}x_1 + \frac{\partial u}{\partial x_4}x_3 - x_4 = 0$$

设其完全积分为

$$x_2 = u = f_0(t) + f_1(t)x_1 + f_3(t)x_3 + f_4(t)x_4$$

将其代入基本偏微分方程, 分出自由项, 以及含 x_1, x_3 和 x_4 的项, 并取为零, 得到

$$\dot{f}_0 = 0, \quad \dot{f}_1 + f_3 = 0, \quad \dot{f}_3 + f_1 + f_4 = 0, \quad \dot{f}_4 - 1 = 0$$

积分得

$$f_0 = C_0, \quad f_1 = C_1 \exp(t) + C_3 \exp(-t) - C_4 - t$$
$$f_3 = -C_1 \exp(t) + C_3 \exp(-t) + 1, \quad f_4 = C_4 + t$$

代入 u 中, 得

$$x_2 = u = C_0 + [C_1 \exp(t) + C_3 \exp(-t) - C_4 - t] x_1$$
$$+ [-C_1 \exp(t) + C_3 \exp(-t) + 1] x_3 + (C_4 + t) x_4$$

设初值为

$$x_\mu(0) = x_{\mu 0} \quad (\mu = 1, 2, 3, 4)$$

代入 u 中, 并将 C_0 用 $x_{\mu 0}$ 和 C_1, C_3, C_4 表示出, 得到

$$x_2 = u = x_{20} - (C_1 + C_3 - C_4) x_{10} - (-C_1 + C_3 + 1) x_{30} - C_4 x_{40}$$
$$+ [C_1 \exp(t) + C_3 \exp(-t) - C_4 - t] x_1$$
$$+ [-C_1 \exp(t) + C_3 \exp(-t) + 1] x_3 + (C_4 + t) x_4$$

方程 (6.1.7) 给出

$$\frac{\partial u}{\partial C_1} = 0, \quad \frac{\partial u}{\partial C_3} = 0, \quad \frac{\partial u}{\partial C_4} = 0$$

即

$$-x_{10} + x_{30} + x_1 \exp(t) - x_3 \exp(t) = 0$$
$$-x_{10} - x_{30} + x_1 \exp(-t) + x_3 \exp(-t) = 0$$
$$x_{10} - x_{40} - x_1 + x_4 = 0$$

由此解得

$$x_1 = \frac{1}{2}(x_{10} + x_{30}) \exp(t) + \frac{1}{2}(x_{10} - x_{30}) \exp(-t)$$
$$x_3 = \frac{1}{2}(x_{10} + x_{30}) \exp(t) - \frac{1}{2}(x_{10} - x_{30}) \exp(-t)$$
$$x_4 = x_{40} - x_{10} + \frac{1}{2}(x_{10} + x_{30}) \exp(t) + \frac{1}{2}(x_{10} - x_{30}) \exp(-t)$$

将其代入 u, 整理得

$$x_2 = x_{20} - x_{30} + t(x_{40} - x_{10}) + \frac{1}{2}(x_{10} + x_{30}) \exp(t) - \frac{1}{2}(x_{10} - x_{30}) \exp(-t)$$

注意到, 本问题就是著名的 Whittaker 方程.

6.2 广义 Birkhoff 系统的势积分方法

苏联学者Ардсаных在 1965 年提出了势积分方法 [7], 这个方法最初是用来研究力学系统的, 后来用于研究一般的常微分方程. 文献 [8] 将这个方法应用于完整系统和非完整系统的运动微分方程. 本节研究广义 Birkhoff 系统的势积分方法, 包括势积分方法的一般结果、广义 Birkhoff 方程的势积分方法及其应用.

6.2.1 势积分方法

研究一阶微分方程组

$$\dot{x}_i = F_i(t, x_j) \quad (i, j = 1, 2, \cdots, n) \tag{6.2.1}$$

的解. 势积分方法指出 [7,8], 方程 (6.2.1) 的解可表示为

$$x_i = \frac{\partial \psi}{\partial p_i} \tag{6.2.2}$$

其中 $\psi = \psi(t, p_i, a_i)$ 是一阶偏微分方程

$$\frac{\partial \psi}{\partial t} = p_j F_j \left(t, \frac{\partial \psi}{\partial p_i} \right) \tag{6.2.3}$$

的完全积分. 将式 (6.2.2) 表示为时间 t 的显式, 必须用其值代替 p_i, 可由下式找到

$$\frac{\partial \psi}{\partial a_i} = b_i \tag{6.2.4}$$

结果有

$$x_i = f_i(t, C_j) \tag{6.2.5}$$

其中

$$C_i = \omega_i(a_j, b_j) \tag{6.2.6}$$

这里 a_i, b_i, c_i 皆为常数.

应用势积分方法的主要困难在于求偏微分方程 (6.2.3) 的完全积分. 偏微分方程 (6.2.3) 可称为基本偏微分方程.

6.2.2 广义 Birkhoff 方程的势积分方法

令

$$x_i = a^i$$

则广义 Birkhoff 方程 (6.1.8) 可表示为形式

$$\dot{x}_i = F_i(t, x_j) \quad (i, j = 1, 2, \cdots, 2n) \tag{6.2.7}$$

其中

$$F_i = \Omega^{ij} \left(\frac{\partial B}{\partial a^j} + \frac{\partial R_j}{\partial t} - \Lambda_j \right) \tag{6.2.8}$$

这样就可建立基本偏微分方程 (6.2.3), 即

$$\frac{\partial \psi}{\partial t} = p_j F_j(t, \frac{\partial \psi}{\partial p_i}) \quad (i, j = 1, 2, \cdots, 2n) \tag{6.2.9}$$

然后, 可用势积分方法求解.

例 1 用势积分方法求解 6.1 节中的例 1.

对此问题, 基本偏微分方程 (6.2.9) 给出

$$\frac{\partial \psi}{\partial t} = p_1 \frac{\partial \psi}{\partial p_3} + p_2 \frac{\partial \psi}{\partial p_4} + p_3 \left(-\frac{\partial \psi}{\partial p_4} \right) + p_4 \left(-\frac{\partial \psi}{\partial p_2} \right)$$

可找到它的完全积分

$$\psi = a_1 p_1 + a_2 (p_3 + p_1 t) + a_3 [(p_1 + p_4)\cos t + (p_2 - p_3)\sin t]$$
$$+ a_4 [(p_1 + p_4)\sin t - (p_2 - p_3)\cos t]$$

式 (6.2.2) 给出

$$x_1 = \frac{\partial \psi}{\partial p_1} = a_1 + a_2 t + a_3 \cos t + a_4 \sin t$$

$$x_2 = \frac{\partial \psi}{\partial p_2} = a_3 \sin t - a_4 \cos t$$

$$x_3 = \frac{\partial \psi}{\partial p_3} = a_2 - a_3 \sin t + a_4 \cos t$$

$$x_4 = \frac{\partial \psi}{\partial p_4} = a_3 \cos t + a_4 \sin t$$

例 2 四阶广义 Birkhoff 系统为

$$R_1 = a^3, \quad R_2 = a^4, \quad R_3 = R_4 = 0, \quad B = \frac{1}{2}(a^3)^2 + \frac{1}{2}(a^4)^2$$
$$\Lambda_1 = a^1, \quad \Lambda_2 = a^3, \quad \Lambda_3 = \Lambda_4 = 0 \tag{6.2.10}$$

试用势积分方法求解.

广义 Birkhoff 方程有形式

$$-\dot{a}^3 = -a^1, \quad -\dot{a}^4 = -a^3, \quad \dot{a}^1 - a^3 = 0, \quad \dot{a}^2 - a^4 = 0$$

令

$$x_i = a^i \quad (i = 1, 2, 3, 4)$$

则方程表示为

$$\dot{x}_1 = x_3, \quad \dot{x}_2 = x_4, \quad \dot{x}_3 = x_1, \quad \dot{x}_4 = x_3$$

基本偏微分方程 (6.2.9) 给出

$$\frac{\partial \psi}{\partial t} = p_1 \frac{\partial \psi}{\partial p_3} + p_2 \frac{\partial \psi}{\partial p_4} + p_3 \frac{\partial \psi}{\partial p_1} + p_4 \frac{\partial \psi}{\partial p_3}$$

可找到它的完全积分

$$\psi = a_1(-p_1 + p_2 + p_3 - p_4)\exp(-t) + a_2 p_2$$
$$+ a_3(p_1 + p_2 + p_3 + p_4)\exp(t) + a_4(p_4 + p_2 t)$$

式 (6.2.2) 给出

$$x_1 = \frac{\partial \psi}{\partial p_1} = -a_1 \exp(-t) + a_3 \exp(t)$$

$$x_2 = \frac{\partial \psi}{\partial p_2} = a_1 \exp(-t) + a_2 + a_3 \exp(t) + a_4 t$$

$$x_3 = \frac{\partial \psi}{\partial p_3} = a_1 \exp(-t) + a_3 \exp(t)$$

$$x_4 = \frac{\partial \psi}{\partial p_4} = -a_1 \exp(-t) + a_3 \exp(t) + a_4$$

6.3　Jacobi 最终乘子法

Jacobi 最终乘子定理是一种积分方法, 它指出, 对 n 个一阶方程, 在已知 $(n-1)$ 个积分时, 可找到第 n 个积分, 于是可求得方程的解[9]. 文献 [10] 研究了 Birkhoff 系统的 Jacobi 最终乘子法. 本节研究广义 Birkhoff 系统的 Jacobi 最终乘子法, 包括 Jacobi 最终乘子的一般理论, 广义 Birkhoff 系统的最终乘子法及其应用.

6.3.1　最终乘子

令

$$\frac{\mathrm{d}x_1}{X_1} = \frac{\mathrm{d}x_2}{X_2} = \cdots = \frac{\mathrm{d}x_n}{X_n} = \frac{\mathrm{d}x}{X} \tag{6.3.1}$$

为一给定的方程组, 其中 $X_1, X_2, \cdots, X_n$ 和 X 是变量 $x_1, x_2, \cdots, x_n, x$ 的函数. 假设已知方程组 (6.3.1) 的 $(n-1)$ 个积分

$$f_r(x_1, x_2, \cdots, x_n, x) = C_r \quad (r = 1, 2, \cdots, n-1) \tag{6.3.2}$$

并设由式 (6.3.2) 可将 $x_1, x_2, \cdots, x_{n-1}$ 表示为 x_n 和 x 的函数, 那么方程组 (6.3.1) 成为

$$\frac{\mathrm{d}x_n}{X_n'} = \frac{\mathrm{d}x}{X'} \tag{6.3.3}$$

其中 "$'$" 表示 X_n 和 X 中的 $x_1, x_2, \cdots, x_n$ 已用 x_n 和 x 表示出. 可以证明如下结论

命题 1[9]　方程组 (6.3.1) 的积分是

$$\int \frac{M'}{\Delta'} (X'\mathrm{d}x_n - X_n'\mathrm{d}x) = \text{const.} \tag{6.3.4}$$

其中 M 表示偏微分方程

$$\frac{\partial}{\partial x_1}(MX_1) + \frac{\partial}{\partial x_2}(MX_2) + \cdots + \frac{\partial}{\partial x_n}(MX_n) + \frac{\partial}{\partial x}(MX) = 0 \tag{6.3.5}$$

的任意解, 而 Δ 是 Jacobi 行列式

$$\Delta = \frac{\partial(f_1, f_2, \cdots, f_{n-1})}{\partial(x_1, x_2, \cdots, x_{n-1})} \tag{6.3.6}$$

　　函数 M 称为微分方程组 (6.3.1) 的最终乘子, 或 Jacobi 最终乘子. 命题 1 表明, 已知 $(n-1)$ 个积分, 利用最终乘子可找到最终解. 寻求方程组的最终乘子问题归为解偏微分方程 (6.3.5).

　　假设已找到最终乘子的偏微分方程 (6.3.5) 的两个解 M 和 N, 即有

$$\left(X_i \frac{\partial}{\partial x_i}\right) \ln M + \frac{\partial X_j}{\partial x_j} + \frac{\partial X}{\partial x} = 0 \quad (i, j = 1, 2, \cdots, n) \tag{6.3.7}$$

$$\left(X_i \frac{\partial}{\partial x_i}\right) \ln N + \frac{\partial X_j}{\partial x_j} + \frac{\partial X}{\partial x} = 0 \quad (i, j = 1, 2, \cdots, n) \tag{6.3.8}$$

这里相同指标表示求和. 以上两式相减, 得到

$$\left(X_i \frac{\partial}{\partial x_i}\right) \ln \frac{M}{N} = 0 \tag{6.3.9}$$

由此得到积分

$$\ln \frac{M}{N} = \text{const.}$$

于是有如下结论:

　　命题 2[9]　微分方程组两个最终乘子的商是一个积分.

6.3.2 广义 Birkhoff 系统的最终乘子

广义 Birkhoff 方程有形式

$$\dot{a}^{\mu} = \Omega^{\mu\nu}\left(\frac{\partial B}{\partial a^{\nu}} + \frac{\partial R_{\nu}}{\partial t} - \Lambda_{\nu}\right) \quad (\mu, \nu = 1, 2, \cdots, 2n) \tag{6.3.10}$$

令

$$f_{\mu} = \Omega^{\mu\nu}\left(\frac{\partial B}{\partial a^{\nu}} + \frac{\partial R_{\nu}}{\partial t} - \Lambda_{\nu}\right) \tag{6.3.11}$$

则方程 (6.3.10) 简记作

$$\dot{a}^{\mu} = f_{\mu}(t, \boldsymbol{a}) \tag{6.3.12}$$

对方程 (6.3.12), 最终乘子 M 的偏微分方程 (6.3.5) 给出

$$\frac{\partial M}{\partial t} + \frac{\partial(Mf_{\mu})}{\partial a^{\mu}} = 0 \tag{6.3.13}$$

或表示为

$$XM + M\frac{\partial f_{\mu}}{\partial a^{\mu}} = 0 \tag{6.3.14}$$

其中

$$X = \frac{\partial}{\partial t} + f_{\mu}\frac{\partial}{\partial a^{\mu}} \tag{6.3.15}$$

下面导出广义 Birkhoff 系统的最终乘子. 方程 (6.3.10) Lie 对称性的确定方程为

$$\dot{\xi}_{\mu} - f_{\mu}\dot{\xi}_0 = \frac{\partial f_{\mu}}{\partial t}\xi_0 + \frac{\partial f_{\mu}}{\partial a^{\nu}}\xi_{\nu} \tag{6.3.16}$$

在满足式 (6.3.16) 下, 类似于文献 [10], 得到

$$\frac{\partial f_{\mu}}{\partial a^{\mu}} = -X\ln\sqrt{|\det\Omega|} \tag{6.3.17}$$

其中

$$\det\Omega = \det\left(\frac{\partial R_{\nu}}{\partial a^{\mu}} - \frac{\partial R_{\mu}}{\partial a^{\nu}}\right) \tag{6.3.18}$$

将式 (6.3.17) 代入式 (6.3.14), 得到

$$XM - MX\ln\sqrt{|\det\Omega|} \tag{6.3.19}$$

或者写成

$$X\left(\ln|M| - \ln\sqrt{|\det\Omega|}\right) = 0$$

于是最终乘子为

$$M = C\sqrt{|\det\Omega|} \tag{6.3.20}$$

这样, 如果已知广义 Birkhoff 系统的 $(2n-1)$ 个积分

$$\omega_\alpha(t, \boldsymbol{a}) = C_\alpha \quad (\alpha = 1, 2, \cdots, 2n-1) \tag{6.3.21}$$

那么积分 (6.3.4) 可写成形式

$$\int \frac{C\sqrt{|\det \Omega'|}}{\Delta'}\left(\mathrm{d}a^{2n} - f'_{2n}\mathrm{d}t\right) = C_{2n} \tag{6.3.22}$$

于是, 问题可得到最终解.

6.3.3 最终乘子法的应用

值得注意的是, 式 (6.3.17) 导出的前题是无限小变换需是 Lie 对称性的. 如果能由 Lie 对称性导出 $(2n-1)$ 个积分 (6.3.21), 那么便可利用最终乘子法将方程积分到底. 由 Lie 对称性在一定条件下可直接导出 Hojman 型积分, 也可通过 Noether 对称性间接导出 Noether 型积分.

例 1 二阶广义 Birkhoff 系统为

$$R_1 = 0, \quad R_2 = a^1, \quad B = -\frac{1}{2}(a^1)^2, \quad \Lambda_1 = 0, \quad \Lambda_2 = a^2 \tag{6.3.23}$$

试用最终乘子法求其解.

广义 Birkhoff 方程为

$$\dot{a^2} = -a^1, \quad -\dot{a}^1 = -a^2$$

即

$$\dot{a^1} = a^2, \quad \dot{a}^2 = -a^1$$

首先, 求积分. Lie 对称性的确定方程 (6.3.16) 给出

$$\dot{\xi}_1 - a^2\dot{\xi}_0 = \xi_2, \quad \dot{\xi}_2 + a^1\dot{\xi}_0 = -\xi_1$$

Noether 等式给出

$$\left(\dot{a}^2 + a^1\right)\xi_1 - B\dot{\xi}_0 + a^1\dot{\xi}_2 + a^2(\xi_2 - \dot{a}^2\xi_0) + \dot{G}_\mathrm{N} = 0$$

取生成元为

$$\xi_0 = 0, \quad \xi_1 = -a^2, \quad \xi_2 = a^1$$

它是 Lie 对称性的, 将其代入 Noether 等式, 求得规范函数为

$$G_\mathrm{N} = -\frac{1}{2}(a^1)^2 - \frac{1}{2}(a^2)^2$$

而 Noether 守恒量为

$$I_{\mathrm{N}} = \frac{1}{2}(a^1)^2 + \frac{1}{2}(a^2)^2 = C_1$$

其次, 按最终乘子法求解. 做计算, 有

$$|\det \Omega| = \left| \det \left(\frac{\partial R_\nu}{\partial a^\mu} - \frac{\partial R_\mu}{\partial a^\nu} \right) \right| = 1$$

$$\Delta = \frac{\partial I_{\mathrm{N}}}{\partial a^1} = a^1$$

$$\Delta' = \sqrt{2C_1 - (a^2)^2}$$

式 (6.3.22) 给出

$$\int \frac{C}{\sqrt{2C_1 - (a^2)^2}} (\mathrm{d}a^2 + \sqrt{2C_1 - (a^2)^2}\mathrm{d}t) = C_2$$

积分得

$$C \arcsin \frac{a^2}{\sqrt{2C_1}} + Ct = C_2$$

即

$$a^2 = \sqrt{2C_1} \sin \left(\frac{C_2}{C} - t \right)$$

例 2　单位质量质点在平方阻尼介质中的平面运动方程为 [10]

$$\dot{x} = y, \quad \dot{y} = -ky^2 \quad (k = \mathrm{const.}) \tag{6.3.24}$$

试将其表示为广义 Birkhoff 方程, 并用最终乘子法求解.
令

$$a^1 = x, \quad a^2 = y$$

则方程表示为

$$\dot{a}^1 = a^2, \quad \dot{a}^2 = -k(a^2)^2$$

它可表示为一个广义 Birkhoff 系统, 有

$$R_1 = a^2, \quad R_2 = 0, \quad B = 0, \quad \Lambda_1 = -k(a^2)^2, \quad \Lambda_2 = -a^2$$

首先, 求积分. 在时间不变的特殊无限小变换下 Lie 对称性的确定方程 (6.3.16)
给出

$$\frac{\bar{\mathrm{d}}}{\mathrm{d}t}\xi_1 = \xi_2, \quad \frac{\bar{\mathrm{d}}}{\mathrm{d}t}\xi_2 = -2ka^2\xi_2$$

它有解

$$\xi_1 = ka^1 + \ln a^2, \quad \xi_2 = 0$$

Hojman 型守恒量的前提是存在某函数 $\mu = \mu(t, \boldsymbol{a})$ 使得

$$-2ka^2 + \frac{\bar{\mathrm{d}}}{\mathrm{d}t}\ln\mu = 0$$

由此得到

$$\mu = \exp(2ka^1)$$

Hojman 型守恒量为

$$I_{\mathrm{H}} = \frac{1}{\mu}\frac{\partial}{\partial a^1}(\mu\xi_1) = k + 2k(ka^1 + \ln a^2) = \mathrm{const.}$$

于是有积分

$$\omega_1 = ka^1 + \ln a^2 = C_1$$

其次, 按最终乘子法求解. 做计算, 有

$$|\det\Omega| = 1, \quad \Delta = \frac{\partial\omega_1}{\partial a^1} = k$$

式 (6.3.22) 给出

$$\int \frac{C}{k}\left[\mathrm{d}a^2 + k(a^2)^2\mathrm{d}t\right] = C_2$$

这实际上是方程的结果.

现取另一组动力学函数为

$$R_1 = -\frac{1}{2a^2}, \quad R_2 = -\frac{a^1}{2(a^2)^2}, \quad B = 0, \quad \Lambda_1 = -k, \quad \Lambda_2 = -\frac{1}{a^2}$$

此时有

$$|\det\Omega| = (a^2)^{-4}$$

而式 (6.3.22) 给出

$$\int \frac{C(a^2)^{-2}}{k}\left[\mathrm{d}a^2 + k(a^2)^2\mathrm{d}t\right] = C_2$$

由此解得

$$a^2 = \frac{\widetilde{C_2}}{(\widetilde{C_2}t - 1)k}$$

其中

$$\widetilde{C_2} = \frac{C}{C_2}$$

例 3 四阶广义 Birkhoff 系统为

$$R_1 = a^2 + a^3, \quad R_2 = 0, \quad R_3 = a^4, \quad R_4 = 0, \quad B = \frac{1}{2}(a^3)^2 + a^2a^3$$

$$\Lambda_1 = \Lambda_2 = \Lambda_3 = 0, \quad \Lambda_4 = a^4 \tag{6.3.25}$$

试用最终乘子法求解.

广义 Birkhoff 方程为

$$-\dot{a}^2 - \dot{a}^3 = 0, \quad \dot{a}^1 = a^3, \quad \dot{a}^1 - \dot{a}^4 = a^2 + a^3, \quad \dot{a}^3 = -a^4$$

整理得

$$\dot{a}^1 = a^3, \quad \dot{a}^2 = a^4, \quad \dot{a}^3 = -a^4, \quad \dot{a}^4 = -a^2$$

首先, 求积分. Lie 对称性的确定方程 (6.3.16) 给出

$$\dot{\xi}_1 - a^3\dot{\xi}_0 = \xi_3, \quad \dot{\xi}_2 - a^4\dot{\xi}_0 = \xi_4, \quad \dot{\xi}_3 + a^4\dot{\xi}_0 = -\xi_4, \quad \dot{\xi}_4 + a^2\dot{\xi}_0 = -\xi_2$$

它有如下解

$$\xi_0 = 0, \quad \xi_1 = \cos t, \quad \xi_2 = \sin t, \quad \xi_3 = -\sin t, \quad \xi_4 = \cos t$$

$$\xi_0 = 0, \quad \xi_1 = \sin t, \quad \xi_2 = -\cos t, \quad \xi_3 = \cos t, \quad \xi_4 = \sin t$$

$$\xi_0 = \xi_2 = \xi_3 = \xi_4 = 0, \quad \xi_1 = 1$$

Noether 等式给出

$$\dot{a}^1\xi_2 + \dot{a}^1\xi_3 + \dot{a}^3\xi_4 - a^3\xi_2 - (a^2 + a^3)\xi_3$$
$$+ (a^2 + a^3)\dot{\xi}_1 + a^4\dot{\xi}_3 - B\dot{\xi}_0 + a^4(\xi_4 - \dot{a}^4\xi_0) + \dot{G}_{\mathrm{N}} = 0$$

将上述三组生成元代入上式, 分别得到规范函数

$$G_{\mathrm{N}_1} = -a^3\cos t$$
$$G_{\mathrm{N}_2} = -a^3\sin t$$
$$G_{\mathrm{N}_3} = 0$$

Noether 守恒量分别给出积分

$$\begin{aligned} I_{\mathrm{N}_1} &= a^2\cos t - a^4\sin t = C_1 \\ I_{\mathrm{N}_2} &= a^2\sin t + a^4\cos t = C_2 \\ I_{\mathrm{N}_3} &= a^2 + a^3 = C_3 \end{aligned} \tag{6.3.26}$$

其次, 用最终乘子法求解. 做计算, 有

$$\det \Omega = 1$$

$$\Delta = \frac{\partial(I_{\mathrm{N}_1}, \ I_{\mathrm{N}_2}, \ I_{\mathrm{N}_3})}{\partial(a^2, \ a^3, \ a^4)} = \begin{vmatrix} \cos t & 0 & -\sin t \\ \sin t & 0 & \cos t \\ 1 & 1 & 0 \end{vmatrix} = -1$$

式 (6.3.22) 给出

$$\int \frac{C}{-1}(\mathrm{d}a^1 - a^3\mathrm{d}t) = C_4 \tag{6.3.27}$$

由式 (6.3.26) 求得

$$a^3 = C_3 - C_1\cos t - C_2\sin t$$

将其代入式 (6.3.27) 并积分得

$$a^1 + C_1\sin t - C_2\cos t - C_3 t = C_4'$$

即

$$a^1 - a^4 - (a^2 + a^3)t = C_4'$$

对广义 Birkhoff 系统的微分方程, 可以不通过 Lie 对称性, 直接求最终乘子而找到系统的解.

例 4 四阶广义 Birkhoff 系统为

$$R_1 = a^3, \quad R_2 = a^4, \quad R_3 = R_4 = 0, \quad B = \frac{1}{2}(a^3)^2 + \frac{1}{2}(a^4)^2$$
$$\Lambda_1 = a^1, \quad \Lambda_2 = a^3, \quad \Lambda_3 = \Lambda_4 = 0 \tag{6.3.28}$$

试用最终乘子法求解.

广义 Birkhoff 方程为

$$-\dot{a}^3 = -a^1, \quad -\dot{a}^4 = -a^3, \quad \dot{a}^1 = a^3, \quad \dot{a}^2 = a^4$$

最终乘子法方程 (6.3.5) 给出

$$\frac{\partial M}{\partial t} + \frac{\partial M}{\partial a^1}a^3 + \frac{\partial M}{\partial a^2}a^4 + \frac{\partial M}{\partial a^3}a^1 + \frac{\partial M}{\partial a^4}a^3 = 0$$

它有如下解

$$M = 1$$

$$M = a^4 - a^1$$

$$M = (a^1 + a^3)\exp(-t)$$

$$M = (a^1 - a^3)\exp(t)$$

$$M = a^2 - a^3 - (a^4 - a^1)t$$

后面四个 M 就是系统彼此独立的四个积分. 这样, 也就得到了系统的解.

参 考 文 献

[1] Vujanović B. A field method and its application on the theory of vibrations. Int. J. Non-Linear Mech., 1984, 19(4): 383–386

[2] Mei F X. A field method for solving the equations of motion of nonholonomic systems. Acta Mech. Sin, 1989, 5(3): 260–268

[3] Mei F X. Parametric equations of nonholonomic systems in the event space and their method of integration. Acta Mech. Sin., 1990, 6(2): 160–168

[4] Мзй Фун-сян. Об одном методе интегрирования уравнений движения неголономных систем со связями высшего порядка. ПММ, 1991, 55(4): 691–695

[5] 梅凤翔, 史荣昌, 张永发, 吴惠彬. Birkhoff 系统动力学. 北京: 北京理工大学出版社, 1996

[6] Mei F X, Cui J C, Chang P. A field integration method for a weakly nonholonomic system. Chin. Phys. Lett., 2010, 27(8): 080202, 1–3

[7] Аржаных И С. Поле Импульсов.Ташкент: Наука, 1965

[8] Wu H B. Apotential method of integration for solving the equations of mechanical systems. Chin. Phys., 2006, 15(5): 899–902

[9] Whittaker E T. A Treatise on the Analytical Dynamics of Particles and Rigid Bodies. Fouth Ed., Cambridge: Cambridge Univ. Press, 1937

[10] Галиуллин А С, Гафаров Г Г, Малайщка Р П. Хван А М. Аналитическая динамика Систем Гельмгольца, Биркгофа, Намбу. Москва: РЖУФН, 1997

第 7 章 二阶自治广义 Birkhoff 系统的定性理论

专著 [1] 研究了二阶自治 Birkhoff 系统的定性理论. 本章研究二阶自治广义 Birkhoff 系统的定性理论, 包括奇点类型、稳定流形、不稳定流形等.

7.1 二阶自治广义 Birkhoff 系统的奇点类型

本节研究二阶自治广义 Birkhoff 系统的奇点类型, 包括系统的运动微分方程和奇点方程、用线性近似系统来判断奇点, 以及用 Birkhoff 函数来判断奇点等.

7.1.1 系统的运动方程和奇点方程

广义 Birkhoff 系统的方程为式 (2.1.11), 即

$$\left(\frac{\partial R_\nu}{\partial a^\mu} - \frac{\partial R_\mu}{\partial a^\nu}\right)\dot{a}_\nu - \frac{\partial B}{\partial a^\mu} - \frac{\partial R_\mu}{\partial t} + \Lambda_\mu = 0 \quad (\mu, \nu = 1, 2, \cdots, 2n) \tag{7.1.1}$$

如果动力学函数 R_μ, B 和 Λ_μ 都不显含时间 t, 则称为自治广义 Birkhoff 系统. 对二阶自治广义 Birkhoff 系统, 方程 (7.1.1) 给出

$$\left(\frac{\partial R_2}{\partial a^1} - \frac{\partial R_1}{\partial a^2}\right)\dot{a}^2 - \frac{\partial B}{\partial a^1} + \Lambda_1 = 0$$

$$\left(\frac{\partial R_1}{\partial a^2} - \frac{\partial R_2}{\partial a^1}\right)\dot{a}^1 - \frac{\partial B}{\partial a^2} + \Lambda_2 = 0 \tag{7.1.2}$$

假设系统非奇异, 即设

$$\Omega_{12} = \frac{\partial R_2}{\partial a^1} - \frac{\partial R_1}{\partial a^2} \neq 0 \tag{7.1.3}$$

则方程 (7.1.2) 可以表示为

$$\dot{a}^1 = \Omega^{12}\left(\frac{\partial B}{\partial a^2} - \Lambda_2\right), \quad \dot{a}^2 = \Omega^{21}\left(\frac{\partial B}{\partial a^1} - \Lambda_1\right) \tag{7.1.4}$$

其中

$$\Omega^{12} = \frac{1}{\Omega_{21}}, \quad \Omega^{21} = \frac{1}{\Omega_{12}} \tag{7.1.5}$$

假设方程 (7.1.4) 有奇点 (a_0^1, a_0^2), 即

$$
\Omega^{12}(a_0^1, a_0^2)\left\{\frac{\partial B}{\partial a^2}(a_0^1, a_0^2) - \Lambda_2(a_0^1, a_0^2)\right\} = 0
$$

$$
\Omega^{21}(a_0^1, a_0^2)\left\{\frac{\partial B}{\partial a^1}(a_0^1, a_0^2) - \Lambda_1(a_0^1, a_0^2)\right\} = 0
$$

$$(7.1.6)$$

考虑到式 (7.1.3), 则有

$$
\frac{\partial B}{\partial a^2}(a_0^1, a_0^2) - \Lambda_2(a_0^1, a_0^2) = 0
$$

$$
\frac{\partial B}{\partial a^1}(a_0^1, a_0^2) - \Lambda_1(a_0^1, a_0^2) = 0
$$

$$(7.1.7)$$

这就是奇点方程. 如果方程 (7.1.7) 有解, 则存在奇点 (a_0^1, a_0^2). 方程 (7.1.7) 有几个解, 便有几个奇点. 由方程 (7.1.7) 知, 方程的奇点不依赖于 Birkhoff 张量. 于是有:

命题 1　二阶自治广义 Birkhoff 系统的奇点不依赖于 Birkhoff 张量, 而仅依赖于 Birkhoff 函数 B 和附加项 Λ_1, Λ_2.

推论　对二阶自治 Birkhoff 系统, 其奇点不依赖于 Birkhoff 张量, 而仅依赖于 Birkhoff 函数 B.

上述推论已由文献 [1] 给出.

下面讨论方程 (7.1.4) 在奇点 (a_0^1, a_0^2) 附近的受扰运动方程. 令

$$
a^1 = a_0^1 + \xi^1, \quad a^2 = a_0^2 + \xi^2
$$

$$(7.1.8)$$

则奇点为 $(\xi^1, \xi^2) = (0, 0)$. 将式 (7.1.8) 代入方程 (7.14), 得到

$$
\dot{\xi}^1 = \Omega^{12}(a_0^1 + \xi^1, a_0^2 + \xi^2)\left\{\frac{\partial B}{\partial a^2}(a_0^1 + \xi^1, a_0^2 + \xi^2) - \Lambda_2(a_0^1 + \xi^1, a_0^2 + \xi^2)\right\}
$$

$$
\dot{\xi}^2 = \Omega^{12}(a_0^1 + \xi^1, a_0^2 + \xi^2)\left\{\frac{\partial B}{\partial a^1}(a_0^1 + \xi^1, a_0^2 + \xi^2) - \Lambda_1(a_0^1 + \xi^1, a_0^2 + \xi^2)\right\}
$$

$$(7.1.9)$$

将上式展开, 并利用式 (7.1.7), 得到

$$
\dot{\xi}^1 = (\Omega^{12})_0\left\{\left(\frac{\partial^2 B}{\partial a^2 \partial a^1}\right)_0 \xi^1 + \left(\frac{\partial^2 B}{\partial a^{2^2}}\right)_0 \xi^2 - \left(\frac{\partial \Lambda_2}{\partial a^1}\right)_0 \xi^1 - \left(\frac{\partial \Lambda_2}{\partial a^2}\right)_0 \xi^2\right\} + \overline{\varphi}(\xi^1, \xi^2)
$$

$$
\dot{\xi}^2 = (\Omega^{21})_0\left\{\left(\frac{\partial^2 B}{\partial a^{1^2}}\right)_0 \xi^1 + \left(\frac{\partial^2 B}{\partial a^1 \partial a^2}\right)_0 \xi^2 - \left(\frac{\partial \Lambda_1}{\partial a^1}\right)_0 \xi^1 - \left(\frac{\partial \Lambda_1}{\partial a^2}\right)_0 \xi^2\right\} + \overline{\psi}(\xi^1, \xi^2)
$$

$$(7.1.10)$$

这里下标 "0" 表示其中的 a^1, a^2 用 a_0^1, a_0^2 替代所得结果; $\overline{\varphi}$ 和 $\overline{\psi}$ 为满足 $\overline{\varphi}(0,0) = 0, \overline{\psi}(0,0) = 0$ 的关于 ξ^1, ξ^2 的二阶和更高阶项. 令

$$b_{11} = \left(\frac{\partial^2 B}{\partial(a^1)^2}\right)_0 - \left(\frac{\partial \Lambda_1}{\partial a^1}\right)_0, \quad b_{12} = \left(\frac{\partial^2 B}{\partial a^1 \partial a^2}\right)_0 - \left(\frac{\partial \Lambda_1}{\partial a^2}\right)_0$$

$$b_{21} = \left(\frac{\partial^2 B}{\partial a^2 \partial a^1}\right)_0 - \left(\frac{\partial \Lambda_2}{\partial a^1}\right)_0, \quad b_{22} = \left(\frac{\partial^2 B}{\partial(a^2)^2}\right)_0 - \left(\frac{\partial \Lambda_2}{\partial a^2}\right)_0 \tag{7.1.11}$$

则方程 (7.1.10) 表示为

$$\dot{\xi}^1 = (\Omega^{12})_0(b_{21}\xi^1 + b_{22}\xi^2) + \overline{\varphi}(\xi^1, \xi^2)$$
$$\dot{\xi}^2 = (\Omega^{21})_0(b_{11}\xi^1 + b_{12}\xi^2) + \overline{\psi}(\xi^1, \xi^2) \tag{7.1.12}$$

7.1.2 用线性近似系统判断系统的奇点

1. 线性近似系统的奇点

方程 (7.1.12) 的线性近似系统的方程有形式

$$\dot{\xi}^1 = (\Omega^{12})_0(b_{21}\xi^1 + b_{22}\xi^2)$$
$$\dot{\xi}^2 = (\Omega^{21})_0(b_{11}\xi^1 + b_{12}\xi^2) \tag{7.1.13}$$

其特征方程有形式

$$\begin{vmatrix} \lambda - (\Omega^{12})_0 b_{21} & -(\Omega^{12})_0 b_{22} \\ -(\Omega^{12})_0 b_{11} & \lambda - (\Omega^{21})_0 b_{12} \end{vmatrix} = 0$$

展开得

$$\lambda^2 - \lambda(\Omega^{12})_0(b_{21} - b_{12}) + (\Omega^{12})_0^2(b_{11}b_{22} - b_{12}b_{21}) = 0 \tag{7.1.14}$$

一般说来, 方程 (7.1.14) 的特征根, 可为同号相异实根、异号实根、实重根、实部非零共轭复根、共轭虚根等, 相应的奇点可为汇、源、鞍点、结点、焦点、中心等. 下面讨论一个特殊情形. 假设附加项 Λ_1, Λ_2 满足

$$\left(\frac{\partial \Lambda_1}{\partial a^2}\right)_0 = \left(\frac{\partial \Lambda_2}{\partial a^1}\right)_0 \tag{7.1.15}$$

此时有

$$b_{12} = b_{21} \tag{7.1.16}$$

而方程 (7.1.14) 成为

$$\lambda^2 + (\Omega^{12})_0^2(b_{11}b_{22} - b_{12}b_{21}) = 0 \tag{7.1.17}$$

可见, 此时特征根 λ 的符号不依赖 $(\Omega^{12})_0$. 于是有

命题 2　对满足条件 (7.1.15) 的二阶自治广义 Birkhoff 系统, 其线性近似系统的特征方程的特征根的符号不依赖于 Birkhoff 张量, 仅由 Birkhoff 函数和附加项决定.

令

$$\Delta = b_{11}b_{22} - b_{12}b_{21} \tag{7.1.18}$$

由方程 (7.1.17) 知

(1) 当 $\Delta < 0$ 时, λ 有互为反号的一对实根.

(2) 当 $\Delta > 0$ 时, λ 有一对纯虚根.

(3) 当 $\Delta = 0$ 时, λ 有一对零根.

相应的奇点分别为鞍点, 中心和非孤立奇点. 于是有

命题 3　对满足条件 (7.1.15) 的二阶自治广义 Birkhoff 系统, 其奇点或为鞍点, 或为中心, 或为非孤立奇点, 没有焦点和结点.

2. 非线性系统的奇点

假设方程 (7.1.12) 中的函数 $\overline{\varphi}$ 和 $\overline{\psi}$ 满足条件

$$\overline{\varphi}(\xi^1, \xi^2) = o(r), \quad \overline{\psi}(\xi^1, \xi^2) = o(r)$$
$$r = \left[(\xi^1)^2 + (\xi^2)^2\right]^{1/2} \tag{7.1.19}$$

且在 $(0, 0)$ 邻域内有

$$\overline{\varphi}(\xi^1, \xi^2) \in C^1, \quad \overline{\psi}(\xi^1, \xi^2) \in C^1 \tag{7.1.20}$$

则线性近似系统的鞍点是非线系统的鞍点 [2].

对一般非线性自治系统来说, 线性近似系统的中心, 可能变为非线性系统的中心, 焦点或中心焦点. 如果 Birkhoff 函数 B 是系统的积分, 则线性近似系统的中心是非线性系统的中心. 由方程 (7.1.2) 得

$$\frac{\partial B}{\partial a^1}\dot{a}^1 + \frac{\partial B}{\partial a^2}\dot{a}^2 = \Lambda_1\dot{a}^1 + \Lambda_2\dot{a}^2$$

因

$$\frac{\partial B}{\partial t} = 0$$

故有

$$\frac{\mathrm{d}B}{\mathrm{d}t} = \Lambda_1\dot{a}^1 + \Lambda_2\dot{a}^2 \tag{7.1.21}$$

因此, 当附加项 Λ_1 和 Λ_2 满足条件

$$\Lambda_1\dot{a}^1 + \Lambda_2\dot{a}^2 = 0 \tag{7.1.22}$$

时, 有积分

$$B(a_0^1, a_0^2) = \text{const.} \tag{7.1.23}$$

条件 (7.1.22) 还可表示为

$$\Lambda_1 \frac{\partial B}{\partial a^2} - \Lambda_2 \frac{\partial B}{\partial a^1} = 0 \tag{7.1.24}$$

于是有如下结果

命题 4 对于满足条件 (7.1.15) 的二阶自治广义 Birkhoff 系统, 如果满足条件 (7.1.19), (7.1.20) 和 (7.1.22)(或(7.1.24)), 则线性近似系统的鞍点和中心分别成为非线性系统的鞍点和中心.

7.1.3 用 Birkhoff 函数判断系统的奇点

令 $a^1 = a_0^1, a^2 = a_0^2$ 是二阶自治广义 Birkboff 系统的奇点. 取函数

$$V = V(\xi^1, \xi^2) = B(a_0^1 + \xi^1, a_0^2 + \xi^2) - B(a_0^1, a_0^2) \tag{7.1.25}$$

在满足条件 (7.1.22) 或 (7.1.24) 下, $B = \text{const.}$ 是系统的积分, 因此

$$V(\xi^1, \xi^2) = \text{const.} \tag{7.1.26}$$

也是积分曲线. 于是有

命题 5 对于满足条件 (7.1.22) 或 (7.1.24) 的二阶自治广义 Birkhoff 系统, 如果函数 V 在 $(0,0)$ 邻域内保持定号, 正定或负定, 那么奇点 $(0,0)$ 必为中心. 如果函数 V 在 $(0,0)$ 邻域内变号, 那么奇点 $(0,0)$ 必为鞍点或尖点.

利用命题 5 可判断奇点类型, 特别当 $\Delta = 0$ 时可用来区分高阶奇点是中心还是尖点.

例 1 二阶广义 Birkhoff 系统为

$$R_1 = a^2, \quad R_2 = 0, \quad B = -\frac{1}{2}(a^1)^2 - \frac{1}{2}(a^2)^2$$
$$\Lambda_1 = -(a^1)^2 a^2, \quad \Lambda_2 = -(a^2)^2 a^1$$

微分方程为

$$-\dot{a}^2 + a^1 - (a^1)^2 a^2 = 0$$
$$\dot{a}^1 + a^2 - (a^2)^2 a^1 = 0$$

它有奇点 $(0,0)$. 因

$$b_{11} = -1, \quad b_{22} = -1, \quad b_{12} = b_{21} = 0$$
$$\Delta = b_{11}b_{22} - b_{12}b_{21} = 1$$

故由命题 3 知, 线性近似系统的奇点是中心. 又

$$\overline{\varphi} = (a^2)^2 a^1, \quad \overline{\psi} = -(a^1)^2 a^2$$

$$\left(\frac{\partial \Lambda_1}{\partial a^2}\right)_0 = \left(\frac{\partial \Lambda_2}{\partial a^1}\right)_0 = 0, \quad \Lambda_1 \dot{a}^1 + \Lambda_2 \dot{a}^2 = 0$$

故由命题 4 知, 奇点 $(0, 0)$ 也是原系统的中心. 又有

$$\begin{aligned} V(\xi^1, \xi^2) &= B(a_0^1 + \xi^1, a_0^2 + \xi^2) - B(a_0^1, a_0^2) \\ &= -\frac{1}{2}(\xi^1)^2 - \frac{1}{2}(\xi^2)^2 \end{aligned}$$

它是负定的, 故由命题 5 知, 奇点 $(0, 0)$ 为系统的中心.

7.1.4　对称原理

对于二阶自治广义 Birkhoff 系统, 线性近似系统的中心是否为非线性系统的中心, 也可用对称原理来判断. 将方程 (7.1.4) 表示为

$$\begin{aligned} \dot{a}^1 &= \Omega^{12}\left(\frac{\partial B}{\partial a^2} - \Lambda_2\right) = P(a^1, a^2) \\ \dot{a}^2 &= \Omega^{21}\left(\frac{\partial B}{\partial a^1} - \Lambda_1\right) = Q(a^1, a^2) \end{aligned} \tag{7.1.27}$$

设原点 O 是它的一个孤立奇点, 函数 P, Q 在点 O 的邻域内是 a^1, a^2 的解析函数. 如果 P, Q 满足条件

$$P(-a^1, a^2) = P(a^1, a^2), \quad Q(-a^1, a^2) = -Q(a^1, a^2) \tag{7.1.28}$$

或者

$$P(a^1, -a^2) = -P(a^1, a^2), \quad Q(a^1, -a^2) = Q(a^1, a^2) \tag{7.1.29}$$

则点 O 是系统 (7.1.27) 的线性近似系统的中心时, 它也是系统 (7.1.27) 的中心.

例 2　二阶自治广义 Birkhoff 系统为

$$R_1 = a^2, \quad R_2 = 0, \quad B = (a^2)^2 - (a^1)^2 + \frac{1}{2}(a^1)^4$$

$$\Lambda_1 = -a^1 + (a^1)^3, \quad \Lambda_2 = a^2$$

微分方程为

$$\dot{a}^1 = a^2, \quad \dot{a}^2 = a^1 - (a^1)^3$$

它有三个奇点 $O(0,0), A(1,0)$ 和 $B(-1,0)$. 对点 O, 它是线性近似系统的鞍点. 容易验证条件 (7.1.15), (7.1.19), (7.1.20) 和 (7.1.24) 皆满足, 由命题 4 知, 点 O 也是原系统的鞍点. 对点 A, 作坐标平移, 令

$$a^1 = 1 + \xi^1, \quad a^2 = \xi^2$$

则方程化为

$$\dot{\xi}^1 = \xi^2 = P(\xi^1, \xi^2)$$

$$\dot{\xi}^2 = -2\xi^1 - 3(\xi^1)^2 - (\xi^1)^3 = Q(\xi^1, \xi^2)$$

而奇点 A 成为 $(\xi^1, \xi^2) = (0,0)$. 这个奇点是线性近似系统的中心. 由于满足条件 (7.1.29), 即

$$P(\xi^1, -\xi^2) = -P(\xi^1, \xi^2), \quad Q(\xi^1, -\xi^2) = Q(\xi^1, \xi^2)$$

按对称原理可判断奇点 $(\xi^1, \xi^2) = (0,0)$ 也是原系统的中心. 类似地, 可判断点 B 也是中心.

7.1.5　关于平衡稳定性

有了奇点类型, 便可判断与奇点对应的平衡位置的稳定性, 以及围绕中心的闭轨的稳定性问题. 有如下结果:

命题 6　中心对应的平衡位置是稳定的, 鞍点和尖点对应的平衡位置是不稳定的; 中心附近的闭轨对应的周期运动是 Lyapunov 稳定的, 同时又是轨道稳定的.

有关一般广义 Birkhoff 系统的稳定性研究见第 9 章.

7.2　二阶自治广义 Birkhoff 系统的稳定流形和不稳定流形

本节讨论二阶自治广义 Birkhoff 系统的稳定流形和不稳定流形, 包括双曲平衡点、稳定流形和不稳定流形、无穷远奇点等.

7.2.1　双曲平衡点

二阶自治广义 Birkhoff 系统 (7.1.4) 在奇点 (a_0^1, a_0^2) 处的线性化系统表示为

$$
\begin{pmatrix} \dot{a}^1 \\ \dot{a}^2 \end{pmatrix} = \begin{pmatrix} \dfrac{\partial}{\partial a^1}\left[\Omega^{12}\left(\dfrac{\partial B}{\partial a^2} - \Lambda_2\right)\right] & \dfrac{\partial}{\partial a^2}\left[\Omega^{12}\left(\dfrac{\partial B}{\partial a^2} - \Lambda_2\right)\right] \\ \dfrac{\partial}{\partial a^1}\left[\Omega^{21}\left(\dfrac{\partial B}{\partial a^1} - \Lambda_1\right)\right] & \dfrac{\partial}{\partial a^2}\left[\Omega^{21}\left(\dfrac{\partial B}{\partial a^1} - \Lambda_1\right)\right] \end{pmatrix}_0 \begin{pmatrix} a^1 - a_0^1 \\ a^2 - a_0^2 \end{pmatrix}
$$

$$(7.2.1)$$

这里下标 "0" 表示其中的 a^1 和 a^2 用 a_0^1 和 a_0^2 替代的结果. 下面讨论线性化系统矩阵的性质. 考虑到

$$\left(\frac{\partial B}{\partial a^2}\right)_0 - (\Lambda_2)_0 = 0, \quad \left(\frac{\partial B}{\partial a^1}\right)_0 - (\Lambda_1)_0 = 0 \tag{7.2.2}$$

和关系 (7.1.11), 得

$$\left(\begin{array}{cc} \dfrac{\partial}{\partial a^1}\left[\Omega^{12}\left(\dfrac{\partial B}{\partial a^2} - \Lambda_2\right)\right] & \dfrac{\partial}{\partial a^2}\left[\Omega^{12}\left(\dfrac{\partial B}{\partial a^2} - \Lambda_2\right)\right] \\ \dfrac{\partial}{\partial a^1}\left[\Omega^{21}\left(\dfrac{\partial B}{\partial a^1} - \Lambda_1\right)\right] & \dfrac{\partial}{\partial a^2}\left[\Omega^{21}\left(\dfrac{\partial B}{\partial a^1} - \Lambda_1\right)\right] \end{array}\right)_0 = \left(\begin{array}{cc} (\Omega^{12})_0 b_{21} & (\Omega^{12})_0 b_{22} \\ (\Omega^{21})_0 b_{11} & (\Omega^{21})_0 b_{12} \end{array}\right) \tag{7.2.3}$$

其特征方程和方程 (7.1.17) 相同. 仅当 $\Delta < 0$ 时, λ 有一对非零实根. 于是有

　　命题　当 $\Delta < 0$, 时, 奇点 (a_0^1, a_0^2) 是系统 (7.1.4) 的双曲平衡点.

7.2.2　稳定流形和不稳定流形

　　求得双曲平衡点之后, 便可求得其稳定流形和不稳定流形.

　　假设点 (a_0^1, a_0^2) 为系统的一个孤立平衡点, U 是点 (a_0^1, a_0^2) 的某个邻域. 定义下述点集

$$W_{\text{loc}}^{s}(a_0^1, a_0^2) \stackrel{\text{def}}{=\!=} \left\{ \begin{array}{l} (a_0^1, a_0^2) \in U | \text{对一切} t \geqslant 0 \text{有} \varphi_t(a^1, a^2) \in U \\[2mm] \text{且当} t \to \infty \text{时} \varphi_t(a^1, a^2) \to (a_0^1, a_0^2) \end{array} \right\}$$

$$W_{\text{loc}}^{u}(a_0^1, a_0^2) \stackrel{\text{def}}{=\!=} \left\{ \begin{array}{l} (a_0^1, a_0^2) \in U | \text{对一切} t \geqslant 0 \text{有} \varphi_t(a^1, a^2) \in U \\[2mm] \text{且当} t \to -\infty \text{时} \varphi_t(a^1, a^2) \to (a_0^1, a_0^2) \end{array} \right\}$$

分别称为平衡点 (a_0^1, a_0^2) 的局部稳定流形和局部不稳定流形.

　　由稳定流形定理可知, 如果 (a_0^1, a_0^2) 是系统 (7.1.4) 的双曲平衡点, E^s 是线性化系统 (7.2.1) 的稳定子空间, 并且 $\dim E^s = n^s$, 则 $W_{\text{loc}}^s(a_0^1, a_0^2)$ 是 n^s 维 C_r 微分流形, 且在点 (a_0^1, a_0^2) 处与 E^s 相切. 对于局部不稳定流形 W_{loc}^u 也有同样的结论.

　　将 $W_{\text{loc}}^s(a_0^1, a_0^2)$ 中的点沿时间负向运动, 便得到点 (a_0^1, a_0^2) 的全局稳定流形

$$W^s(a_0^1, a_0^2) = \bigcup_{t \leqslant 0} \varphi_t\left(W_{\text{loc}}^s(a_0^1, a_0^2)\right) \tag{7.2.4}$$

类似地, 将 $W_{\text{loc}}^u(a_0^1, a_0^2)$ 中的点沿时间正向运动, 便得到点 (a_0^1, a_0^2) 的全局不稳定流形

$$W^u(a_0^1, a_0^2) = \bigcup_{t \geqslant 0} \varphi_t\left(W_{\text{loc}}^u(a_0^1, a_0^2)\right) \tag{7.2.5}$$

7.2.3　无穷远奇点和全局结构

利用 Poincaré 变换可以研究二阶自治广义 Birkhoff 系统的无穷远奇点.
令

$$\dot{a}^1 = \Omega^{12}\left(\frac{\partial B}{\partial a^2} - \Lambda_2\right) = P(a^1, a^2)$$

$$\dot{a}^2 = \Omega^{21}\left(\frac{\partial B}{\partial a^1} - \Lambda_1\right) = Q(a^1, a^2)$$

$$(7.2.6)$$

作 Poincaré 变换

$$a^1 = \frac{1}{z}, \quad a^2 = \frac{u}{z} \tag{7.2.7}$$

则方程 (7.2.6) 变为

$$\frac{\mathrm{d}u}{\mathrm{d}t} = -uzP\left(\frac{1}{z}, \frac{u}{z}\right) + zQ\left(\frac{1}{z}, \frac{u}{z}\right) = \frac{P^*(u, z)}{z^n}$$

$$\frac{\mathrm{d}z}{\mathrm{d}t} = -z^2 P\left(\frac{1}{z}, \frac{u}{z}\right) = \frac{Q^*(u, z)}{z^n}$$

$$(7.2.8)$$

这里 n 为非负整数, P^*, Q^* 为不可约多项式.
令

$$\mathrm{d}\tau = \frac{\mathrm{d}t}{z^n} \tag{7.2.9}$$

则方程 (7.2.8) 成为

$$\frac{\mathrm{d}u}{\mathrm{d}\tau} = P^*(u, z), \quad \frac{\mathrm{d}z}{\mathrm{d}\tau} = Q^*(u, z) \tag{7.2.10}$$

求出它在 $z = 0$ 轴上的所有奇点, 即解方程

$$P^*(u, 0) = 0, \quad Q^*(u, 0) = 0 \tag{7.2.11}$$

然后再讨论每个奇点 $C(u, 0)$ 的性质.
再作 Poincaré 变换

$$a^1 = \frac{v}{z}, \quad a^2 = \frac{1}{z} \tag{7.2.12}$$

则方程 (7.2.6) 变为

$$\frac{\mathrm{d}v}{\mathrm{d}t} = zP\left(\frac{v}{z}, \frac{1}{z}\right) - zuQ\left(\frac{v}{z}, \frac{1}{z}\right) = \frac{\hat{P}(v, z)}{z^m}$$

$$\frac{\mathrm{d}z}{\mathrm{d}t} = -z^2 Q\left(\frac{v}{z}, \frac{1}{z}\right) = \frac{\hat{Q}(v, z)}{z^m}$$

$$(7.2.13)$$

这里 m 为非负整数, $\hat{P}, \hat{Q}$ 为不可约多项式.

令

$$d\tau = \frac{dt}{z^m} \tag{7.2.14}$$

研究 $D(0,0)$ 是否为方程

$$\frac{dv}{d\tau} = \hat{P}(v,z), \quad \frac{dz}{d\tau} = \hat{Q}(v,z) \tag{7.2.15}$$

的奇点, 并讨论 $D(0,0)$ 的性质.

这样就可讨论二阶自治广义 Birkhoff 系统的无穷远奇点. 将奇点性质、闭轨线的存在性和稳定性、奇点的分界线性质, 以及无穷远奇点的性质的结果表示在 (a^1, a^2) 平面的单位圆盘上, 就得到了系统的全局结构.

例 1　二阶自治广义 Birkhoff 系统为

$$R_1 = 0, \quad R_2 = a^1, \quad B = \frac{1}{2}(a^1 - 1)[(a^2)^2 - (a^1)^3]$$
$$\Lambda_1 = \frac{3}{2}[(a^2)^2 + 3(a^1)^2 - 4(a^1)^3], \quad \Lambda_2 = 3a^2(a^1 - 1) \tag{7.2.16}$$

微分方程为

$$\dot{a}^1 = 2a^2(a^1 - 1)$$
$$\dot{a}^2 = -(a^2)^2 - 3(a^1)^2 + 4(a^1)^3 \tag{7.2.17}$$

奇点方程 (7.1.7) 给出

$$2a^2(a^1 - 1) = 0, \quad -(a^2)^2 - 3(a^1)^2 + 4(a^1)^3 = 0$$

由此求得四个奇点 $(0,0)$, $\left(\frac{3}{4}, 0\right)$, $(1, 1)$ 和 $(1, -1)$.

为判断奇点类型, 首先研究线性近似系统, 有

$$b_{11} = \frac{\partial^2 B}{\partial (a^1)^2} - \frac{\partial \Lambda_1}{\partial a^1} = -6a^1 + 12(a^1)^2$$

$$b_{12} = \frac{\partial^2 B}{\partial a^1 \partial a^2} - \frac{\partial \Lambda_1}{\partial a^2} = -2a^2$$

$$b_{21} = \frac{\partial^2 B}{\partial a^2 \partial a^1} - \frac{\partial \Lambda_2}{\partial a^1} = -2a^2$$

$$b_{22} = \frac{\partial^2 B}{\partial (a^2)^2} - \frac{\partial \Lambda_2}{\partial a^2} = -2(a^1 - 1)$$

对上述四个奇点计算

$$\Delta = b_{11}b_{22} - b_{12}b_{21}$$

分别得

$$\Delta_1 = 0, \quad \Delta_2 = \frac{9}{8}, \quad \Delta_3 = -4, \quad \Delta_4 = -4 \tag{7.2.18}$$

根据 7.1 节中命题 3 和命题 4 知, 奇点 $\left(\dfrac{3}{4}, 0\right)$ 是中心, 奇点 $(1, 1)$ 和 $(1, -1)$ 是鞍点, 奇点 $(0, 0)$ 是高阶奇点. 为判断奇点 $(0, 0)$ 是中心, 还是尖点, 可用 V 函数法. 注意到, 对此问题 Birkhoff 函数 B 是积分. 在奇点 $(0, 0)$ 附近, 函数

$$V = B = \frac{1}{2}(\xi^1 - 1)[(\xi^2)^2 - (\xi^1)^3] \tag{7.2.19}$$

是变号的, 由 7.1 节中命题 5 知, 奇点 $(0, 0)$ 必为尖点.

由 7.1 节中命题 6 知, 对应奇点 $\left(\dfrac{3}{4}, 0\right)$ 的平衡是稳定的. 对应其他三个奇点的平衡都是不稳定的.

由本节命题知, 奇点 $(1, 1)$ 和 $(1, -1)$ 是系统的双曲平衡点. 下面研究奇点 $(1, 1)$ 的稳定流形和不稳定流形.

在奇点 $(1, 1)$ 处的线性化系统为

$$\begin{pmatrix} \dot{a}^1 \\ \dot{a}^2 \end{pmatrix} = \begin{pmatrix} 2 & 0 \\ 6 & -2 \end{pmatrix} \begin{pmatrix} a^1 - 1 \\ a^2 - 1 \end{pmatrix}$$

线性化系统的稳定子空间和不稳定子空间分别为

$$\begin{aligned} E^s &= \left\{ (a^1, a^2) \,|\, a^1 = 1 \right\} \\ E^u &= \left\{ (a^1, a^2) \,\middle|\, a^2 = \frac{3}{2}a^1 - \frac{1}{2} \right\} \end{aligned} \tag{7.2.20}$$

当 $a^1 \neq 1$ 时, 方程 (7.2.17) 可写成形式

$$\frac{\mathrm{d}a^2}{\mathrm{d}a^1} + \frac{a^2}{2(a^1 - 1)} = \frac{4(a^1)^3 - 3(a^2)^2}{2(a^1 - 1)}(a^2)^{-1}$$

解这个方程, 得到闭轨线族为

$$(a^2)^2 = (a^1)^3 + \frac{C}{a^1 - 1} \tag{7.2.21}$$

其中 C 为任意常数. 可以看出 $a^1 = 1$ 也是系统 (7.2.17) 的一条轨线. 由稳定流形定理知, 系统的局部稳定流形 $W^s_{\mathrm{loc}}(1, 1)$ 和局部不稳定流形 $W^u_{\mathrm{loc}}(1, 1)$ 应该在点 $(1, 1)$ 处分别与稳定子空间 E^s 和不稳定子空间 E^u 相切. 利用上述轨线表达式可以得到如下全局稳定流形和全局不稳定流形

$$\begin{aligned} W^s(1, 1) &= \left\{ (a^1, a^2) \,|\, a^1 = 1 \right\} \\ W^u(1, 1) &= \left\{ (a^1, a^2) \,|\, (a^2)^2 = (a^1)^3 \right\} \end{aligned} \tag{7.2.22}$$

例 2　二阶自治广义 Birkhoff 系统为

$$R_1 = a^2, \quad R_2 = 0, \quad B = \frac{1}{2}(a^2)^2, \quad \Lambda_1 = (a^1)^2 - a^1, \quad \Lambda_2 = 0$$

微分方程为

$$\dot{a}^1 = a^2, \quad \dot{a}^2 = -a^1 + (a^1)^2 \tag{7.2.23}$$

它有两个奇点 $O(0,0)$ 和 $A(1,0)$. 由于 $\Delta = 1 - 2a^1$ 知, 点 O 为中心, 点 A 为鞍点. 因为存在中心, 故存在闭轨.

利用 Poincaré 变换

$$a^1 = \frac{1}{z}, \quad a^2 = \frac{u}{z}, \quad \mathrm{d}\tau = \frac{\mathrm{d}t}{z}$$

则方程 (7.2.23) 变为

$$\frac{\mathrm{d}u}{\mathrm{d}\tau} = -u^2 z - z + 1, \quad \frac{\mathrm{d}z}{\mathrm{d}\tau} = -z^2 u$$

它在 u 轴 $(z = 0)$ 上无奇点.

利用 Poincaré 变换

$$a^1 = \frac{v}{z}, \quad a^2 = \frac{1}{z}, \quad \mathrm{d}\tau = \frac{\mathrm{d}t}{z}$$

则方程 (7.2.23) 变为

$$\frac{\mathrm{d}v}{\mathrm{d}\tau} = z + v^2 z - v^3, \quad \frac{\mathrm{d}z}{\mathrm{d}\tau} = vz^2 - v^3 z$$

可见 $D(0,0)$ 是奇点, 而且是高阶奇点, 由文献 [3] 可判断出 $D(0,0)$ 为结点.

7.3　平衡点分岔

如果二阶自治广义 Birkhoff 系统含有分岔参数 μ, 设当 $\mu = \mu_0$ 时, 系统有非双曲平衡点 (a_0^1, a_0^2), 则向量场当 $\mu = \mu_0$ 时是结构不稳定的, μ_0 是一个分岔值. 此时, 对在 μ_0 处的向量场作适当的小扰动, 就可使点 (a_0^1, a_0^2) 附近的轨线拓扑结构发生变化, 例如平衡点的产生或消失, 时变状态的出现等. 这种分岔称为平衡点分岔. 平衡点分岔又分为极限点分岔、跨临界分岔、叉形分岔等. 下面举例说明.

7.3.1　极限点分岔

二阶自治广义 Birkhoff 系统为

$$R_1 = 0, \quad R_2 = -a^1 - (a^1)^2 \quad \left(a^1 \neq -\frac{1}{2}\right)$$

$$B = \frac{1}{3}(a^1)^3 + \frac{1}{2}(a^2)^2, \quad \Lambda_1 = \mu, \quad \Lambda_2 = 0 \tag{7.3.1}$$

微分方程为

$$\dot{a}^1 = \frac{a^2}{1 + 2a^1}, \quad \dot{a}^2 = \frac{\mu - (a^1)^2}{1 + 2a^1}$$

由此可看出, 当 $\mu < 0$ 时, 没有平衡点; 当 $\mu = 0$ 时, 有一个平衡点 $(0, 0)$, 它是尖点; 当 $\mu > 0$ 时, 有两个平衡点 $(\sqrt{\mu}, 0)$ 和 $(-\sqrt{\mu}, 0)$, 分别为中心和鞍点. 这类分岔称为极限点分岔.

7.3.2 跨临界分岔

二阶自治广义 Birkhoff 系统为

$$R_1 = 0, \quad R_2 = -a^1 - (a^1)^2 \quad (a^1 \ne -\frac{1}{2})$$
$$B = \frac{1}{3}(a^1)^3 + \frac{1}{2}(a^2)^2, \quad \Lambda_1 = \mu a^1, \quad \Lambda_2 = 0 \tag{7.3.2}$$

微分方程为

$$\dot{a}^1 = \frac{a^2}{1 + 2a^1}, \quad \dot{a}^2 = \frac{\mu a^1 - (a^1)^2}{1 + 2a^1}$$

由此可看出, 当 $\mu < 0$ 时, 有两个平衡点 $(0, 0)$ 和 $(\mu, 0)$, 分别为中心和鞍点; 当 $\mu = 0$ 时, 有一个平衡点 $(0, 0)$, 奇点为尖点; 当 $\mu > 0$ 时, 有两个平衡点 $(0, 0)$ 和 $(\mu, 0)$, 分别为鞍点和中心. 在 $\mu = 0$ 处, 平衡点 $(0, 0)$ 和 $(\mu, 0)$ 的稳定性互相交换. 这类分岔为跨临界分岔.

7.3.3 叉形分岔

二阶自治广义 Birkhoff 系统为

$$R_1 = 0, \quad R_2 = -a^1 - (a^1)^2 \quad (a^1 \ne -\frac{1}{2})$$
$$B = \frac{1}{4}(a^1)^4 + \frac{1}{2}(a^2)^2, \quad \Lambda_1 = \mu a^1, \quad \Lambda_2 = 0 \tag{7.3.3}$$

微分方程为

$$\dot{a}^1 = \frac{a^2}{1 + 2a^1}, \quad \dot{a}^2 = \frac{\mu a^1 - (a^1)^3}{1 + 2a^1}$$

可以看出, 当 $\mu \leqslant 0$ 时, 有一个平衡点 $(0, 0)$, 它是中心; 当 $\mu > 0$ 时, 有三个平衡点 $(0, 0)$, $(\sqrt{\mu}, 0)$ 和 $(-\sqrt{\mu}, 0)$, 分别为鞍点, 中心和中心. 这类分岔为叉形分岔.

参 考 文 献

[1] 陈向炜. Birkhoff 系统的全局分析. 开封: 河南大学出版社, 2002
[2] 陆启韶. 常微分方程的定性方法和分叉. 北京: 北京航空航天大学出版社, 1989
[3] 张芷芬, 丁同仁, 黄文灶, 董镇喜. 微分方程定性理论. 北京: 科学出版社, 1997

第 8 章　广义 Birkhoff 系统动力学逆问题

广义 Birkhoff 系统动力学有正问题, 也有逆问题. 所谓正问题是指已知动力学函数 R_μ, B 和 $\Lambda_\mu(\mu = 1, 2, \cdots, 2n)$ 按式 (2.2.4) 组成广义 Birkhoff 方程, 并研究其运动性质, 而逆问题是指按给定的运动性质反过来建立广义 Birkhoff 方程, 即求出所有动力学函数 R_μ, B 和 $\Lambda_\mu(\mu = 1, 2, \cdots, 2n)$. 文献 [1, 2] 研究了 Birkhoff 系统动力学逆问题. 本章研究广义 Birkhoff 系统动力学逆问题, 包括按系统给定的运动性质来组成广义 Birkhoff 方程、方程的修改、方程的封闭、对称性与动力学逆问题、根据微分变分原理组成运动方程, 以及广义 Poisson 方法与动力学逆问题等.

8.1　根据系统的给定运动性质来建立广义 Birkhoff 方程

本节研究按给定运动性质来组建广义 Birkhoff 方程问题, 包括逆问题的提法, 逆问题的解法, 并举例说明结果的应用.

8.1.1　逆问题的提法

根据系统的给定运动性质来组建广义 Birkhoff 方程这类逆问题的提法如下: 假设系统的给定运动性质为积分流形

$$\omega_r(t, \boldsymbol{a}) = C_r \quad (r = 1, 2, \cdots, m \leqslant 2n) \tag{8.1.1}$$

试建立广义 Birkhoff 方程 [3,4].

8.1.2　逆问题的解法

为解上述逆问题, 首先要由式 (8.1.1) 求出所有 $a^\mu(\mu = 1, 2, \cdots, 2n)$, 然后根据 $\dot{a}^\mu$ 的表达式来求出全部动力学函数 R_μ, B 和 $\Lambda_\mu(\mu = 1, 2, \cdots, 2n)$. 为此, 将式 (8.1.1) 对时间 t 求导数, 得到

$$\frac{\partial \omega_r}{\partial a^\nu} \dot{a}^\nu + \frac{\partial \omega_r}{\partial t} = \Phi_r(t, \boldsymbol{a}, \boldsymbol{\omega}) \quad (r = 1, 2, \cdots, m) \tag{8.1.2}$$

其中 Φ_r 为Еругин函数, 它们是在积分流形 (8.1.1) 上为零的任意函数. 特别地, 当所有 C_r 为任意常数时, 有 $\Phi_r = 0(r = 1, 2, \cdots, m)$. 当 $m < 2n$ 时, 不能由式 (8.1.2) 求得所有 $\dot{a}^\mu$; 当 $m = 2n$ 时, 由式 (8.1.2) 可解出所有 $\dot{a}^\mu(\mu = 1, 2, \cdots, 2n)$

$$\dot{a}^\mu = \frac{\Delta_{\nu\mu}}{\Delta} \left(\Phi_\nu - \frac{\partial \omega_\nu}{\partial t} \right) \quad (\mu, \nu = 1, 2, \cdots, 2n) \tag{8.1.3}$$

其中

$$\Delta = \det\left(\frac{\partial \omega_\mu}{\partial a^\nu}\right) \neq 0 \tag{8.1.4}$$

而 $\Delta_{\nu\mu}$ 为行列式 Δ 元素 (ν, μ) 的代数余子式. 注意到, 当 C_ν 为固定常数时, 即式 (8.1.1) 为特殊积分时, 式 (8.1.3) 中的Еругин函数 Φ_ν 只是在积分流形上为零的任意函数.

其次, 需将方程 (8.1.3) 化成广义 Birkhoff 方程. 广义 Birkhoff 方程有形式

$$\dot{a}^\mu = \Omega^{\mu\nu}\left(\frac{\partial B}{\partial a^\nu} + \frac{\partial R_\nu}{\partial t} - \Lambda_\nu\right) \quad (\mu, \nu = 1, 2, \cdots, 2n) \tag{8.1.5}$$

其中

$$\Omega^{\mu\rho}\Omega_{\rho\nu} = \delta^\mu_\nu$$
$$\Omega_{\rho\nu} = \frac{\partial R_\nu}{\partial a^\rho} - \frac{\partial R_\rho}{\partial a^\nu} \tag{8.1.6}$$

比较方程 (8.1.5) 与 (8.1.3), 得

$$\Omega^{\mu\rho}\left(\frac{\partial B}{\partial a^\rho} + \frac{\partial R_\rho}{\partial t} - \Lambda_\rho\right) = \frac{\Delta_{\nu\mu}}{\Delta}\left(\Phi_\nu - \frac{\partial \omega_\nu}{\partial t}\right) \quad (\mu, \nu, \rho = 1, 2\cdots, 2n) \tag{8.1.7}$$

或者表示为

$$\frac{\partial \omega_\mu}{\partial a^\nu}\Omega^{\nu\rho}\left(\frac{\partial B}{\partial a^\rho} + \frac{\partial R_\rho}{\partial t} - \Lambda_\rho\right) + \frac{\partial \omega_\mu}{\partial t} = \Phi_\mu \quad (\mu, \nu, \rho = 1, 2, \cdots, 2n) \tag{8.1.8}$$

这样, 方程 (8.1.7) 或 (8.1.8) 可用来确定动力学函数 R_μ, B 和 $\Lambda_\mu(\mu = 1, 2, \cdots, 2n)$.

上述动力学逆问题, 同其他动力学逆问题一样, 一般说没有唯一解. 而为求唯一解, 需施加一些限制.

例 1 已知四阶系统的四个积分

$$\omega_1 = a^2\cos t - a^4\sin t = C_1$$
$$\omega_2 = a^2\sin t + a^4\cos t = C_2$$
$$\omega_3 = a^2 + a^3 = C_3$$
$$\omega_4 = a^1 - a^4 - (a^2 + a^3)t = C_4 \tag{8.1.9}$$

其中 C_1, C_2, C_3, C_4 为任意常数, 试组建广义 Birkhoff 方程.

首先, 将式 (8.1.9) 对 t 求导数. 因 $C_\mu(\mu = 1, 2, 3, 4)$ 是任意常数, 故Еругин函数 $\Phi_\mu = 0(\mu = 1, 2, 3, 4)$. 于是有

$$\dot{a}^2\cos t - \dot{a}^4\sin t - a^2\sin t - a^4\cos t = 0$$

$$\dot{a}^2\sin t + \dot{a}^4\cos t + a^2\cos t - a^4\sin t = 0$$

$$\dot{a}^2 + \dot{a}^3 = 0 \tag{8.1.10}$$

$$\dot{a}^1 - \dot{a}^4 - (a^2 + a^3) - (\dot{a}^2 + \dot{a}^3)t = 0$$

由此可求得所有 $\dot{a}^\mu(\mu = 1, 2, 3, 4)$.

其次, 方程 (8.1.8) 给出

$$\Omega^{2\rho}\left(\frac{\partial B}{\partial a^\rho} + \frac{\partial R_\rho}{\partial t} - \Lambda_\rho\right)\cos t - \Omega^{4\rho}\left(\frac{\partial B}{\partial a^\rho} + \frac{\partial R_\rho}{\partial t} - \Lambda_\rho\right)\sin t$$

$$- a^2\sin t - a^4\cos t = 0$$

$$\Omega^{2\rho}\left(\frac{\partial B}{\partial a^\rho} + \frac{\partial R_\rho}{\partial t} - \Lambda_\rho\right)\sin t + \Omega^{4\rho}\left(\frac{\partial B}{\partial a^\rho} + \frac{\partial R_\rho}{\partial t} - \Lambda_\rho\right)\cos t$$

$$+ a^2\cos t - a^4\sin t = 0$$

$$\Omega^{2\rho}\left(\frac{\partial B}{\partial a^\rho} + \frac{\partial R_\rho}{\partial t} - \Lambda_\rho\right) + \Omega^{3\rho}\left(\frac{\partial B}{\partial a^\rho} + \frac{\partial R_\rho}{\partial t} - \Lambda_\rho\right) = 0 \tag{8.1.11}$$

$$\Omega^{1\rho}\left(\frac{\partial B}{\partial a^\rho} + \frac{\partial R_\rho}{\partial t} - \Lambda_\rho\right) - \Omega^{4\rho}\left(\frac{\partial B}{\partial a^\rho} + \frac{\partial R_\rho}{\partial t} - \Lambda_\rho\right)$$

$$- \Omega^{2\rho}\left(\frac{\partial B}{\partial a^\rho} + \frac{\partial R_\rho}{\partial t} - \Lambda_\rho\right)t - \Omega^{3\rho}\left(\frac{\partial B}{\partial a^\rho} + \frac{\partial R_\rho}{\partial t} - \Lambda_\rho\right)t$$

$$- a^2 - a^3 = 0$$

取

$$R_1 = \frac{1}{2}a^2, \quad R_2 = -\frac{1}{2}a^1, \quad R_3 = \frac{1}{2}a^4, \quad R_4 = -\frac{1}{2}a^3, \quad B = 0 \tag{8.1.12}$$

则有

$$(\Omega^{\mu\rho}) = \begin{pmatrix} 0 & 1 & 0 & 0 \\ -1 & 0 & 0 & 0 \\ 0 & 0 & 0 & 1 \\ 0 & 0 & -1 & 0 \end{pmatrix} \tag{8.1.13}$$

式 (8.1.11) 成为

$$\Lambda_1\cos t - \Lambda_3\sin t - a^2\sin t - a^4\cos t = 0$$

$$\Lambda_1\sin t + \Lambda_3\cos t + a^2\cos t - a^4\sin t = 0$$

$$\Lambda_1 - \Lambda_4 = 0 \tag{8.1.14}$$

$$-\Lambda_2 - \Lambda_3 - \Lambda_1 t + \Lambda_4 t - a^2 - a^3 = 0$$

由此解得

$$\Lambda_1 = a^4, \quad \Lambda_2 = -a^3, \quad \Lambda_3 = -a^2, \quad \Lambda_4 = a^4 \tag{8.1.15}$$

这样, 由式 (8.1.12) 和 (8.1.15) 就组建了广义 Birkhoff 方程.

例 2 已知二阶系统的一个积分

$$\omega = a^1 \cos t + a^2 \sin t = C \tag{8.1.16}$$

其中 C 为任意常数, 试组建广义 Birkhoff 方程.

式 (8.1.8) 给出

$$\Omega^{12}\left(\frac{\partial B}{\partial a^2} + \frac{\partial R_2}{\partial t} - \Lambda_2\right)\cos t + \Omega^{21}\left(\frac{\partial B}{\partial a^1} + \frac{\partial R_1}{\partial t} - \Lambda_1\right)\sin t$$
$$- a^1 \sin t + a^2 \cos t = 0 \tag{8.1.17}$$

假设

$$\frac{\partial R_1}{\partial t} = \frac{\partial R_2}{\partial t} = 0 \tag{8.1.18}$$

则有

$$\Omega^{12}\left(\frac{\partial B}{\partial a^2} - \Lambda_2\right)\cos t + \Omega^{21}\left(\frac{\partial B}{\partial a^1} - \Lambda_1\right)\sin t = a^1 \sin t - a^2 \cos t \tag{8.1.19}$$

方程 (8.1.5) 给出

$$\dot{a}^1 = \Omega^{12}\left(\frac{\partial B}{\partial a^2} - \Lambda_2\right), \quad \dot{a}^2 = \Omega^{21}\left(\frac{\partial B}{\partial a^1} - \Lambda_1\right) \tag{8.1.20}$$

下面提出补充条件: 要求方程 (8.1.20) 的零解 $a^1 = a^2 = 0$ 是稳定的. 为此, 取 Lyapunov 函数为

$$V = \frac{1}{2}\left[(a^1)^2 + (a^2)^2\right] \tag{8.1.21}$$

并使得按方程 (8.1.20) 求得的 $\dot{V}$ 为零, 即

$$\dot{V} = a^1 \dot{a}^1 + a^2 \dot{a}^2$$
$$= \Omega^{12} a^1 \left(\frac{\partial B}{\partial a^2} - \Lambda_2\right) + \Omega^{21} a^2 \left(\frac{\partial B}{\partial a^1} - \Lambda_1\right)$$
$$= 0 \tag{8.1.22}$$

因 $\Omega^{12} = -\Omega^{21} \neq 0$, 故有

$$a^1 \left(\frac{\partial B}{\partial a^2} - \Lambda_2\right) = a^2 \left(\frac{\partial B}{\partial a^1} - \Lambda_1\right) \tag{8.1.23}$$

它有如下解

$$B = 0, \quad \Lambda_1 = a^1, \quad \Lambda_2 = a^2 \tag{8.1.24}$$

$$B = \frac{1}{2}\left[(a^1)^2 + (a^2)^2\right], \quad \Lambda_1 = \Lambda_2 = 0 \tag{8.1.25}$$

将式 (8.1.24) 或 (8.1.25) 代入式 (8.1.19), 可求得

$$\Omega^{12} = 1 \tag{8.1.26}$$

最后, 有

$$R_1 = 0, \quad R_2 = -a^1, \quad B = 0, \quad \Lambda_1 = a^1, \quad \Lambda_2 = a^2 \tag{8.1.27}$$

$$R_1 = a^2, \quad R_2 = 0, \quad B = \frac{1}{2}\left[(a^1)^2 + (a^2)^2\right], \quad \Lambda_1 = \Lambda_2 = 0 \tag{8.1.28}$$

式 (8.1.27) 对应一个广义 Birkhoff 系统, 式 (8.1.28) 对应一个 Birkhoff 系统.

8.2　运动方程的修改

本节研究广义 Birkhoff 系统运动方程的修改问题, 包括逆问题的提法、逆问题的解法, 并举例说明结果的应用.

8.2.1　逆问题的提法

运动方程的修改是一类动力学逆问题. 在这类逆问题中, 系统运动方程的结构已知

$$\dot{a}^\mu = f_{0\mu}(t, \boldsymbol{a}, \boldsymbol{v}) \quad (\mu = 1, 2, \cdots, 2n) \tag{8.2.1}$$

需要确定系统的参数 $\boldsymbol{v}(v_1, v_2, \cdots, v_k)$, 使得按运动给定性质

$$\omega_r(t, \boldsymbol{a}) = C_r \quad (r = 1, 2, \cdots, m \leqslant 2n) \tag{8.2.2}$$

的运动是系统的一个可能运动 [4].

8.2.2　逆问题的解法

为解上述逆问题, 首先要建立微分方程使得给定流形 (8.2.2) 是系统的积分; 其次, 使由式 (8.2.2) 求得的 $\dot{a}^\mu$ 等于方程 (8.2.1) 的右端而确定未知函数 $v_l(l = 1, 2, \cdots, k)$. 这样, 将式 (8.2.2) 对 t 求导数, 并引入Еругин函数 Φ_r, 得到

$$\frac{\partial \omega_r}{\partial a^\nu} \dot{a}^\nu + \frac{\partial \omega_r}{\partial t} = \Phi_r(t, \boldsymbol{a}, \boldsymbol{\omega}) \quad (r = 1, 2, \cdots, m) \tag{8.2.3}$$

当 $m < 2n$ 时, 由式 (8.2.3) 不能求出全部 $\dot{a}^\nu (\nu = 1, 2, \cdots, 2n)$. 因此, 需给出补充条件. 当 $m = 2n$ 时, 可求出全部 $\dot{a}^\nu$, 有

$$\dot{a}^\mu = \frac{\Delta_{\nu\mu}}{\Delta} \left(\Phi_\nu - \frac{\partial \omega_\nu}{\partial t} \right) \quad (\mu, \nu = 1, 2, \cdots, 2n) \tag{8.2.4}$$

其中

$$\Delta = \det \left(\frac{\partial \omega_\mu}{\partial a^\nu} \right) \neq 0$$

注意到, 当 C_μ 为固定常数, 即式 (8.2.2) 为特殊积分时, 式 (8.2.4) 中的Еругин函数 Φ_μ 只是在积分流形上为零, 仍然是任意函数.

将式 (8.2.4) 代入方程 (8.2.1), 得

$$\frac{\Delta_{\nu\mu}}{\Delta} \left(\Phi_\nu - \frac{\partial \omega_\nu}{\partial t} \right) = f_{0\mu}(t, \boldsymbol{a}, \boldsymbol{v}) \tag{8.2.5}$$

对广义 Birkhoff 系统, 有

$$f_{0\mu} = \Omega^{\mu\nu} \left(\frac{\partial B}{\partial a^\nu} + \frac{\partial R_\nu}{\partial t} - \Lambda_\nu \right) \tag{8.2.6}$$

于是有

$$\frac{\Delta_{\nu\mu}}{\Delta} \left(\Phi_\nu - \frac{\partial \omega_\nu}{\partial t} \right) = \Omega^{\mu\rho} \left(\frac{\partial B}{\partial a^\rho} + \frac{\partial R_\rho}{\partial t} - \Lambda_\rho \right) \quad (\mu, \nu, \rho = 1, 2, \cdots, 2n) \tag{8.2.7}$$

式 (8.2.7) 的形式与式 (8.1.7) 一样. 不同的是, 方程 (8.2.7) 的右端包含待定参数. 注意到, 参数 $v_l (l = 1, 2, \cdots, k)$ 可以出现于动力学函数 R_μ, B 和 Λ_μ 中, 也可以是某些动力学函数.

例 1 已知四阶广义 Birkhoff 系统的四个积分

$$
\begin{aligned}
\omega_1 &= a^2 \cos t - a^4 \sin t = C_1 \\
\omega_2 &= a^2 \sin t + a^4 \cos t = C_2 \\
\omega_3 &= a^2 + a^3 = C_3 \\
\omega_4 &= a^1 - a^4 - (a^2 + a^3)t = C_4
\end{aligned}
\tag{8.2.8}
$$

其中 C_1, C_2, C_3 和 C_4 为任意常数, 以及部分动力学函数

$$
\begin{aligned}
&R_1 = \frac{1}{2}a^2, \quad R_2 = -\frac{1}{2}a^1, \quad B = \frac{1}{2}(a^4)^2 \\
&\Lambda_1 = a^4, \quad \Lambda_2 = -a^3, \quad \Lambda_3 = -a^2, \quad \Lambda_4 = 0
\end{aligned}
\tag{8.2.9}
$$

试求函数 R_3, R_4.

将式 (8.2.8) 对 t 求导数, 可求得所有 $\dot{a}^{\mu}$, 有

$$\dot{a}_1 = a^3, \quad \dot{a}^2 = a^4, \quad \dot{a}^3 = -a^4, \quad \dot{a}^4 = -a^2 \qquad (8.2.10)$$

由式 (8.2.9) 知

$$\Omega^{12} = -\Omega^{21} = 1, \quad \Omega^{13} = \Omega^{14} = \Omega^{23} = \Omega^{24} = 0 \qquad (8.2.11)$$

式 (8.2.7) 给出

$$\begin{aligned}
&-\Lambda_2 = a^3 \\
&\Lambda_1 = a^4 \\
&\Omega^{31}(-\Lambda_1) + \Omega^{32}(-\Lambda_2) + \Omega^{34}(-\Lambda_4 + a^4) = -a^4 \\
&\Omega^{41}(-\Lambda_1) + \Omega^{42}(-\Lambda_2) + \Omega^{43}(-\Lambda_3) = -a^2
\end{aligned} \qquad (8.2.12)$$

将式 (8.2.9) 中的 $\Lambda_1, \Lambda_2, \Lambda_3, \Lambda_4$ 代入式 (8.2.12),

$$\begin{aligned}
&\Omega^{31}a^4 - \Omega^{32}a^3 + \Omega^{34}a^4 = -a^4 \\
&\Omega^{41}a^4 - \Omega^{42}a^3 - \Omega^{43}a^4 = -a^2
\end{aligned} \qquad (8.2.13)$$

取

$$\Omega^{31} = \Omega^{32} = \Omega^{41} = \Omega^{42} = 0$$

则有

$$\Omega^{34} = -\Omega^{43} = -1 \qquad (8.2.14)$$

由此可简单地取

$$R_3 = \frac{1}{2}a^4, \quad R_4 = -\frac{1}{2}a^3 \qquad (8.2.15)$$

例 2   已知四阶广义 Birkhoff 系统的一个积分

$$\omega = \frac{1}{2}[(a^1)^2 + (a^2)^2 + (a^3)^2 + (a^4)^2] = C_1 \qquad (8.2.16)$$

其中 C_1 为任意常数, 以及动力学函数

$$\begin{aligned}
&R_1 = \frac{1}{2}a^3, \quad R_2 = \frac{1}{2}a^4, \quad R_4 = -\frac{1}{2}a^1, \quad R_4 = -\frac{1}{2}a^2 \\
&B = \frac{1}{2}\left[(a^1)^2 + (a^2)^2 + (a^3)^2 + (a^4)^2\right]
\end{aligned} \qquad (8.2.17)$$

试求附加项 $\Lambda_{\mu}(\mu = 1, 2, 3, 4)$.

由式 (8.2.17) 知, 广义 Birkhoff 方程有如下形式

$$-\dot{a}^3 = a^1 - \varLambda_1$$
$$-\dot{a}^4 = a^2 - \varLambda_2$$
$$\dot{a}^1 = a^3 - \varLambda_3 \qquad (8.2.18)$$
$$\dot{a}^2 = a^4 - \varLambda_4$$

将式 (8.2.16) 对 t 求导数, 得

$$a^1\dot{a}^1 + a^2\dot{a}^2 + a^3\dot{a}^3 + a^4\dot{a}^4 = 0 \qquad (8.2.19)$$

将式 (8.2.18) 代入式 (8.2.19), 得到附加项应满足的关系

$$-\varLambda_3 a^1 - \varLambda_4 a^2 + \varLambda_1 a^3 + \varLambda_2 a^4 = 0 \qquad (8.2.20)$$

例 3 已知四阶广义 Birkhoff 系统的一个积分

$$\omega = (a^1)^2 + (a^2)^2 + (a^3)^2 + (a^4)^2 = C \qquad (8.2.21)$$

其中 C 为任意常数, 以及 Birkhoff 函数组

$$R_1 = \frac{1}{2}a^3, \quad R_2 = \frac{1}{2}a^4, \quad R_3 = -\frac{1}{2}a^1, \quad R_4 = -\frac{1}{2}a^2 \qquad (8.2.22)$$

和附加项

$$\varLambda_1 = a^1, \quad \varLambda_2 = a^2, \quad \varLambda_3 = a^3, \quad \varLambda_4 = a^4 \qquad (8.2.23)$$

试求 Birkhoff 函数 B.

由式 (8.2.22) 和 (8.2.23) 可建立广义 Birkhoff 方程为

$$-\dot{a}^3 = \frac{\partial B}{\partial a^1} - a^1$$
$$-\dot{a}^4 = \frac{\partial B}{\partial a^2} - a^2$$
$$\dot{a}^1 = \frac{\partial B}{\partial a^3} - a^3 \qquad (8.2.24)$$
$$\dot{a}^2 = \frac{\partial B}{\partial a^4} - a^4$$

将式 (8.2.21) 对 t 求导数, 得

$$a^1\dot{a}^1 + a^2\dot{a}^2 + a^3\dot{a}^3 + a^4\dot{a}^4 = 0 \qquad (8.2.25)$$

将方程 (8.2.24) 代入式 (8.2.25), 得到

$$-\frac{\partial B}{\partial a^1}a^3 - \frac{\partial B}{\partial a^2}a^4 + \frac{\partial B}{\partial a^3}a^1 + \frac{\partial B}{\partial a^4}a^2 = 0 \qquad (8.2.26)$$

由此可求得

$$B = C_1\left[(a^1)^2 + (a^3)^2\right] + C_2\left[(a^2)^2 + (a^4)^2\right] \qquad (8.2.27)$$

其中 C_1, C_2 为任意常数.

8.3　运动方程的封闭

运动方程的封闭是一类动力学逆问题. 本节研究广义 Birkhoff 系统运动方程的封闭问题, 包括逆问题的提法和解法以及具体应用.

8.3.1　逆问题的提法

在这类逆问题中, 已知一部分运动微分方程, 需组成补充的方程以构成封闭组, 并使得给定的积分流形是这个封闭组的一个可能运动.

8.3.2　逆问题的解法

运动方程的封闭问题的解法, 类似于运动方程的修改问题, 一般说, 也没有唯一解.

例 1　质量为 m 的质点按规律

$$\dot{a}^1 = \frac{1}{m} a^2 \exp(-2ba^1) \tag{8.3.1}$$

而运动, 其中 b 为常数, a^2 为某变量. 要求组建封闭的广义 Birkhoff 方程组, 使得以给定性质

$$\begin{aligned}\omega &= \frac{1}{2m}(a^2)^2 \exp(-2ba^1) - \frac{mg}{2b}\left[\exp(2ba^1) - 1\right]\\ &= C\end{aligned} \tag{8.3.2}$$

的运动是系统的一个可能运动.

为解上述逆问题, 首先要求出 $\dot{a}^2$, 然后来求动力学函数 B, R_μ 和 $\Lambda_\mu(\mu = 1, 2)$. 将式 (8.3.2) 对 t 求导数, 并利用方程 (8.3.1), 得到 [2]

$$\dot{a}^2 = \frac{b}{m}(a^2)^2 \exp(-2ba^1) + mg\exp(2ba^1) \tag{8.3.3}$$

下面由方程 (8.3.1) 和 (8.3.3) 来求动力学函数 B, R_1, R_2, Λ_1 和 Λ_2. 将方程 (8.3.1) 和 (8.3.3) 表示为广义 Birkhoff 方程, 有

$$\begin{aligned}\Omega^{12}\left(\frac{\partial B}{\partial a^2} + \frac{\partial R_2}{\partial t} - \Lambda_2\right) &= \frac{1}{m} a^2\exp(-2ba^1)\\ \Omega^{21}\left(\frac{\partial B}{\partial a^1} + \frac{\partial R_1}{\partial t} - \Lambda_1\right) &= \frac{b}{m}(a^2)^2\exp(-2ba^1) + mg\exp(2ba^1)\end{aligned} \tag{8.3.4}$$

方程 (8.3.4) 对 B, R_1, R_2, Λ_1 和 Λ_2 来说, 解不唯一. 今取

$$R_1 = a^2, \quad R_2 = 0, \quad B = -\frac{mg}{2b}\exp(2ba^1) \tag{8.3.5}$$

则由方程 (8.3.4) 得到附加项

$$\Lambda_1 = -\frac{1}{m}a^2\exp(-2ba^1), \quad \Lambda_2 = \frac{b}{m}(a^2)^2\exp(-2ba^1) \tag{8.3.6}$$

文献 [2] 构造了 Birkhoff 系统的动力学函数 R_1, R_2 和 B.

例 2 已知二阶广义 Birkhoff 系统的一个方程为

$$\dot{a}^1 = \frac{a^2}{t} \quad (t > 0) \tag{8.3.7}$$

试将方程封闭, 并使按给定性质

$$\omega = \frac{1}{2}(a^1)^2 + \frac{1}{2}(a^2)^2 = C \tag{8.3.8}$$

的运动是系统的一个可能运动, 其中 C 为任意常数.

将式 (8.3.8) 对 t 求导数, 得

$$a^1\dot{a}^1 + a^2\dot{a}^2 = 0 \tag{8.3.9}$$

将式 (8.3.7) 代入式 (8.3.8), 得到

$$\dot{a}^2 = -\frac{a^1}{t} \tag{8.3.10}$$

将式 (8.3.7) 和 (8.3.10) 代入广义 Birkhoff 方程, 有

$$\begin{aligned}
\Omega^{12}\left(\frac{\partial B}{\partial a^2} + \frac{\partial R_2}{\partial t} - \Lambda_2\right) &= \frac{a^2}{t} \\
\Omega^{21}\left(\frac{\partial B}{\partial a^1} + \frac{\partial R_1}{\partial t} - \Lambda_1\right) &= -\frac{a^1}{t}
\end{aligned} \tag{8.3.11}$$

今取

$$R_1 = \frac{1}{2}ta^2, \quad R_2 = -\frac{1}{2}ta^1, \quad \Lambda_1 = \frac{1}{2}a^2, \quad \Lambda_2 = -\frac{1}{2}a^1 \tag{8.3.12}$$

则由方程 (8.3.11) 得

$$\frac{\partial B}{\partial a^1} = a^1, \quad \frac{\partial B}{\partial a^2} = a^2 \tag{8.3.13}$$

它有解

$$B = \frac{1}{2}(a^1)^2 + \frac{1}{2}(a^2)^2 \tag{8.3.14}$$

8.4 广义 Birkhoff 系统的对称性与动力学逆问题

本节讨论广义 Birkhoff 系统的对称性与动力学逆问题, 包括广义 Birkhoff 系统的 Noether 对称性, 以及与 Noether 对称性相关的三类动力学逆问题 [4].

8.4.1　广义 Birkhoff 系统的 Noether 对称性

取时间 t 和变量 a^μ 的无限小变换

$$t^* = t + \Delta t, \quad a^{\mu*} = a^\mu + \Delta a^\mu \tag{8.4.1}$$

或其展开式

$$t^* = t + \varepsilon_\alpha \xi_0^\alpha(t, \boldsymbol{a}), \quad a^{\mu*} = a^\mu + \varepsilon_\alpha \xi_\mu^\alpha(t, \boldsymbol{a}) \quad (\alpha = 1, 2, \cdots, r; \quad \mu = 1, 2, \cdots, 2n) \tag{8.4.2}$$

其中 ε_α 为无限小参数, $\xi_0^\alpha, \xi_\mu^\alpha$ 为无限小生成元.

Pfaff 作用量

$$A = \int_{t_0}^{t_1} (R_\mu \mathrm{d}a^\mu - B\mathrm{d}t) \tag{8.4.3}$$

的全变分可表示为

$$\Delta A = \int_{t_0}^{t_1} \left[(R_\mu \dot{a}^\mu - B) \frac{\mathrm{d}}{\mathrm{d}t}(\Delta t) + \left(\frac{\partial R_\mu}{\partial t} \dot{a}^\mu - \frac{\partial B}{\partial t} \right) \Delta t \right. $$
$$\left. + \left(\frac{\partial R_\nu}{\partial a^\mu} - \frac{\partial R_\mu}{\partial a^\nu} \right) \Delta a^\mu + R_\mu \Delta \dot{a}^\mu \right] \mathrm{d}t \tag{8.4.4}$$

或者表示为

$$\Delta A = \int_{t_0}^{t_1} \varepsilon_\alpha \left\{ \frac{\mathrm{d}}{\mathrm{d}t} \left(R_\mu \xi_\mu^\alpha - B\xi_0^\alpha \right) \right. $$
$$\left. + \left[\left(\frac{\partial R_\nu}{\partial a^\mu} - \frac{\partial R_\mu}{\partial a^\nu} \right) \dot{a}^\nu - \frac{\partial B}{\partial a^\mu} - \frac{\partial R_\mu}{\partial t} \right] \bar{\xi}_\mu^\alpha \right\} \mathrm{d}t \tag{8.4.5}$$

其中

$$\bar{\xi}_\mu^\alpha = \xi_\mu^\alpha - \dot{a}^\mu \xi_0^\alpha \tag{8.4.6}$$

如果

$$\Delta A = 0 \tag{8.4.7}$$

则称变换 (8.4.1) 为 Noether 意义下的对称变换.

如果

$$\Delta A = -\int_{t_0}^{t_1} \Delta G_\mathrm{N} \mathrm{d}t \tag{8.4.8}$$

其中 $\Delta G_\mathrm{N} = \varepsilon_\alpha G_\mathrm{N}^\alpha$, 则称变换 (8.4.1) 为 Noether 意义下的准对称变换.

如果

$$\Delta A = -\int_{t_0}^{t_1} (\Delta G_\mathrm{N} + \Lambda_\mu \delta a^\mu) \, \mathrm{d}t \tag{8.4.9}$$

其中 $\Lambda_\mu(\mu = 1, 2, \cdots, 2n)$ 为附加项, 则称变换 (8.4.1) 为 Noether 意义下的广义准对称变换.

广义准对称变换的判据, 在取 $\alpha = 1$ 时, 归结为如下广义 Noether 等式 [5]

$$\left(\frac{\partial R_\mu}{\partial t}\dot{a}^\mu - \frac{\partial B}{\partial t}\right)\xi_0 + \left(\frac{\partial R_\mu}{\partial a^\nu}\dot{a}^\nu - \frac{\partial B}{\partial a^\mu}\right)\xi_\mu + R_\mu\dot{\xi}_\mu$$

$$-B\dot{\xi}_0 + \Lambda_\mu\left(\xi_\mu - \dot{a}^\mu\xi_0\right) + \dot{G}_\mathrm{N} = 0 \tag{8.4.10}$$

展开式 (8.4.10) 得到广义 Killing 方程 [5]

$$R_\mu\frac{\partial\xi_\mu}{\partial a^\nu} + \frac{\partial R_\nu}{\partial a^\mu}\xi_\mu + \frac{\partial R_\nu}{\partial t}\xi_0 - B\frac{\partial\xi_0}{\partial a^\nu} - \Lambda_\nu\xi_0 = -\frac{\partial G_\mathrm{N}}{\partial a^\nu} \quad (\mu, \nu = 1, 2, \cdots, 2n) \tag{8.4.11}$$

$$\frac{\partial B}{\partial t}\xi_0 + B\frac{\partial\xi_0}{\partial t} + \frac{\partial B}{\partial a^\mu}\xi_\mu - R_\mu\frac{\partial\xi_\mu}{\partial t} - \Lambda_\mu\xi_\mu = \frac{\partial G_\mathrm{N}}{\partial t} \quad (\mu = 1, 2, \cdots, 2n) \tag{8.4.12}$$

广义 Birkhoff 系统的 Noether 定理有如下结果:

命题 1 如果无限小生成元 ξ_0, ξ_μ 和规范函数 G_N 满足广义 Noether 等式 (8.4.10), 则广义 Birkhoff 系统存在 Noether 守恒量

$$I_\mathrm{N} = R_\mu\xi_\mu - B\xi_0 + G_\mathrm{N} = \mathrm{const.} \tag{8.4.13}$$

命题 2 如果无限小 ξ_0, ξ_μ 和规范函数 G_N 满足广义 Killing 方程 (8.4.11), (8.4.12), 则广义 Birkhoff 系统存在 Noether 守恒量式 (8.4.13).

广义 Birkhoff 系统动力学正问题是指: 给定系统的 Birkhoff 函数 B, Birkhoff 函数组 R_μ 以及附加项 $\Lambda_\mu(\mu = 1, 2, \cdots, 2n)$, 寻求系统的广义准对称变换, 进而得到守恒量 (8.4.13).

8.4.2 逆问题的第一种提法和解法

广义 Birkhoff 系统动力学逆问题的第一种提法如下:

已知系统的 Birkhoff 函数组 R_μ 和附加项 $\Lambda_\mu(\mu = 1, 2, \cdots, 2n)$, 按给定的一个积分

$$I(a^\mu, t) = C \tag{8.4.14}$$

以及广义 Killing 方程 (8.4.11), (8.4.12) 来求系统的 Birkhoff 函数 B, 广义准对称变换的生成元 ξ_0, ξ_μ 和规范函数 G_N.

为解这类逆问题, 可令积分 (8.4.14) 等于 Noether 守恒量式 (8.4.13), 即

$$R_\mu\xi_u - B\xi_0 + G_\mathrm{N} = I \tag{8.4.15}$$

将式 (8.4.15) 对 a^ν 和 t 求偏导数, 分别得到

$$\frac{\partial R_\mu}{\partial a^\nu}\xi_\mu + R_\mu\frac{\partial\xi_\mu}{\partial a^\nu} - \frac{\partial B}{\partial a^\nu}\xi_0 - B\frac{\partial\xi_0}{\partial a^\nu} + \frac{\partial G_\mathrm{N}}{\partial a^\nu} = \frac{\partial I}{\partial a^\nu} \tag{8.4.16}$$

$$\frac{\partial R_\mu}{\partial t}\xi_\mu + R_\mu\frac{\partial \xi_\mu}{\partial t} - \frac{\partial B}{\partial t}\xi_0 - B\frac{\partial \xi_0}{\partial t} + \frac{\partial G_N}{\partial t} = \frac{\partial I}{\partial t} \tag{8.4.17}$$

将式 (8.4.16) 与 (8.4.11), 式 (8.4.17) 与 (8.4.12) 相减, 分别得到

$$\left(\frac{\partial R_\nu}{\partial a^\mu} - \frac{\partial R_\mu}{\partial a^\nu}\right)\xi_\mu + \left(\frac{\partial R_\nu}{\partial t} + \frac{\partial B}{\partial a^\nu} - \Lambda_\nu\right)\xi_0 = -\frac{\partial I}{\partial a^\nu} \tag{8.4.18}$$

$$\left(\frac{\partial R_\mu}{\partial t} + \frac{\partial B}{\partial a^\mu} - \Lambda_\mu\right)\xi_\mu = \frac{\partial I}{\partial t} \tag{8.4.19}$$

由式 (8.4.18), 解出 ξ_μ, 得

$$\xi_\mu = \Omega^{\mu\nu}\left[\frac{\partial I}{\partial a^\nu} + \left(\frac{\partial B}{\partial a^\nu} + \frac{\partial R_\nu}{\partial t} - \Lambda_\nu\right)\xi_0\right] \tag{8.4.20}$$

再将式 (8.4.20) 代入式 (8.4.19), 得到

$$\frac{\partial B}{\partial a^\mu}\Omega^{\mu\nu}\frac{\partial I}{\partial a^\nu} = \frac{\partial I}{\partial t} - \left(\frac{\partial R_\mu}{\partial t} - \Lambda_\mu\right)\Omega^{\mu\rho}\frac{\partial I}{\partial a^\rho} \tag{8.4.21}$$

这里已用到广义 Birkhoff 方程的形式. 式 (8.4.21) 就是为确定 Birkhoff 函数 B 的偏微分方程. 解此方程可求出函数 B.

这样, 这类逆问题的解法可按下述步骤进行: 首先, 解偏微分方程 (8.4.21) 求出函数 B; 其次, 由式 (8.4.20) 求出广义准对称变换的生成元 ξ_μ 和 ξ_0 的关系; 最后, 将所得 ξ_μ, ξ_0 和 B 代入式 (8.4.15) 而求得规范函数 G_N.

例 1　四阶广义 Birkhoff 系统的 Birkhoff 函数组为

$$R_1 = R_2 = 0, \quad R_3 = a^1, \quad R_4 = a^2 \tag{8.4.22}$$

附加项为

$$\Lambda_1 = a^4, \quad \Lambda_2 = -a^3, \quad \Lambda_3 = \Lambda_4 = 0 \tag{8.4.23}$$

一个积分为

$$I = a^1 + a^2 - a^3 + a^4 = C \tag{8.4.24}$$

试求系统的 Birkhoff 函数 B, 广义准对称变换的生成元 ξ_μ, ξ_0 以及规范函数 G_N.

首先, 求 Birkhoff 函数 B. 方程 (8.4.21) 给出

$$\frac{\partial B}{\partial a^1} + \frac{\partial B}{\partial a^2} + \frac{\partial B}{\partial a^3} + \frac{\partial B}{\partial a^4} = a^4 + a^3$$

它有解

$$B = \frac{1}{2}(a^3)^2 + \frac{1}{2}(a^4)^2 \tag{8.4.25}$$

其次, 求生成元. 式 (8.4.20) 给出

$$\xi_1 = 1 - a^3 \xi_0$$
$$\xi_2 = -1 - a^4 \xi_0$$
$$\xi_3 = 1 - a^4 \xi_0$$
$$\xi_4 = 1 + a^3 \xi_0$$

不妨取

$$\xi_0 = 0 \tag{8.4.26}$$

则有

$$\xi_1 = 1, \quad \xi_2 = -1, \quad \xi_3 = 1, \quad \xi_4 = 1 \tag{8.4.27}$$

最后, 求规范函数. 将式 (8.4.25)~(8.4.27) 和 (8.4.24) 代入式 (8.4.13), 得到

$$G_{\mathrm{N}} = -a^4 + a^3 \tag{8.4.28}$$

注意到, 方程 (8.4.21) 的解除式 (8.4.25) 外, 还可有其他形式, 而生成元 (8.4.26), (8.4.27) 也可有其他形式.

例 2 已知四阶广义 Birkhoff 系统的部分动力学函数

$$R_1 = \frac{1}{2}a^3, \quad R_2 = \frac{1}{2}a^4, \quad R_3 = -\frac{1}{2}a^1, \quad R_4 = -\frac{1}{2}a^2$$
$$\Lambda_1 = \Lambda_2 = 0, \quad \Lambda_3 = a^2, \quad \Lambda_4 = -a^1 \tag{8.4.29}$$

以及一个积分

$$I = \frac{1}{2}\left[(a^1)^2 + (a^2)^2 + (a^3)^2 + (a^4)^2\right] \tag{8.4.30}$$

试求 Birkhoff 函数 B, 广义准对称变换的生成元 ξ_μ, ξ_0 和规范函数 G_{N}.

首先, 求 Birkhoff 函数 B. 式 (8.4.21) 给出

$$\frac{\partial B}{\partial a^1}a^3 + \frac{\partial B}{\partial a^2}a^4 + \frac{\partial B}{\partial a^3}(-a^1) + \frac{\partial B}{\partial a^4}(-a^2) = 0$$

它有解

$$B = \frac{1}{2}[(a^1)^2 + (a^2)^2 + (a^3)^2 + (a^4)^2] \tag{8.4.31}$$

其次, 求生成元 ξ_μ 和 ξ_0. 式 (8.4.20) 给出

$$\xi_1 = a^3 + (a^3 - a^2)\xi_0$$
$$\xi_2 = a^4 + (a^4 + a^1)\xi_0$$
$$\xi_3 = -a^1 - a^1\xi_0$$

$$\xi_4 = -a^2 - a^2\xi_0$$

它们有解

$$\xi_0 = -1, \quad \xi_1 = a^2, \quad \xi_2 = -a^1, \quad \xi_3 = \xi_4 = 0 \tag{8.4.32}$$

当然, 还有其他解. 最后, 求规范函数 G_N. 将式 (8.4.29)~(8.4.32) 代入式 (8.4.15), 得到

$$G_N = \frac{1}{2}(a^1 a^4 - a^2 a^3) \tag{8.4.33}$$

8.4.3　逆问题的第二种提法和解法

广义 Birkhoff 系统动力学逆问题的第二种提法如下:

已知广义 Birkhoff 系统的 Birkhoff 函数 B, 附加项 $\Lambda_\mu(\mu = 1, 2, \cdots, 2n)$, 按给定的积分

$$I(a^\mu, t) = C \tag{8.4.34}$$

以及广义 Killing 方程 (8.4.11) 和 (8.4.12) 来求 Birkhoff 函数组 $R_\mu(\mu = 1, 2, \cdots, 2n)$, 广义准对称变换的生成元 ξ_μ, ξ_0 和规范函数 G_N.

为解上述逆问题, 可利用关系 (8.4.18) 和 (8.4.19) 建立对 R_μ, ξ_μ 和 ξ_0 的方程, 并求解. 显然, 这类逆问题也没有唯一解.

例 3　已知二阶广义 Birkhoff 系统中有

$$B = -\frac{1}{2}(a^2)^2, \quad \Lambda_1 = \frac{2}{t}a^2 + (a^1)^5, \quad \Lambda_2 = 0 \tag{8.4.35}$$

并有一个积分

$$I = t^3(a^2)^2 + t^2 a^1 a^2 + \frac{1}{3}t^3(a^1)^6 \tag{8.4.36}$$

试求 Birkhoff 函数组 R_1 和 R_2, 广义准对称变换的生成元 ξ_1, ξ_2, ξ_0 和规范函数 G_N.

方程 (8.4.18) 和 (8.4.19) 给出

$$\left(\frac{\partial R_1}{\partial a^2} - \frac{\partial R_2}{\partial a^1}\right)\xi_2 + \left[\frac{\partial R_1}{\partial t} - \frac{2}{t}a^2 - (a^1)^5\right]\xi_0 = -t^2 a^2 - 2t^3(a^1)^5$$

$$\left(\frac{\partial R_2}{\partial a^1} - \frac{\partial R_1}{\partial a^2}\right)\xi_1 + \left(\frac{\partial R_2}{\partial t} - a^2\right)\xi_0 = -2t^3 a^2 - t^2 a^1$$

$$\left[\frac{\partial R_1}{\partial t} - \frac{2}{t}a^2 - (a^1)^5\right]\xi_1 + \left(\frac{\partial R_2}{\partial t} - a^2\right)\xi_2 = 3t^2(a^2)^2 + 2t a^1 a^2 + t^2(a^1)^6$$

令

$$\frac{\partial R_1}{\partial t} = \frac{\partial R_2}{\partial t} = 0$$

并取

$$\xi_0 = 0 \tag{8.4.37}$$

则有

$$\Omega_{21}\xi_2 = -t^2a^2 - 2t^3(a^1)^5$$
$$\Omega_{12}\xi_1 = -2t^3a^2 - t^2a^1$$
$$\left[-\frac{2}{t}a^2 - (a^1)^5\right]\xi_1 - a^2\xi_2 = 3t^2(a^2)^2 + 2ta^1a^2 + t^2(a^1)^6$$

它们有解

$$\Omega_{12} = 1, \quad \xi_1 = -2t^3a^2 - t^2a^1, \quad \xi_2 = t^2a^2 + 2t^3(a^1)^5 \tag{8.4.38}$$

由 $\Omega_{12} = 1$, 可求得

$$R_1 = 0, \quad R_2 = a^1 \tag{8.4.39}$$

最后, 将式 (8.4.35)~(8.4.39) 代入式 (8.4.15), 得到

$$G_N = t^3(a^2)^2 - \frac{5}{3}t^3(a^1)^6 \tag{8.4.40}$$

8.4.4 逆问题的第三种提法和解法

广义 Birkhoff 系统动力学逆问题的第三种提法如下:

已知广义 Birkhoff 系统的 Birkhoff 函数 B, Birkhoff 函数组 $R_\mu(\mu = 1, 2, \cdots, 2n)$, 按给定积分

$$I(a^\mu, t) = C \tag{8.4.41}$$

以及广义 Killing 方程 (8.4.11) 和 (8.4.12) 来求附加项 Λ_μ, 广义准对称变换的生成元 ξ_μ, ξ_0 以及规范函数 G_N.

为解上述逆问题, 可将方程 (8.4.21) 改写为如下形式

$$\Lambda_\mu \Omega^{\mu\nu} \frac{\partial I}{\partial a^\nu} = \left(\frac{\partial B}{\partial a^\mu} + \frac{\partial R_\mu}{\partial t}\right) \Omega^{\mu\nu} \frac{\partial I}{\partial a^\nu} - \frac{\partial I}{\partial t} \tag{8.4.42}$$

在已知 B, R_μ, I 下, 这是关于 Λ_μ 的一个代数方程, 由此可求得附加项 Λ_μ 之间的关系. 然后, 利用式 (8.4.20) 求得 ξ_μ, ξ_0 的关系式. 最后, 将所得 ξ_μ, ξ_0 和已知的 R_μ, B, I 代入式 (8.4.15) 而求得规范函数 G_N. 显然, 这类逆问题也没有唯一解.

例 4 已知二阶广义 Birkhoff 系统的部分动力学函数

$$R_1 = 0, \quad R_2 = a^1, \quad B = -\frac{1}{2}(a^2)^2 \tag{8.4.43}$$

以及一个积分

$$I = t^3(a^2)^2 + t^2a^1a^2 + \frac{1}{3}t^3(a^1)^6 \tag{8.4.44}$$

试求附加项 Λ_1, Λ_2, 广义准对称变换的生成元 ξ_1, ξ_2, ξ_0, 以及规范函数 G_N.

首先, 求附加项 Λ_1, Λ_2. 方程 (8.4.42) 给出

$$\Lambda_1 \Omega^{12} \frac{\partial I}{\partial a^2} + \Lambda_2 \Omega^{21} \frac{\partial I}{\partial a^1} = \frac{\partial B}{\partial a^1} \Omega^{12} \frac{\partial I}{\partial a^2} + \frac{\partial B}{\partial a^2} \Omega^{21} \frac{\partial I}{\partial a^1} - \frac{\partial I}{\partial t}$$

将式 (8.4.43) 和 (8.4.44) 代入上式, 得

$$\Lambda_1(2t^3 a^2 + t^2 a^1) + \Lambda_2[t^2 a^2 + t^3 (a^1)^5]$$
$$= -a^2[t^2 a^2 + t^3 (a^1)^5] - 3t^2 (a^2)^2 + 2ta^1 a^2 + t^2 (a^1)^6$$

由此, 还不能唯一确定 Λ_1 和 Λ_2. 可取

$$\Lambda_2 = 0 \tag{8.4.45}$$

则有

$$\Lambda_1 = \frac{2}{t} a^2 + (a^1)^5 \tag{8.4.46}$$

其次, 求生成元 ξ_1, ξ_2 和 ξ_0. 将式 (8.4.43)~(8.4.46) 代入式 (8.4.20), 得到

$$\xi_1 = -(2t^3 a^2 + t^2 a^1 - a^2 \xi_0)$$

$$\xi_2 = t^2 a^2 + 2t^3 (a^1)^5 - \left[\frac{2}{t} a^2 + (a^1)^5\right] \xi_0$$

它们没有唯一解. 可取

$$\xi_0 = 0 \tag{8.4.47}$$

则有

$$\xi_1 = -2t^3 a^2 - t^2 a^1, \quad \xi_2 = t^2 a^2 + 2t^3 (a^1)^5 \tag{8.4.48}$$

或取

$$\xi_0 = 2t^3 \tag{8.4.49}$$

则有

$$\xi_1 = -t^2 a^1, \quad \xi_2 = -3t^2 a^2 \tag{8.4.50}$$

最后, 求规范函数 G_{N}. 将式 (8.4.43)~(8.4.48) 代入式 (8.4.15), 得到

$$G_{\mathrm{N}} = t^3 (a^2)^2 - \frac{5}{3} t^3 (a^1)^6 \tag{8.4.51}$$

8.5　根据微分变分原理组建运动方程

本节研究由微分变分原理来组建广义 Birkhoff 方程的问题, 包括广义 Pfaff-Birkhoff-d'Alembert 原理, 以及由此原理得出的一类动力学逆问题的提法和解法.

8.5.1 微分变分原理

本节所指微分变分原理是广义 Pfaff-Birkhoff-d′Alembert 原理, 它有形式 (2.2.2), 即

$$\left[\left(\frac{\partial R_\nu}{\partial a^\mu} - \frac{\partial R_\mu}{\partial a^\nu}\right)\dot{a}^\nu - \frac{\partial B}{\partial a^\mu} - \frac{\partial R_\mu}{\partial t} + \Lambda_\mu\right]\delta a^\mu = 0 \quad (\mu,\nu = 1,2,\cdots,2n) \quad (8.5.1)$$

如果原理 (8.5.1) 中的 δa^μ 是彼此独立的, 则可导出广义 Birkhoff 方程

$$\left(\frac{\partial R_\nu}{\partial a^\mu} - \frac{\partial R_\mu}{\partial a^\nu}\right)\dot{a}^\nu - \frac{\partial B}{\partial a^\mu} - \frac{\partial R_\mu}{\partial t} + \Lambda_\mu = 0 \quad (\mu,\nu = 1,2,\cdots,2n) \quad (8.5.2)$$

如果原理 (8.5.1) 中的 δa^μ 不是彼此独立的, 则得不到方程 (8.5.2). 此时, 需给出对 δa^μ 的限制, 而得到相应的运动方程.

8.5.2 逆问题的提法和解法

根据微分变分原理来组建运动方程的动力学逆问题的提法如下:

从原理 (8.5.1) 出发, 要求按运动性质

$$I^\rho(a^\mu, t) = 0 \quad (\rho = 1,2,\cdots,m \leqslant 2n) \quad (8.5.3)$$

的运动是系统的一个可能运动. 假设函数 I^ρ 彼此相容、独立, 对其变量连续可微.

为解上述逆问题, 将式 (8.5.3) 对 t 求导数, 并引入Еругин函数 Φ_ρ, 得到

$$\frac{\partial I^\rho}{\partial a^\mu}\dot{a}^\mu + \frac{\partial I^\rho}{\partial t} = \Phi_\rho(\boldsymbol{I}, \boldsymbol{a}, t) \quad (\rho = 1,2,\cdots,m \leqslant 2n; \quad \mu = 1,2,\cdots,2n) \quad (8.5.4)$$

对式 (8.5.3) 取等时变分, 得

$$\frac{\partial I^\rho}{\partial a^\mu}\delta a^\mu = 0 \quad (8.5.5)$$

假设由此可解出 m 个 δa^ρ, 记作

$$\delta a^\rho = C_{\rho\sigma}\delta a^\sigma \quad (\rho = 1,2,\cdots,m; \quad \sigma = m+1, m+2,\cdots,2n) \quad (8.5.6)$$

将式 (8.5.6) 代入原理 (8.5.1), 由 δa^σ 的独立性, 得到

$$\Omega_{\sigma\nu}\dot{a}^\nu - \frac{\partial B}{\partial a^\sigma} - \frac{\partial R_\sigma}{\partial t} + \Lambda_\sigma + C_{\rho\sigma}\left(\Omega_{\rho\nu}\dot{a}^\nu - \frac{\partial B}{\partial a^\rho} - \frac{\partial R_\rho}{\partial t} - \Lambda_\rho\right) = 0$$
$$(\rho = 1,2,\cdots,m; \quad \sigma = m+1, m+2,\cdots,2n; \quad \nu = 1,2,\cdots,2n) \quad (8.5.7)$$

这样, 方程 (8.5.4), (8.5.7) 就是所论问题的运动方程.

所得到的方程允许系统按给定性质 (8.5.3) 而运动, 并且仅当初始条件 $t = t_0, a^\mu = a_0^\mu(\mu = 1,2,\cdots,2n)$ 满足式 (8.5.3), 即当满足

$$I^\rho(a_0^\mu, t_0) = 0 \quad (\rho = 1,2,\cdots,m) \quad (8.5.8)$$

时, 这个运动才存在. 自然可假设条件 (8.5.8) 实际上不满足, 因此, 可以要求当系统有对条件 (8.5.8) 的初始偏离时, 相对给定性质 (8.5.3) 是稳定的, 或渐近稳定的. 这个要求可用来选取尚未确定的Еругин函数 Φ_ρ.

下面举例说明这类动力学逆问题的提法和解法.

假设广义 Pfaff-Birkhoff-d′Alembert 原理有形式

$$(\dot{a}^3 - a^1)\delta a^1 + (\dot{a}^4 - a^2)\delta a^2 + (-\dot{a}^1 - a^3)\delta a^3 + (-\dot{a}^2 - a^4)\delta a^4 = 0 \tag{8.5.9}$$

给定运动性质为

$$I^1 = a^1 + a^2 = 0 \tag{8.5.10}$$

$$I^2 = a^3 + a^4 = 0 \tag{8.5.11}$$

试组建运动方程, 并按稳定性要求选取Еругин函数 Φ_1 和 Φ_2.

方程 (8.5.7) 和 (8.5.4) 给出

$$
\begin{aligned}
&\dot{a}^3 - a^1 - \dot{a}^4 + a^2 = 0 \\
&-\dot{a}^1 - a^3 + \dot{a}^2 + a^4 = 0 \\
&\dot{a}^1 + \dot{a}^2 = \Phi_1 \\
&\dot{a}^3 + \dot{a}^4 = \Phi_2
\end{aligned}
\tag{8.5.12}
$$

由此解得

$$
\begin{aligned}
&\dot{a}^1 = \frac{1}{2}(\Phi_1 - a^3 + a^4) \\
&\dot{a}^2 = \frac{1}{2}(\Phi_1 + a^3 - a^4) \\
&\dot{a}^3 = \frac{1}{2}(\Phi_2 + a^1 - a^2) \\
&\dot{a}^4 = \frac{1}{2}(\Phi_2 - a^1 + a^2)
\end{aligned}
\tag{8.5.13}
$$

为求得Еругин函数, 提出如下要求: 方程 (8.5.13) 的零解 $a^\mu = 0(\mu = 1, 2, 3, 4)$ 是稳定的, 并且需满足

$$\Phi_1|_{a^1+a^2=0} = 0, \quad \Phi_2|_{a^3+a^4=0} = 0 \tag{8.5.14}$$

为此取 Lyapunov 函数为

$$V = \frac{1}{2}[(a^1)^2 + (a^2)^2 + (a^3)^2 + (a^4)^2] \tag{8.5.15}$$

按方程 (8.5.13) 求 $\dot{V}$, 得

$$\dot{V} = \frac{1}{2}(a^1 + a^2)\,\Phi_1 + \frac{1}{2}(a^3 + a^4)\,\Phi_2 \tag{8.5.16}$$

选Еругин函数为

$$\Phi_1 = (a^1 + a^2)(a^3 + a^4)^2 \tag{8.5.17}$$

$$\Phi_2 = -(a^3 + a^4)(a^1 + a^2)^2 \tag{8.5.18}$$

可使

$$\dot{V} = 0 \tag{8.5.19}$$

并满足式 (8.5.14).

8.6 广义 Poisson 方法与动力学逆问题

本节研究广义 Birkhoff 系统的广义 Poisson 方法和动力学逆问题, 包括系统的广义 Poisson 条件, 以及根据广义 Poisson 条件提出并解决一类动力学逆问题.

8.6.1 广义 Poisson 条件

如果 $I = I(a^\mu, t)$ 是广义 Birkhoff 系统的积分, 则有

$$\frac{\partial I}{\partial t} + \frac{\partial I}{\partial a^\mu}\Omega^{\mu\nu}\left(\frac{\partial B}{\partial a^\nu} + \frac{\partial R_\nu}{\partial t} - \Lambda_\nu\right) = 0 \quad (\mu, \nu = 1, 2, \cdots, 2n) \tag{8.6.1}$$

反之, 如果 I 满足式 (8.6.1), 则 I 必是广义 Birkhoff 系统的积分. 式 (8.6.1) 称为广义 Birkhoff 系统的广义 Poisson 条件.

与广义 Poisson 条件相关的动力学正问题是指, 对给定的动力学函数 B, R_μ 和 $\Lambda_\mu(\mu = 1, 2, \cdots, 2n)$, 利用条件 (8.6.1) 来判断积分或寻求积分.

8.6.2 逆问题的提法和解法

与广义 Poisson 条件相关的动力学逆问题的提法如下:

根据已知第一积分

$$I(a^\mu, t) = C \tag{8.6.2}$$

来求广义 Birkhoff 系统中的动力学函数 B, R_μ 和 $\Lambda_\mu(\mu = 1, 2, \cdots, 2n)$.

为解上述逆问题, 需将式 (8.6.2) 代入广义 Poisson 条件 (8.6.2) 中, 得到关于 B, R_μ 和 $\Lambda_\mu(\mu = 1, 2, \cdots, 2n)$. 的一个偏微分方程. 再由这个偏微分方程找到这 $(2n + 1)$ 个函数. 显然, 这类逆问题没有唯一解.

例 1　已知二阶广义 Birkhoff 系统的第一积分

$$I = t^3(a^2)^2 + t^2 a^1 a^2 + \frac{1}{3} t^3 (a^1)^6 \tag{8.6.3}$$

试求系统的动力学函数 B, R_1, R_2, Λ_1 和 Λ_2.

将式 (8.6.3) 代入广义 Poisson 条件 (8.6.1) 中, 得到

$$3t^2(a^2)^2 + 2ta^1 a^2 + t^2(a^1)^b + [t^2 a^2 + 2t^3(a^1)^5]\Omega^{12}\left(\frac{\partial B}{\partial a^2} + \frac{\partial R_2}{\partial t} - \Lambda_2\right)$$
$$+ (2t^3 a^2 + t^2 a^1)\Omega^{21}\left(\frac{\partial B}{\partial a^1} + \frac{\partial R_1}{\partial t} - \Lambda_1\right) = 0 \tag{8.6.4}$$

方程 (8.6.4) 没有唯一解.

现在取

$$R_1 = 0, \quad R_2 = a^1 \tag{8.6.5}$$

则有

$$\Omega^{12} = -\Omega^{21} = -1$$

此时方程 (8.6.4) 成为

$$3t^2(a^2)^2 + 2ta^1 a^2 + t^2(a^1)^6 + [t^2 a^2 + 2t^3(a^1)^5]\left(-\frac{\partial B}{\partial a^2} + \Lambda_2\right)$$
$$+ (2t^3 a^2 + t^2 a^1)\left(\frac{\partial B}{\partial a^1} - \Lambda_1\right) = 0$$

由此可取

$$\frac{\partial B}{\partial a^1} - \Lambda_1 = -\frac{2}{t} a^2 - (a^1)^5$$
$$\frac{\partial B}{\partial a^2} - \Lambda_2 = -a^2$$

它们有解

$$B = -\frac{1}{2}(a^2)^2, \quad \Lambda_1 = \frac{2}{t} a^2 + (a^1)^5, \quad \Lambda_2 = 0 \tag{8.6.6}$$

这样, 式 (8.6.5) 和 (8.6.6) 就是逆问题的一个解.

若取

$$R_1 = \frac{1}{2} t^2 a^2, \quad R_2 = -\frac{1}{2} t^2 a^1, \quad B = 0 \tag{8.6.7}$$

则式 (8.6.4) 成为

$$3t^2(a^2)^2 + 2ta^1 a^2 + t^2(a^1)^6 + [t^2 a^2 + 2t^3(a^1)^5]\frac{1}{t^2}(-ta^1 - \Lambda_2)$$
$$+ (2t^3 a^2 + t^2 a^1)(-\frac{1}{t^2})(ta^2 - \Lambda_1) = 0$$

由此可得

$$\Lambda_1 = -t^2(a^1)^5 - ta^2, \quad \Lambda_2 = -t^2 a^2 - ta^1 \tag{8.6.8}$$

这样, 式 (8.6.7) 和 (8.6.8) 就给出逆问题的另一个解.

例 2 已知四阶广义 Birkhoff 系统有一个积分

$$I = a^1 - a^4 - (a^2 + a^3)t = C \tag{8.6.9}$$

试用广义 Poisson 方法求动力学函数 B, R_μ 和 $\Lambda_\mu (\mu = 1, 2, 3, 4)$.

广义 Poisson 条件 (8.6.1) 给出

$$-a^2 - a^3 + \Omega^{1\nu}\left(\frac{\partial B}{\partial a^\nu} + \frac{\partial R_\nu}{\partial t} - \Lambda_\nu\right) - \Omega^{4\nu}\left(\frac{\partial B}{\partial a^\nu} + \frac{\partial R_\nu}{\partial t} - \Lambda_\nu\right)$$
$$- t\Omega^{2\nu}\left(\frac{\partial B}{\partial a^\nu} + \frac{\partial R_\nu}{\partial t} - \Lambda_\nu\right) - t\Omega^{3\nu}\left(\frac{\partial B}{\partial a^\nu} + \frac{\partial R_\nu}{\partial t} - \Lambda_\nu\right) = 0 \tag{8.6.10}$$

问题没有唯一解. 现取 Birkhoff 函数组为

$$R_1 = \frac{1}{2}a^2, \quad R_2 = -\frac{1}{2}a^1, \quad R_3 = \frac{1}{2}a^4, \quad R_4 = -\frac{1}{2}a^3 \tag{8.6.11}$$

于是有

$$\Omega^{12} = -\Omega^{21} = 1, \quad \Omega^{34} = -\Omega^{43} = -1$$

其余 $\Omega^{\mu\nu}$ 为零. 将 $\Omega^{\mu\nu}$ 代入式 (8.6.10), 得到

$$-(a^2 + a^3) + \frac{\partial B}{\partial a^2} - \Lambda_2 - \left(\frac{\partial B}{\partial a^3} - \Lambda_3\right) + t\left(\frac{\partial B}{\partial a^1} - \Lambda_1\right) + t\left(\frac{\partial B}{\partial a^4} - \Lambda_4\right) = 0$$

取附加项为

$$\Lambda_1 = a^4, \quad \Lambda_2 = -a^3, \quad \Lambda_3 = -a^2, \quad \Lambda_4 = 0 \tag{8.6.12}$$

则有

$$\frac{\partial B}{\partial a^2} - \frac{\partial B}{\partial a^3} + t\frac{\partial B}{\partial a^1} - ta^4 + t\frac{\partial B}{\partial a^4} = 0$$

它有解

$$B = \frac{1}{2}(a^4)^2 \tag{8.6.13}$$

这样, 式 (8.6.11)~(8.6.13) 就是逆问题的一个解.

参 考 文 献

[1] 梅凤翔, 史荣昌, 张永发, 吴惠彬. Birkhoff 系统动力学. 北京: 北京理工大学出版社, 1996

[2] Галиуллин А С, Гафаров Г Г, Малайшка Р П, Хван А М. Аналитическая динамика Систем Гельмгольца, Биркгофа, Намбу. Москва: РЖУФН, 1997

[3] 梅凤翔, 解加芳, 江铁强. 广义 Birkhoff 系统动力学的一类逆问题. 物理学报, 2008, 57(8): 4649–4671

[4] 梅凤翔. 动力学逆问题. 北京: 国防工业出版社, 2009

[5] 梅凤翔. 李群和李代数对约束力学系统的应用. 北京: 科学出版社, 1999

第 9 章 广义 Birkhoff 系统的运动稳定性

自 19 世纪末, Lyapunov 创立运动稳定性的一般理论以来, 稳定性理论和方法已在数学、力学、航空、航海、航天, 新技术和高技术中得到广泛应用, 发挥了越来越大的作用. 文献 [1, 2] 研究了 Birkhoff 系统的运动稳定性. 本章研究广义 Birkhoff 系统的运动稳定性, 包括平衡稳定性、相对部分变量的稳定性、平衡状态流形的稳定性、运动稳定性、全局稳定性, 以及梯度表示的稳定性等.

9.1 广义 Birkhoff 系统的平衡稳定性

本节研究广义 Birkhoff 系统的平衡稳定性, 给出系统的平衡方程, 利用 Lyapunov 一次近似理论和 Lyapunov 直接法给出系统平衡稳定性的一些判据.

9.1.1 广义 Birkhoff 系统的平衡方程

广义 Birkhoff 方程有形式

$$\Omega_{\mu\nu}\dot{a}^\nu - \frac{\partial B}{\partial a^\mu} - \frac{\partial R_\mu}{\partial t} + \Lambda_\mu = 0 \quad (\mu,\nu = 1,2,\cdots,2n) \tag{9.1.1}$$

其中

$$\Omega_{\mu\nu} = \frac{\partial R_\nu}{\partial a^\mu} - \frac{\partial R_\mu}{\partial a^\nu} \tag{9.1.2}$$

假设系统非奇异, 即设

$$\det(\Omega_{\mu\nu}) \neq 0 \tag{9.1.3}$$

则由方程 (9.1.1) 可解出所有 $\dot{a}^\mu$, 有

$$\dot{a}^\mu = \Omega^{\mu\nu}\left(\frac{\partial B}{\partial a^\nu} + \frac{\partial R_\nu}{\partial t} - \Lambda_\nu\right) \tag{9.1.4}$$

其中

$$\Omega^{\mu\nu}\Omega_{\nu\rho} = \delta_\rho^\mu \tag{9.1.5}$$

假设系统平衡位置为

$$a^\mu = a_0^\mu = \text{const.}, \quad \dot{a}^\mu = 0 \quad (\mu = 1,2,\cdots,2n) \tag{9.1.6}$$

将式 (9.1.6) 代入方程 (9.1.1), 得到平衡方程

$$\frac{\partial B}{\partial a^\mu} + \frac{\partial R_\mu}{\partial t} = \Lambda_\mu \quad (\mu = 1,2,\cdots,2n) \tag{9.1.7}$$

如果

$$\frac{\partial R_\mu}{\partial t} = 0 \tag{9.1.8}$$

则有

$$\frac{\partial B}{\partial a^\mu} = \Lambda_\mu \tag{9.1.9}$$

如果

$$\frac{\partial R_\mu}{\partial t} = \frac{\partial B}{\partial t} = \frac{\partial \Lambda_\mu}{\partial t} = 0 \tag{9.1.10}$$

则平衡方程为

$$\frac{\partial B(\boldsymbol{a})}{\partial a^\mu} = \Lambda_\mu(\boldsymbol{a}) \tag{9.1.11}$$

如果平衡方程 (9.1.7), 或 (9.1.9), 或 (9.1.11) 有解, 则广义 Birkhoff 系统存在平衡位置. 如果平衡方程是彼此独立的, 则平衡位置是孤立的; 如果它们不是彼此独立的, 则平衡位置组成流形.

9.1.2　广义 Birkhoff 系统的受扰运动方程和一次近似方程

设 $a^\nu = a_0^\nu (\nu = 1, 2, \cdots, 2n)$ 为系统的孤立平衡位置. 令

$$a^\nu = a_0^\nu + \xi^\nu \quad (\nu = 1, 2, \cdots, 2n) \tag{9.1.12}$$

将式 (9.1.12) 代入方程 (9.1.1) 和 (9.1.4), 分别得到受扰运动方程

$$(\Omega_{\mu\nu})_1 \dot{\xi}^\nu - \left(\frac{\partial B}{\partial a^\mu}\right)_1 - \left(\frac{\partial R_\mu}{\partial t}\right)_1 + (\Lambda_\mu)_1 = 0 \tag{9.1.13}$$

和

$$\dot{\xi}^\mu - (\Omega^{\mu\nu})_1 \left[\left(\frac{\partial B}{\partial a^\nu}\right)_1 + \left(\frac{\partial R_\mu}{\partial t}\right)_1 - (\Lambda_\nu)_1\right] = 0 \tag{9.1.14}$$

其中下标 "1" 表示其中的 a^ν 用 $(a_0^\nu + \xi^\nu)$ 替代的结果.

将量 $\Omega_{\mu\nu}, \dfrac{\partial B}{\partial a^\mu}, \dfrac{\partial R_\mu}{\partial t}, \Lambda_\mu$ 和 $\Omega^{\mu\nu}$ 等在平衡位置附近展开, 有

$$(\Omega_{\mu\nu})_1 = (\Omega_{\mu\nu})_0 + \left(\frac{\partial \Omega_{\mu\nu}}{\partial a^\rho}\right)_0 \xi^\rho + \cdots$$

$$\left(\frac{\partial B}{\partial a^\mu}\right)_1 = \left(\frac{\partial B}{\partial a^\mu}\right)_0 + \left(\frac{\partial^2 B}{\partial a^\mu \partial a^\nu}\right)_0 \xi^\nu + \cdots$$

$$\left(\frac{\partial R_\mu}{\partial t}\right)_1 = \left(\frac{\partial R_\mu}{\partial t}\right)_0 + \left(\frac{\partial^2 R_\mu}{\partial t \partial a^\nu}\right)_0 \xi^\nu + \cdots \tag{9.1.15}$$

$$(\Lambda_\mu)_1 = (\Lambda_\mu)_0 + \left(\frac{\partial \Lambda_\mu}{\partial a^\nu}\right)_0 \xi^\nu + \cdots$$

$$(\Omega^{\mu\nu})_1 = (\Omega^{\mu\nu})_0 + \left(\frac{\partial \Omega^{\mu\nu}}{\partial a^\rho}\right)_0 \xi^\rho + \cdots$$

其中, 未写出之项为 ξ^ν 的二阶项和更高阶小项. 将式 (9.1.15) 代入方程 (9.1.13) 和 (9.4.14), 分别得到受扰运动方程的另一种形式

$$(\Omega_{\mu\nu})_0\dot{\xi}^\nu - \left[\left(\frac{\partial^2 B}{\partial a^\mu \partial a^\nu}\right)_0 + \left(\frac{\partial^2 R_\mu}{\partial t \partial a^\nu}\right)_0 - \left(\frac{\partial \Lambda_\mu}{\partial a^\nu}\right)_0\right]\xi^\nu = F_\mu(\boldsymbol{\xi}, \dot{\boldsymbol{\xi}}, t) \qquad (9.1.16)$$

和

$$\dot{\xi}^\mu - (\Omega^{\mu\nu})_0\left[\left(\frac{\partial^2 B}{\partial a^\nu \partial a^\rho}\right)_0 + \left(\frac{\partial^2 R_\nu}{\partial t \partial a^\rho}\right)_0 - \left(\frac{\partial \Lambda_\nu}{\partial a^\rho}\right)_0\right]\xi^\rho = \widetilde{F}_\mu(\boldsymbol{\xi}, \dot{\boldsymbol{\xi}}, t) \qquad (9.1.17)$$

这里 $F_\mu, \widetilde{F}_\mu$ 为 $\xi^\nu, \dot{\xi}^\nu$ 的二阶和更高阶小项. 忽略 F_μ 和 $\widetilde{F}_\mu$, 得到一次近似方程

$$(\Omega_{\mu\nu})_0\dot{\xi}^\nu - (\widetilde{\Omega}_{\mu\nu})_0\xi^\nu = 0 \quad (\mu, \nu = 1, 2, \cdots, 2n) \qquad (9.1.18)$$

和

$$\dot{\xi}^\mu - (\Omega^{\mu\nu})_0(\widetilde{\Omega}_{\nu\rho})_0\xi^\rho = 0 \quad (\mu, \nu, \rho = 1, 2, \cdots, 2n) \qquad (9.1.19)$$

这里

$$\widetilde{\Omega}_{\mu\nu} = \frac{\partial^2 B}{\partial a^\mu \partial a^\nu} + \frac{\partial^2 R_\mu}{\partial t \partial a^\nu} - \frac{\partial \Lambda_\mu}{\partial a^\nu} \qquad (9.1.20)$$

9.1.3 平衡稳定性的一次近似方法

假设

$$\frac{\partial B}{\partial t} = \frac{\partial R_\mu}{\partial t} = 0 \qquad (9.1.21)$$

$$\frac{\partial \Lambda_\mu}{\partial a^\nu} = \frac{\partial \Lambda_\nu}{\partial a^\mu} \qquad (9.1.22)$$

则有

$$\widetilde{\Omega}_{\mu\nu} = \widetilde{\Omega}_{\nu\mu} \qquad (9.1.23)$$

此时一次近似方程 (9.1.18) 的特征方程有形式

$$\Delta(\lambda) = \begin{vmatrix} -(\widetilde{\Omega}_{11})_0 & (\Omega_{12})_0\lambda - (\widetilde{\Omega}_{12})_0 & \cdots & (\Omega_{12n})_0\lambda - (\widetilde{\Omega}_{12n})_0 \\ (\Omega_{21})_0\lambda - (\widetilde{\Omega}_{21})_0 & -(\widetilde{\Omega}_{22})_0 & \cdots & (\Omega_{22n})_0\lambda - (\widetilde{\Omega}_{22n})_0 \\ (\Omega_{2n1})_0\lambda - (\widetilde{\Omega}_{2n1})_0 & (\Omega_{2n2})_0\lambda - (\widetilde{\Omega}_{2n2})_0 & \cdots & -(\widetilde{\Omega}_{2n2n})_0 \end{vmatrix} = 0$$

$$(9.1.24)$$

令与行列式 (9.1.24) 相应的矩阵为 $\boldsymbol{A}(\lambda)$, 注意到 $\Omega_{\mu\nu}$ 的反对称性和 $\widetilde{\Omega}_{\mu\nu}$ 的对称性, 则有

$$\boldsymbol{A}(\lambda) = [\boldsymbol{A}(-\lambda)]^{\mathrm{T}} \qquad (9.1.25)$$

由矩阵理论知, 矩阵转置后, 其行列式不变, 有

$$\Delta(\lambda) = \Delta(-\lambda) \tag{9.1.26}$$

这表明特征方程 (9.1.24) 中 λ 的奇次方项为零. 因此, 在假设 (9.1.21) 和 (9.1.22) 成立时, 特征方程可写成形式

$$b_0\lambda^{2n} + b_1\lambda^{2n-2} + \cdots + b_{n-1}\lambda^2 + b_n = 0 \tag{9.1.27}$$

其中常数 $b_0, b_1, \cdots, b_n$ 可用 $(\Omega_{\mu\nu})_0$ 和 $(\widetilde{\Omega}_{\mu\nu})_0$ 表示出. 于是, 有如下结果

命题 1　对于满足条件 (9.1.21), (9.1.22) 的广义 Birkhoff 系统, 一次近似方程的特征方程的根总是成对出现的, 如果有根 λ, 则必有根 $(-\lambda)$.

由上述命题知, 特征方程的根有以下类型

情形 1　有成对零根

由式 (9.1.27) 知, 当

$$b_n = 0$$

时, 至少有两个零根. 当

$$b_{n-1} = b_n = 0$$

时, 至少有四个零根, 等等.

情形 2　有成对纯虚根

例如, 当 $n = 1$, 而

$$\frac{b_1}{b_0} > 0$$

时, 有一个对纯虚根.

情形 3　有互为反号的成对共轭复根

如有根 $a + bi$, 必有根 $a - bi, -a + bi, -a - bi$.

情形 4　有成对非零实根

例如, 当 $n = 1$, 且

$$\frac{b_1}{b_0} < 0$$

时, 有一对非零实根.

实际上, 情形 3 为一般情形. 因为当 $a = b = 0$ 时, 为情形 1; 当 $a = 0, b \neq 0$ 时, 为情形 2; 当 $a \neq 0, b = 0$ 时, 为情形 4.

根据 Lyapunov 一次近似稳定性理论知, 情形 1 和情形 2 属于临界情形, 而情形 3 和情形 4 属于不稳定情形. 于是有

命题 2　对满足条件 (9.1.21), (9.1.22) 的广义 Birkhoff 系统, 若一次近似的特征方程有实部不为零的根, 则平衡是不稳定的.

由命题 2 知, 利用 Lyapunov 一次近似方法不能给出平衡稳定性的判据, 只能给出平衡不稳定的充分条件.

为判断平衡稳定性, 还需研究 Lyapunov 直接法.

9.1.4 平衡稳定性的直接法

将方程 (9.1.1) 两端乘以 $\dot{a}^\mu$, 并对 μ 求和, 得到

$$\frac{\mathrm{d}B}{\mathrm{d}t} = \frac{\partial B}{\partial t} + \left(\Lambda_\mu - \frac{\partial R_\mu}{\partial t} \right) \dot{a}^\mu \tag{9.1.28}$$

再将式 (9.1.4) 代入式 (9.1.28), 得

$$\frac{\mathrm{d}B}{\mathrm{d}t} = \frac{\partial B}{\partial t} + \left(\Lambda_\mu - \frac{\partial R_\mu}{\partial t} \right) \Omega^{\mu\nu} \left(\frac{\partial B}{\partial a^\nu} + \frac{\partial R_\nu}{\partial t} - \Lambda_\nu \right) \tag{9.1.29}$$

如果动力学函数 B, R_μ 和 Λ_μ 都不显含时间 t, 则称之为自治广义 Birkhoff 系统. 此时, 式 (9.1.29) 成为

$$\frac{\mathrm{d}B}{\mathrm{d}t} = \Lambda_\mu \Omega^{\mu\nu} \frac{\partial B}{\partial a^\nu} \tag{9.1.30}$$

因为, 通常将 Birkhoff 函数 B 理解为 "能量", 故方程 (9.1.30) 和 (9.1.29) 可称为能量变化方程. 能量变化方程可用来研究系统的平衡稳定性.

对于自治广义 Birkhoff 系统, 利用 Birkhoff 函数 $B = B(\boldsymbol{a})$ 的性质, 可以判断系统的平衡稳定性, 有如下结果

命题 3[3]   对于自治广义 Birkhoff 系统, 如果 $B(\boldsymbol{0}) = 0, B(\boldsymbol{a})$ 在平衡位置邻域内是正定的, 且

$$\Lambda_\mu \Omega^{\mu\nu} \frac{\partial B}{\partial a^\nu} \leqslant 0 \tag{9.1.31}$$

则平衡位置 $a_0^\mu = 0 (\mu = 1, 2, \cdots, 2n)$ 是稳定的.

实际上, 取 $B(\boldsymbol{a})$ 为 Lyapunov 函数

$$V = B(\boldsymbol{a})$$

则 V 是正定的. 将式 (9.1.31) 代入式 (9.1.30), 得

$$\frac{\mathrm{d}V}{\mathrm{d}t} \leqslant 0$$

根据 Lyapunov 定理知, 平衡是稳定的.

对于自治 Birkhoff 系统, 因 $\Lambda_\mu = 0 (\mu = 1, 2, \cdots, 2n)$, 故有

$$\frac{\mathrm{d}B}{\mathrm{d}t} = 0$$

于是有

推论　对于自治 Birkhoff 系统, 如果 $B(\boldsymbol{0}) = 0, B(\boldsymbol{a})$ 在平衡位置邻域内是定号的, 则系统平衡位置是稳定的.

这个结果已由文献 [1] 给出.

为构造适当的 Lyapunov 函数, 还可应用 Noether 理论. 取时间 t 和变量 a^μ 的无限小变换

$$t^* = t + \varepsilon\xi_0(t, \boldsymbol{a}), \quad a^{\mu*}(t^*) = a^\mu(t) + \varepsilon\xi_\mu(t, \boldsymbol{a}) \tag{9.1.32}$$

对广义 Birkhoff 系统, Noether 等式给出

$$\left(\frac{\partial R_\mu}{\partial t}\dot{a}^\mu - \frac{\partial B}{\partial t}\right)\xi_0 + \left(\frac{\partial R_\nu}{\partial a^\mu}\dot{a}^\nu - \frac{\partial B}{\partial a^\mu}\right)\xi_\mu - B\dot{\xi}_0$$

$$+ \Lambda_\mu(\xi_\mu - \dot{a}^\mu\xi_0) + \dot{G}_{\mathrm{N}} = 0 \tag{9.1.33}$$

Noether 守恒量为

$$I_{\mathrm{N}} = R_\mu\xi_\mu - B\xi_0 + G_{\mathrm{N}} = \mathrm{const.} \tag{9.1.34}$$

可取 V 函数为

$$V = R_\mu\xi_\mu - B\xi_0 + G_{\mathrm{N}} \tag{9.1.35}$$

则有

$$\frac{\mathrm{d}V}{\mathrm{d}t} = 0 \tag{9.1.36}$$

如果函数 (9.1.35) 在平衡位置附近是定号的, 则平衡位置是稳定的. 于是有

命题 4　对于广义 Birkhoff 系统, 如果存在满足 Noether 等式 (9.1.33) 的无限小生成元 ξ_0, ξ_μ 和规范函数 G_{N}, 使得函数 $V = R_\mu\xi_\mu - B\xi_0 + G_{\mathrm{N}}$ 在平衡位置 $a^\mu = a_0^\mu(\mu = 1, 2, \cdots, 2n)$ 上为零, 在 $a^\mu = a_0^\mu \ (\mu = 1, 2, \cdots, 2n)$ 附近为定号函数, 则系统的平稳是稳定的.

如果

$$(V)_0 = (R_\mu\xi_\mu - B\xi_0 + G_{\mathrm{N}})_0 \neq 0 \tag{9.1.37}$$

则可取 V 函数为

$$V = (R_\mu\xi_\mu - B\xi_0 + G_{\mathrm{N}}) - (R_\mu\xi_\mu - B\xi_0 + G_{\mathrm{N}})_0 \tag{9.1.38}$$

于是命题 4 成为

命题 5　对于广义 Birkhoff 系统, 如果存在满足 Noether 等式 (9.1.33) 的无限小生成元 ξ_0, ξ_μ 和规范函数 G_{N}, 使得函数 $V = (R_\mu\xi_\mu - B\xi_0 + G_{\mathrm{N}}) - (R_\mu\xi_\mu - B\xi_0 + G_{\mathrm{N}})_0$ 在平衡位置 $a^\mu = a_0^\mu(\mu = 1, 2, \cdots, 2n)$ 附近为定号函数, 则系统的平衡是稳定的.

需注意, Noether 守恒量中各量应在平衡位置上取值.

例 1 二阶广义 Birkhoff 系统为

$$R_1 = 0, \quad R_2 = a^1, \quad B = \frac{1}{2}[b_{11}(a^1)^2 + 2b_{12}a^1a^2 + b_{22}(a^2)^2]$$

$$\Lambda_1 = (a^1)^2, \quad \Lambda_2 = (a^2)^2 \tag{9.1.39}$$

其中 b_{11}, b_{12}, b_{22} 为常数, 且

$$b_{11}b_{22} - b_{12}^2 \neq 0$$

试研究系统平衡位置的稳定性.

广义 Birkhoff 方程有形式

$$\dot{a}^2 = b_{11}a^1 + b_{12}a^2 - (a^1)^2$$

$$-\dot{a}^1 = b_{12}a^1 + b_{22}a^2 - (a^2)^2$$

有如下平衡位置

$$a_0^1 = a_0^2 = 0$$

一次近似方程为

$$-\dot{\xi}^1 - (b_{12}\xi^1 + b_{22}\xi^2) = 0$$

$$\dot{\xi}^2 - (b_{11}\xi^1 + b_{12}\xi^2) = 0$$

其特征方程为

$$\Delta(\lambda) = \begin{vmatrix} -\lambda - b_{12} & -b_{12} \\ -b_{11} & \lambda - b_{12} \end{vmatrix} = -\lambda^2 + b_{12}^2 - b_{11}b_{22} = 0$$

得到

$$\lambda^2 = b_{12}^2 - b_{11}b_{22}$$

因此, 当

$$b_{12}^2 - b_{11}b_{22} > 0$$

时, 有一正实根和一负实根. 据命题 2 知, 平衡是不稳定的. 当

$$b_{12}^2 - b_{11}b_{22} < 0$$

时, 有一对纯虚根. 此时, 按一次近似理论不能判断平衡是否稳定.

例 2 二阶广义 Birkhoff 系统为

$$R_1 = 0, \quad R_2 = a^1, \quad B = \frac{1}{2}(a^1)^2 + \frac{1}{2}(a^2)^2$$

$$\Lambda_1 = (a^2)^3, \quad \Lambda_2 = 0 \tag{9.1.40}$$

试研究平衡位置 $a_0^1 = a_0^2 = 0$ 的稳定性.

由式 (9.1.40) 知

$$(\Omega^{\mu\nu}) = \begin{pmatrix} 0 & -1 \\ 1 & 0 \end{pmatrix}$$

$$\Lambda_\mu \Omega^{\mu\nu} \frac{\partial B}{\partial a^\nu} = \Lambda_1 \Omega^{12} \frac{\partial B}{\partial a^2} = -(a^2)^4 \leqslant 0$$

而 B 在 $a_0^1 = a_0^2 = 0$ 的邻域内是正定的, 由命题 3 知, 平衡是稳定的.

例 3　四阶广义 Birkhoff 系统为

$$R_1 = R_2 = 0, \quad R_3 = a^1, \quad R_4 = a^2$$

$$B = \frac{1}{2}(a^3)^2 + \frac{1}{2}(a^4)^2 - \frac{1}{2}(a^1)^4 \tag{9.1.41}$$

$$\Lambda_1 = -a^1, \quad \Lambda_2 = -a^2, \quad \Lambda_3 = \Lambda_4 = 0$$

试研究系统的平衡稳定性.

广义 Birkhoff 方程为

$$\dot{a}^3 = a^1 - 2(a^1)^3$$

$$\dot{a}^4 = a^2$$

$$-\dot{a}^1 = a^3$$

$$-\dot{a}^2 = a^4$$

有三个平衡位置

$$a_0^1 = a_0^2 = a_0^3 = a_0^4 = 0 \tag{9.1.42}$$

$$a_0^1 = \pm\frac{1}{\sqrt{2}}, \quad a_0^2 = a_0^3 = a_0^4 = 0 \tag{9.1.43}$$

对平衡位置 (9.1.42), 一次近似方程有形式

$$\dot{\xi}^3 - \xi^1 = 0$$

$$\dot{\xi}^4 - \xi^2 = 0$$

$$-\dot{\xi}^1 - \xi^3 = 0$$

$$-\dot{\xi}^2 - \xi^4 = 0$$

其特征方程为

$$\Delta(\lambda) = \begin{vmatrix} -1 & 0 & \lambda & 0 \\ 0 & -1 & 0 & \lambda \\ -\lambda & 0 & -1 & 0 \\ 0 & -\lambda & 0 & -1 \end{vmatrix} = (1 + \lambda^2)^2 = 0$$

它有纯虚根, 属于临界情形.

对平衡位置 (9.1.43), 一次近似方程有形式

$$\dot{\xi}^3 + 2\xi^1 = 0$$

$$\dot{\xi}^4 - \xi^2 = 0$$

$$-\dot{\xi}^1 - \xi^3 = 0$$

$$-\dot{\xi}^2 - \xi^4 = 0$$

其特征方程为

$$\Delta(\lambda) = \begin{vmatrix} 2 & 0 & \lambda & 0 \\ 0 & -1 & 0 & \lambda \\ -\lambda & 0 & -1 & 0 \\ 0 & -\lambda & 0 & -1 \end{vmatrix} = (1 + \lambda^2)(-2 + \lambda^2) = 0$$

它有实部不为零的根, 据命题 2 知, 平衡位置 (9.1.43) 是不稳定的.

为研究平衡位置 (9.1.42) 的稳定性, 可用 Noether 理论. Noether 等式 (9.1.33) 给出

$$\dot{a}^3 \xi_1 + \dot{a}^4 \xi_2 + 2(a^1)^3 \xi_1 - a^3 \xi_3 - a^4 \xi_4 - B\dot{\xi}_0$$

$$+ a^1 \dot{\xi}_3 + a^2 \dot{\xi}_4 - a^1(\xi_1 - \dot{a}^1 \xi_0) - a^2(\xi_2 - \dot{a}^2 \xi_0) + \dot{G}_{\mathrm{N}} = 0$$

取生成元为

$$\xi_0 = -1, \quad \xi_\mu = 0 \quad (\mu = 1, 2, 3, 4)$$

则规范函数为

$$G_{\mathrm{N}} = \frac{1}{2}(a^1)^2 + \frac{1}{2}(a^2)^2$$

取 V 函数为

$$V = R_\mu \xi_\mu - B\xi_0 + G_{\mathrm{N}} = \frac{1}{2}[(a^1)^2 + (a^2)^2 + (a^3)^2 + (a^4)^2] - \frac{1}{2}(a^1)^3$$

它在 $a_0^\mu = 0$ 上为零, 并在 $a_0^\mu = 0$ 附近为正定函数. 由命题 4 知, 平衡位置 (9.1.42) 是稳定的.

9.2　相对部分变量的平衡稳定性

Rumyantsev 关于部分变量的稳定性定理 [4] 可以推广并应用于广义 Birkhoff 系统. 本节研究广义 Birkhoff 系统关于部分变量的平衡稳定性, 包括基本定理以及对广义 Birkhoff 系统的应用.

9.2.1　关于部分变量稳定性的基本定理

设受扰运动微分方程为

$$\dot{x} = f(x, t) \tag{9.2.1}$$

这里 $x = (x_1, x_2, \cdots, x_n)^{\mathrm{T}}, f(0, t) = 0.$ 取系统零解 $x = 0$ 为无扰运动.

假设

$$y = (x_1, x_2, \cdots, x_m)^{\mathrm{T}} \quad (m \leqslant n)$$
$$z = (x_{m+1}, x_{m+2}, \cdots, x_n)^{\mathrm{T}} \tag{9.2.2}$$

定理[4]　如果存在一个关于部分变量 y 正定 (负定) 的函数 $V(t, x)$, 它沿方程 (9.2.1) 的导数 $\dot{V}$ 常负 (常正) 或恒等于零, 则系统 (9.2.1) 的无扰运动 $x = 0$ 关于变量 y 稳定.

9.2.2　对广义 Birkhoff 系统的应用

将 9.1 节中的命题 3 与上述定理相结合, 有如下结果

命题　对自治广义 Birkhoff 系统, 如果 $B(0) = 0, B(a)$ 在平衡位置邻域内相对部分变量是正定的, 且

$$\Lambda_\mu \Omega^{\mu\nu} \frac{\partial B}{\partial a^\nu} \leqslant 0 \tag{9.2.3}$$

则平衡相对部分变量是稳定的.

例　四阶广义 Birkhoff 系统为

$$R_1 = a^3, \quad R_2 = a^4, \quad R_3 = R_4 = 0$$
$$B = \frac{1}{2}[(a^3)^2 + (a^4)^2] \tag{9.2.4}$$
$$\Lambda_1 = -\omega^2 a^4, \quad \Lambda_2 = \omega^2 a^3, \quad \Lambda_3 = a^1, \quad \Lambda_4 = a^2$$

其中 ω 为常数, 试研究其平衡稳定性.

广义 Birkhoff 方程有形式

$$-\dot{a}^3 = \omega^2 a^4$$

$$-\dot{a}^4 = -\omega^2 a^3$$

$$\dot{a}^1 = a^3 - a^1$$ (9.2.5)

$$\dot{a}^2 = a^4 - a^2$$

有平衡位置

$$a_0^1 = a_0^2 = a_0^3 = a_0^4 = 0$$ (9.2.6)

方程 (9.2.5) 的特征方程为

$$\Delta(\lambda) = \begin{vmatrix} \lambda + 1 & 0 & -1 & 0 \\ 0 & \lambda + 1 & 0 & -1 \\ 0 & 0 & -\lambda & -\omega^2 \\ 0 & 0 & \omega^2 & -\lambda \end{vmatrix} = (\lambda + 1)^2 (\lambda^2 + \omega^4) = 0$$

由此还不能判断平衡位置 (9.2.6) 对全部变量的稳定性.

现将 a^3, a^4 当作部分变量. Birkhoff 函数 B 相对 a^3, a^4 是正定的, 按式 (9.2.3) 计算得

$$\Lambda_\mu \Omega^{\mu\nu} \frac{\partial B}{\partial a^\nu} = -\omega^2 a^4 a^3 + \omega^2 a^3 a^4 = 0$$

由本节命题知, 平衡位置 (9.2.6) 相对部分变量 a^3, a^4 是稳定的.

9.3   平衡状态流形的稳定性

本节研究广义 Birkhoff 系统平衡状态流形的稳定性, 包括一般情形下的基本定理及其对广义 Birkhoff 系统的应用.

9.3.1   基本定理

研究定常力学系统

$$\dot{\boldsymbol{x}} = f(\boldsymbol{x})$$ (9.3.1)

其中 $f(\boldsymbol{x}) \in C(R^n, R^m)$, 且满足解的唯一性条件. 假设系统 (9.3.1) 有第一积分

$$g(\boldsymbol{x}) = C_0, \quad g(\boldsymbol{x}) \in C(R^n, R^m) \quad (m < n)$$ (9.3.2)

令

$$\mathcal{L} = \{\boldsymbol{x} | g(\boldsymbol{x}) = C_0 = \text{const.}\}$$ (9.3.3)

显然, $\mathcal{L}$ 为 R^n 内的一个流形, 并且是系统 (9.3.1) 的一个不变集合, 即令当初值 $\boldsymbol{x}_0 \in \mathcal{L}$, 那么在此初值下的解也属于 $\mathcal{L}$

$$\boldsymbol{x} = \boldsymbol{x}(t_0, \boldsymbol{x}_0, t) \in \mathcal{L} \tag{9.3.4}$$

假设系统 (9.3.1) 的平衡位置不是孤立的, 而组成 $\mathcal{L}$ 的一个子流形, 称为平衡状态流形, 记作

$$\mathcal{E} = \{\boldsymbol{x} | f(\boldsymbol{x}) = 0\} \tag{9.3.5}$$

关于一般系统平衡状态流形的稳定性, 有如下结果:

定理[2]　对于定常系统 (9.3.1), 如果存在一个在流形 $\mathcal{L}$ 上相对 $\mathcal{E}$ 的定号函数 $V(\boldsymbol{x})$, 其通过系统 (9.3.1) 的全导数 $\dot{V}$ 在 $\mathcal{L}$ 上相对 $\mathcal{E}$ 为与 $V(\boldsymbol{x})$ 异号的常号函数或恒为零, 那么平衡状态流形 $\mathcal{E}$ 在 $\mathcal{L}$ 上是稳定的.

9.3.2　对广义 Birkhoff 系统的应用

自治广义 Birkhoff 系统的平衡状态流形表示为

$$\mathcal{E} = \left\{ \boldsymbol{a} \,\middle|\, \frac{\partial B}{\partial a^\mu} - \Lambda_\mu = 0 \right\} \tag{9.3.6}$$

上述定理应用于自治广义 Birkhoff 系统, 有如下结果

命题[5]　对自治广义 Birkhoff 系统的受扰运动方程, 如果存在一个在流形 $\mathcal{L}$ 上相对 $\mathcal{E}$ 的定号函数 $V(\boldsymbol{a})$, 它沿方程对时间的全导数 $\dot{V}$ 为在 $\mathcal{L}$ 上相对 $\mathcal{E}$ 为与 $V(\boldsymbol{a})$ 异号的常号函数或恒为零, 那么平衡状态流形 $\mathcal{E}$ 在 $\mathcal{L}$ 上是稳定的.

例　四阶广义 Birkhoff 系统为

$$R_1 = R_2 = 0, \quad R_3 = a^1, \quad R_4 = a^2$$

$$B = \frac{1}{2}[b_{11}(a^1 + a^2)^2 + b_{22}(a^3 + a^4)^2] \tag{9.3.7}$$

$$\Lambda_1 = \Lambda_2 = -b_{12}(a^3 + a^4), \quad \Lambda_3 = \Lambda_4 = -b_{12}(a^1 + a^2)$$

其中 b_{11}, b_{12}, b_{22} 为常数, 试研究其平衡稳定性.

广义 Birkhoff 方程为

$$\dot{a}^3 = b_{11}(a^1 + a^2) + b_{12}(a^3 + a^4)$$

$$\dot{a}^4 = b_{11}(a^1 + a^2) + b_{12}(a^3 + a^4)$$

$$-\dot{a}^1 = b_{22}(a^3 + a^4) + b_{12}(a^1 + a^2)$$

$$-\dot{a}^2 = b_{22}(a^3 + a^4) + b_{12}(a^1 + a^2)$$

平衡方程为

$$b_{11}(a^1 + a^2) + b_{12}(a^3 + a^4) = 0$$

$$b_{12}(a^1 + a^2) + b_{22}(a^3 + a^4) = 0$$

假设

$$b_{11}b_{22} - b_{12}^2 \neq 0$$

则有

$$a^1 + a^2 = 0, \qquad a^3 + a^4 = 0 \tag{9.3.8}$$

于是得到系统的平衡状态流形

$$\mathcal{E} = \{a^\mu | a^1 + a^2 = 0, \quad a^3 + a^4 = 0\} \tag{9.3.9}$$

取 Lyapunov 函数为 [5]

$$V = \frac{1}{2}[b_{11}(a^1 + a^2)^2 + 2b_{12}(a^1 + a^2)(a^3 + a^4) + b_{22}(a^3 + a^4)^2] \tag{9.3.10}$$

如果满足条件

$$b_{11} > 0, \quad \left| \begin{array}{cc} b_{11} & b_{12} \\ b_{12} & b_{22} \end{array} \right| > 0 \tag{9.3.11}$$

则 V 对 $(a^1 + a^2), (a^3 + a^4)$ 是正定的. 如果满足条件

$$-b_{11} > 0, \quad \left| \begin{array}{cc} -b_{11} & -b_{12} \\ -b_{12} & -b_{22} \end{array} \right| > 0 \tag{9.3.12}$$

则 V 对 $(a^1 + a^2), (a^3 + a^4)$ 是负定的. 又知, 按方程计算的

$$\dot{V} = 0 \tag{9.3.13}$$

因此, 按上述命题知, 当系数 b_{11}, b_{12}, b_{22} 满足条件 (9.3.11), 或 (9.3.12) 时, 平衡状态流形 (9.3.9) 在 $\mathcal{L}$ 上是稳定的.

9.4 广义 Birkhoff 系统的运动稳定性

本节研究广义 Birkhoff 系统的运动稳定性, 包括受扰运动方程和一次近似方程、运动稳定性的一次近似方法、运动稳定性的直接法, 等.

9.4.1　系统的受扰运动方程和一次近似方程

假设广义 Birkhoff 系统有解

$$a^\nu = a_0^\nu(t) \quad (\nu = 1, 2, \cdots, 2n) \tag{9.4.1}$$

将其当作无扰运动. 令

$$a^\nu = a_0^\nu(t) + \xi^\nu \tag{9.4.2}$$

将其代入广义 Birkhoff 方程, 并在解 (9.4.1) 附近展开成 Taylor 级数, 得到

$$(\Omega_{\mu\nu})_0 \dot{\xi}^\nu - \left[\left(\frac{\partial^2 B}{\partial a^\mu \partial a^\nu} \right)_0 + \left(\frac{\partial^2 R_\mu}{\partial t \partial a^\nu} \right)_0 - \left(\frac{\partial \Lambda_\mu}{\partial a^\nu} \right)_0 \right] \xi^\nu = F_\mu(\boldsymbol{\xi}, \dot{\boldsymbol{\xi}}, t) \tag{9.4.3}$$

和

$$\dot{\xi}^\mu - (\Omega^{\mu\nu})_0 \left[\left(\frac{\partial^2 B}{\partial a^\nu \partial a^\rho} \right)_0 + \left(\frac{\partial^2 R_\mu}{\partial t \partial a^\rho} \right)_0 - \left(\frac{\partial \Lambda_\nu}{\partial a^\rho} \right)_0 \right] \xi^\rho = \widetilde{F}_\mu(\boldsymbol{\xi}, \dot{\boldsymbol{\xi}}, t) \tag{9.4.4}$$

其中下标 "0" 表示其中的 a^ν 用 a_0^ν 替代, 而 F_μ 和 $\widetilde{F}_\mu$ 为 $\xi^\nu, \dot{\xi}^\nu$ 的二阶和更高阶小项. 忽略 F_μ 和 $\widetilde{F}_\mu$, 得到一次近似方程

$$(\Omega_{\mu\nu})_0 \dot{\xi}^\nu - (\widetilde{\Omega}_{\mu\nu})_0 \xi^\nu = 0 \quad (\mu, \nu = 1, 2, \cdots, 2n) \tag{9.4.5}$$

和

$$\dot{\xi}^\mu - (\Omega^{\mu\nu})_0 (\widetilde{\Omega}_{\nu\rho}) \xi^\rho = 0 \quad (\mu, \nu, \rho = 1, 2, \cdots, 2n) \tag{9.4.6}$$

这里

$$\widetilde{\Omega}_{\mu\nu} = \frac{\partial^2 B}{\partial a^\mu \partial a^\nu} + \frac{\partial^2 R_\mu}{\partial t \partial a^\nu} - \frac{\partial \Lambda_\mu}{\partial a^\nu} \tag{9.4.7}$$

9.4.2　运动稳定性的一次近似方法

一般说来, 广义 Birkhoff 系统的受扰运动方程明显依赖于时间 t. 但有时也可能不依赖于 t. 对前一情形, 稳定性研究比较困难; 对后一情形. 可根据 Lyapunov 一次近似理论来研究.

现假设

$$\begin{aligned} F_\mu &= F_\mu(\xi^\nu, \dot{\xi}^\nu) \\ (\Omega_{\mu\nu})_0 &= \text{const.}, \quad (\widetilde{\Omega}_{\mu\nu})_0 = \text{const.} \end{aligned} \tag{9.4.8}$$

则一次近似方程 (9.4.5) 的特征方程有形式

$$\Delta(\lambda) = \begin{vmatrix} -(\widetilde{\Omega}_{11})_0 & (\Omega_{12})_0 \lambda - (\widetilde{\Omega}_{12})_0 & \cdots & (\Omega_{12n})_0 \lambda - (\widetilde{\Omega}_{12n})_0 \\ (\Omega_{21})_0 \lambda - (\widetilde{\Omega}_{21})_0 & -(\widetilde{\Omega}_{22})_0 & \cdots & (\Omega_{22n})_0 \lambda - (\widetilde{\Omega}_{22n})_0 \\ \cdots & \cdots & & \cdots \\ (\Omega_{2n1})_0 \lambda - (\widetilde{\Omega}_{2n1})_0 & (\Omega_{2n2})_0 \lambda - (\widetilde{\Omega}_{2n2})_0 & \cdots & -(\widetilde{\Omega}_{2n2n})_0 \end{vmatrix} = 0 \tag{9.4.9}$$

根据 Lyapunov 一次近似理论, 可由方程 (9.4.9) 的根的符号, 来判断无扰运动的稳定性. 有如下结果:

命题 1   如果一次近似的特征方程 (9.4.9) 的根都有负实部, 则广义 Birkhoff 系统的无扰运动 (9.4.1) 是稳定的; 如果一次近似的特征方程 (9.4.9) 至少有一个正实部的根, 则系统的无扰运动 (9.4.1) 是不稳定的.

9.4.3 运动稳定性的直接法

运动稳定性的直接法在于构造适当的 Lyapunov 函数, 将系统的积分取为这样的函数是一种较好途经. Noether 定理指出, 在一定条件下可以找到积分.

对广义 Birkhoff 系统, Noether 等式给出

$$\left(\frac{\partial R_\mu}{\partial t}\dot{a}^\mu - \frac{\partial B}{\partial t}\right)\xi_0 + \left(\frac{\partial R_\mu}{\partial a^\nu}\dot{a}^\nu - \frac{\partial B}{\partial a^\mu}\right)\xi_\mu - B\dot{\xi}_0 + R_\mu\dot{\xi}_\mu + \Lambda_\mu(\xi_\mu - \dot{a}^\mu\xi_0) + \dot{G}_N = 0 \quad (9.4.10)$$

其中 ξ_0 和 ξ_μ 分别为时间 t 和变量 a^μ 的无限小生成元, G_N 为规范函数.

广义 Birkhoff 系统的受扰运动方程表示为

$$(\Omega_{\mu\nu})_1(\dot{a}_0^\nu + \dot{\xi}^\nu) - \left(\frac{\partial B}{\partial a^\mu} + \frac{\partial R_\mu}{\partial t} - \Lambda_\mu\right)_1 = 0 \quad (9.4.11)$$

其中下标 "1" 表示其中的 a^μ 用 $(a_0^\mu(t) + \xi^\mu)$ 替代所得结果. 将式 (9.4.2) 代入式 (9.4.10), 得到

$$\left[\left(\frac{\partial R_\mu}{\partial t}\right)_1(\dot{a}_0^\mu + \dot{\xi}^\mu) - \left(\frac{\partial B}{\partial t}\right)_1\right](\xi_0)_1 + \left[\left(\frac{\partial R_\nu}{\partial a^\mu}\right)_1(\dot{a}_0^\nu + \dot{\xi}^\nu) - \left(\frac{\partial B}{\partial a^\mu}\right)_1\right](\xi_\mu)_1$$

$$- (B)_1\left[\left(\frac{\partial \xi_0}{\partial t}\right)_1 + \left(\frac{\partial \xi_0}{\partial a^\nu}\right)_1(\dot{a}^\nu + \dot{\xi}^\nu)\right] + (R_\mu)_1\left[\left(\frac{\partial \xi_\mu}{\partial t}\right)_1 + \left(\frac{\partial \xi_\mu}{\partial a^\nu}\right)_1(\dot{a}_0^\nu + \dot{\xi}^\nu)\right]$$

$$+ (\Lambda_\mu)_1\left[(\xi_\mu)_1 - (\dot{a}_0^\mu + \dot{\xi}^\mu)(\xi_0)_1\right] + \left(\frac{\partial G_N}{\partial t}\right)_1 + \left(\frac{\partial G_N}{\partial a^\nu}\right)_1(\dot{a}^\nu + \dot{\xi}^\nu)$$

$$= 0 \quad (9.4.12)$$

取 Lyapunov 函数为

$$V = R_\mu\xi_\mu - B\xi_0 + G_N \quad (9.4.13)$$

将 V 沿受扰运动方程求对时间的全导数, 得 [7]

$$\frac{\mathrm{d}V(t, \boldsymbol{a}_0 + \boldsymbol{\xi})}{\mathrm{d}t}$$
$$= \left[\left(\frac{\partial R_\mu}{\partial t}\right)_1(\dot{a}_0^\mu + \dot{\xi}^\mu) - \left(\frac{\partial B}{\partial t}\right)_1\right](\xi_0)_1 + \left[\left(\frac{\partial R_\nu}{\partial a^\mu}\right)_1(\dot{a}_0^\nu + \dot{\xi}^\nu) - \left(\frac{\partial B}{\partial a^\mu}\right)_1\right](\xi_\mu)_1$$

$$- (B)_1 \left[\left(\frac{\partial \xi_0}{\partial t} \right)_1 + \left(\frac{\partial \xi_0}{\partial a^\nu} \right)_1 (\dot{a}_0^\nu + \dot{\xi}^\nu) \right] + (R_\mu)_1 \left[\left(\frac{\partial \xi_\mu}{\partial t} \right)_1 + \left(\frac{\partial \xi_\mu}{\partial a^\nu} \right)_1 (\dot{a}_0^\nu + \dot{\xi}^\nu) \right]$$

$$+ (\Lambda_\mu)_1 \left[(\xi_\mu)_1 - (\dot{a}_0^\mu + \dot{\xi}^\mu)(\xi_0)_1 \right] + \left(\frac{\partial G_N}{\partial t} \right)_1 + \left(\frac{\partial G_N}{\partial a^\nu} \right)_1 (\dot{a}_0^\nu + \dot{\xi}^\nu)$$

$$- \left[(\Omega_{\mu\nu})_1 (\dot{a}_0^\nu + \dot{\xi}^\nu) - \left(\frac{\partial B}{\partial a^\mu} + \frac{\partial R_\mu}{\partial t} - \Lambda_\mu \right)_1 \right] \left[(\xi_\mu)_1 - (\dot{a}_0^\mu + \dot{\xi}^\mu)(\xi_0)_1 \right]$$

$$= 0$$

于是, 由 Lyapunov 直接法得到

命题 2[6]　对于广义 Birkhoff 系统, 如果存在满足 Noether 等式 (9.4.12) 的无限小生成元 ξ_0, ξ_μ 和规范函数 G_N, 使得函数 $V = R_\mu \xi_\mu - B \xi_0 + G_N$ 在 $a^\mu = a_0^\mu(t)(\mu = 1, 2, \cdots, 2n)$ 上为零, 在 $a^\mu = a_0^\mu(t)$ 附近为定号函数, 则系统无扰运动是稳定的.

如果

$$(V)_0 = (R_\mu \xi_\mu - B \xi_0 + G_N)_0 \neq 0$$

则可取

$$V = (R_\mu \xi_\mu - B \xi_0 + G_N) - (R_\mu \xi_\mu - B \xi_0 + G_N)_0 \tag{9.4.14}$$

于是有

命题 3[6]　对于广义 Birkhoff 系统, 如果存在满足 Noether 等式 (9.4.12) 的无限小生成元 ξ_0, ξ_μ 和规范函数 G_N, 使得函数 $V = (R_\mu \xi_\mu - B \xi_0 + G_N) - (R_\mu \xi_\mu - B \xi_0 + G_N)_0$ 在 $a^\mu = a_0^\mu(t)(\mu = 1, 2, \cdots, 2n)$ 附近为定号函数, 则系统的无扰运动是稳定的.

例 1　四阶广义 Birkhoff 系统为

$$R_1 = a^3, \quad R_2 = a^4, \quad R_3 = R_4 = 0$$

$$B = \frac{1}{2} [\omega^2 (a^1)^2 + (a^3)^2 - \frac{\omega^2}{16} (a^1)^4] \tag{9.4.15}$$

$$\Lambda_1 = 0, \quad \Lambda_2 = -a^2 - t, \quad \Lambda_3 = 0, \quad \Lambda_4 = -a^4 + t$$

试研究其运动稳定性.

广义 Birkhoff 方程有形式

$$\begin{aligned}
-\dot{a}^3 &= \omega^2 a^1 - \frac{1}{\delta} \omega^2 (a^1)^3 \\
-\dot{a}^4 &= a^2 + t \\
\dot{a}^1 &= a^3 \\
\dot{a}^2 &= a^4 - t
\end{aligned} \tag{9.4.16}$$

它有如下解

$$a_0^1 = 2\sqrt{2}, \quad a_0^2 = -t - 1, \quad a_0^3 = 0, \quad a_0^4 = t - 1 \tag{9.4.17}$$

令其为无扰运动. 令

$$a^\nu = a_0^\nu + \xi^\nu \tag{9.4.18}$$

将其代入方程 (9.4.16), 并注意到式 (9.4.17) 为方程的解, 得到受扰运动方程

$$
\begin{aligned}
&-\dot\xi^3 + 2\omega^2\xi^1 + \frac{3\sqrt{2}}{4}\omega^2(\xi^1)^2 + \frac{1}{\delta}\omega^2(\xi^1)^3 = 0 \\
&-\dot\xi^4 - \xi^2 = 0 \\
&\dot\xi^1 - \xi^3 = 0 \\
&\dot\xi^2 - \xi^4 = 0
\end{aligned} \tag{9.4.19}
$$

它的一次近似方程为

$$
\begin{aligned}
&-\dot\xi^3 + 2\omega^2\xi^1 = 0, \quad -\dot\xi^4 - \xi^2 = 0 \\
&\dot\xi^1 - \xi^3 = 0, \quad \dot\xi^2 - \xi^4 = 0
\end{aligned} \tag{9.4.20}
$$

其特征方程为

$$
\Delta(\lambda) = \begin{vmatrix} 2\omega^2 & 0 & -\lambda & 0 \\ 0 & -1 & 0 & -\lambda \\ \lambda & 0 & -1 & 0 \\ 0 & \lambda & 0 & -1 \end{vmatrix} = (\lambda^2+1)(\lambda^2-2\omega^2) = 0
$$

而特征根为

$$\lambda = \pm\mathrm{i}, \quad \lambda = \pm\sqrt{2}\omega \tag{9.4.21}$$

由于出现实部为正的根, 由命题 1 知, 无扰运动 (9.4.17) 是不稳定的.

例 2 二阶广义 Birkhoff 系统为

$$
\begin{aligned}
&R_1 = 0, \quad R_2 = a^1, \quad B = \frac{1}{2}(a^1)^2 + \frac{1}{2}(a^2)^2 \\
&\Lambda_1 = -t, \quad \Lambda_2 = t
\end{aligned} \tag{9.4.22}
$$

试研究其运动稳定性.

广义 Birkhoff 方程有形式

$$\dot a^2 = a^1 + t, \quad -\dot a^1 = a^2 - t \tag{9.4.23}$$

它有解

$$a_0^1 = -t + 1, \quad a_0^2 = t + 1 \tag{9.4.24}$$

取其为无扰运动. 令

$$a^1 = a_0^1 + \xi^1, \quad a^2 = a_0^2 + \xi^2 \tag{9.4.25}$$

将其代入方程 (9.4.23), 并注意到式 (9.4.24), 得到受扰运动方程

$$\dot{\xi}^2 - \xi^1 = 0, \quad -\dot{\xi}^1 - \xi^2 = 0 \tag{9.4.26}$$

取 Lyapunov 函数为

$$V = \frac{1}{2}(\xi^1)^2 + \frac{1}{2}(\xi^2)^2 \tag{9.4.27}$$

它在 $\xi^1 = \xi^2 = 0$ 的邻域内是正定的, 而按方程 (9.4.26) 求出 $\dot{V}$, 有

$$\dot{V} = 0 \tag{9.4.28}$$

因此, 按 Lyapunov 定理知, 无扰运动 (9.4.24) 是稳定的.

例 3　四阶广义 Birkhoff 系统为 [6]

$$R_1 = a^3, \quad R_2 = a^4, \quad R_3 = R_4 = 0$$
$$B = \frac{1}{2}[-(a^1)^2 + (a^2)^2 + (a^3)^2 + (a^4)^2] \tag{9.4.29}$$
$$\Lambda_1 = -2a^1, \quad \Lambda_2 = -t, \quad \Lambda_3 = 0, \quad \Lambda_4 = t$$

试研究其运动稳定性.

广义 Birkhoff 方程为

$$-\dot{a}^3 + a^1 - 2a^1 = 0, \quad -\dot{a}^4 - a^2 - t = 0$$
$$\dot{a}^1 - a^3 = 0, \quad \dot{a}^2 - a^4 + t = 0 \tag{9.4.30}$$

它有如下解

$$a_0^1 = -\cos t, \quad a_0^2 = -t - 1, \quad a_0^3 = \sin t, \quad a_0^4 = t - 1 \tag{9.4.31}$$

取其为无扰运动, 并研究其稳定性. Noether 等式 (9.4.10) 给出

$$a^1 \xi_1 - a^2 \xi_2 + (\dot{a}^1 - a^3)\xi_3 + (\dot{a}^2 - a^4)\xi_4$$
$$- \frac{1}{2}[-(a^1)^2 + (a^2)^2 + (a^3)^2 + (a^4)^2]\dot{\xi}_0 + a^3 \dot{\xi}_1 + a^4 \dot{\xi}_2$$
$$- 2a^1(\xi_1 - \dot{a}^1 \xi_0) - t(\xi_2 - \dot{a}^2 \xi_0) + t(\xi_4 - \dot{a}^4 \xi_0) + \dot{G}_{\mathrm{N}} = 0 \tag{9.4.32}$$

取生成元为

$$\xi_0 = -1, \quad \xi_1 = -\sin t, \quad \xi_2 = 1, \quad \xi_3 = -\cos t, \quad \xi_4 = -1 \tag{9.4.33}$$

将其代入式 (9.4.32), 得规范函数为

$$G_{\mathrm{N}} = (a^1)^2 + a^1 \cos t + a^2(t + 1) - a^4 t + t^2 \tag{9.4.34}$$

而 Noether 守恒量为

$$\begin{aligned}
I_{\mathrm{N}} &= a^3(-\cos t) + a^4 + \frac{1}{2}[-(a^1)^2 + (a^2)^2 + (a^3)^2 + (a^4)^2] \\
&\quad + (a^1)^2 + a^1\cos t + a^2(t+1) - a^4 t + t^2 \\
&= \frac{1}{2}[(a^1 + \cos t)^2 + (a^2 + t + 1)^2 + (a^3 - \sin t)^2 + (a^4 - t + 1)^2] - \frac{3}{2} \quad (9.4.35)
\end{aligned}$$

为使 Lyapunov 函数 V 在 $a^\mu = a_0^\mu(t)$ 附近为定号函数, 将式 (9.4.34) 改写为

$$G_{\mathrm{N}} = (a^1)^2 + a^1\cos t + a^2(t+1) - a^4 t + t^2 + \frac{3}{2} \qquad (9.4.36)$$

于是有

$$\begin{aligned}
V &= I_{\mathrm{N}} + \frac{3}{2} \\
&= \frac{1}{2}[(a^1 + \cos t)^2 + (a^2 + t + 1)^2 + (a^3 - \cos t)^2 + (a^4 - t + 1)^2] \quad (9.4.37)
\end{aligned}$$

由命题 2 知, 无扰运动 (9.4.31) 是稳定的.

9.5 广义 Birkhoff 系统的全局稳定性

本节讨论广义 Birkhoff 系统的全局稳定性, 包括一般自治系统的全局稳定性, 以及二阶自治广义 Birkhoff 系统的全局稳定性.

9.5.1 自治系统的全局稳定性

研究 $2n$ 个一阶方程

$$\dot{a} = f(a) \qquad (9.5.1)$$

其中

$$\begin{aligned}
a &= (a^1, a^2, \cdots, a^{2n})^{\mathrm{T}} \\
f(a) &= (f_1(a), f_2(a), \cdots, f_{2n}(a))^{\mathrm{T}}
\end{aligned} \qquad (9.5.2)$$

而 $f(a)$ 的每个分量 $f_i(a)(i = 1, 2, \cdots, 2n)$ 都是变量 $a^1, a^2, \cdots, a^{2n}$ 的非线性函数, 并设 $f(0) = 0$. 如果取零解 $a = 0$ 为无扰运动, 则方程 (9.5.1) 即为对应的受扰运动方程. 取 V 函数为

$$V(a) = ||\dot{a}||^2 = \dot{a}^{\mathrm{T}}\dot{a} = f^{\mathrm{T}}(a)f(a) \qquad (9.5.3)$$

按方程 (9.5.1) 求其对间的全导数, 得

$$\begin{aligned}
\dot{V}(a) &= \dot{f}^{\mathrm{T}}(a)f(a) + f^{\mathrm{T}}(a)\dot{f}(a) \\
&= (F(a)f(a))^{\mathrm{T}} f(a) + f^{\mathrm{T}}(a)F(a)f(a)
\end{aligned}$$

$$= f^{\mathrm{T}}(\boldsymbol{a})\left(F^{\mathrm{T}}(\boldsymbol{a}) + F(\boldsymbol{a})\right) f(\boldsymbol{a})$$
$$= f^{\mathrm{T}}(\boldsymbol{a})\hat{F}(\boldsymbol{a})f(\boldsymbol{a}) \tag{9.5.4}$$

其中

$$F(\boldsymbol{a}) = \frac{\partial f(\boldsymbol{a})}{\partial \boldsymbol{a}} = \begin{pmatrix} \dfrac{\partial f_1}{\partial a^1} & \dfrac{\partial f_1}{\partial a^2} & \cdots & \dfrac{\partial f_1}{\partial a^{2n}} \\ \dfrac{\partial f_2}{\partial a^1} & \dfrac{\partial f_2}{\partial a^2} & \cdots & \dfrac{\partial f_2}{\partial a^{2n}} \\ \vdots & \vdots & & \vdots \\ \dfrac{\partial f_{2n}}{\partial a^1} & \dfrac{\partial f_{2n}}{\partial a^2} & \cdots & \dfrac{\partial f_{2n}}{\partial a^{2n}} \end{pmatrix} \tag{9.5.5}$$

它是系统的 Jacobi 矩阵, 而

$$\hat{F}(\boldsymbol{a}) = F^{\mathrm{T}}(\boldsymbol{a}) + F(\boldsymbol{a}) \tag{9.5.6}$$

下面证明, 如果 $\hat{F}(\boldsymbol{a})$ 是负定矩阵, 则二次型 $\boldsymbol{a}^{\mathrm{T}}F(\boldsymbol{a})\boldsymbol{a}$ 也是负定的. 实际上, 构造二次型

$$\begin{aligned} \boldsymbol{a}^{\mathrm{T}}\hat{F}(\boldsymbol{a})\boldsymbol{a} &= \boldsymbol{a}^{\mathrm{T}}\left(F^{\mathrm{T}}(\boldsymbol{a}) + F(\boldsymbol{a})\right) \boldsymbol{a} \\ &= \boldsymbol{a}^{\mathrm{T}}F^{\mathrm{T}}(\boldsymbol{a})\boldsymbol{a} + \boldsymbol{a}^{\mathrm{T}}F(\boldsymbol{a})\boldsymbol{a} \\ &= \left(\boldsymbol{a}^{\mathrm{T}}F^{\mathrm{T}}(\boldsymbol{a})\boldsymbol{a}\right)^{\mathrm{T}} + \boldsymbol{a}^{\mathrm{T}}F(\boldsymbol{a})\boldsymbol{a} \\ &= 2\boldsymbol{a}^{\mathrm{T}}F(\boldsymbol{a})\boldsymbol{a} \end{aligned} \tag{9.5.7}$$

这样, 当 $\boldsymbol{a} \neq \boldsymbol{0}$ 时, $F(\boldsymbol{a}) \neq \boldsymbol{0}$. 于是, 对于平衡状态 $\boldsymbol{a} = \boldsymbol{0}, f(\boldsymbol{a}) = \boldsymbol{0}$, 而当 $\boldsymbol{a} \neq \boldsymbol{0}$ 时, $f(\boldsymbol{a}) \neq \boldsymbol{0}$. 因此, 当 $\hat{F}(\boldsymbol{a})$ 为负定时, 函数 $V(\boldsymbol{a})$ 对于 $\boldsymbol{a}$ 是正定的, 而其导数对于 $\boldsymbol{a}$ 是负定的函数. 根据 Krasovskii 方法, 有如下结果

　　命题　对于自治系统 (9.5.1), 假设 $f(\boldsymbol{0}) = \boldsymbol{0}$, 且矢量函数 $f(\boldsymbol{a})$ 的元对 $a^i (i = 1, 2, \cdots, 2n)$ 是可微的. 如果 $\hat{F}(\boldsymbol{a})$ 是负定矩阵, 则系统 (9.5.1) 的零解 $\boldsymbol{a} = \boldsymbol{0}$ 是渐近稳定的, 而且, Lyapunov 函数可取为 $V(\boldsymbol{a}) = f^{\mathrm{T}}(\boldsymbol{a})f(\boldsymbol{a})$. 又如果当 $\|a\| \longrightarrow \infty$ 时, $V(\boldsymbol{a}) \longrightarrow \infty$, 则系统是全局渐近稳定的.

　　上述命题已由文献 [7] 给出.

9.5.2　二阶自治广义 Birkhoff 系统的全局稳定性

　　下面研究二阶自治广义 Birkhoff 系统的全局稳定性. 系统微分方程有形式

$$\dot{a}^1 = \Omega^{12}\left(\frac{\partial B}{\partial a^2} - \Lambda_2\right), \quad \dot{a}^2 = \Omega^{21}\left(\frac{\partial B}{\partial a^1} - \Lambda_1\right) \tag{9.5.8}$$

按式 (9.5.5) 计算 $F(\boldsymbol{a})$, 有

$$
F(\boldsymbol{a}) = \left[\begin{array}{cc} \dfrac{\partial}{\partial a^1}\left[\Omega^{12}\left(\dfrac{\partial B}{\partial a^2} - \Lambda_2 \right) \right] & \dfrac{\partial}{\partial a^2}\left[\Omega^{12}\left(\dfrac{\partial B}{\partial a^2} - \Lambda_2 \right) \right] \\[4mm] \dfrac{\partial}{\partial a^1}\left[\Omega^{21}\left(\dfrac{\partial B}{\partial a^1} - \Lambda_1 \right) \right] & \dfrac{\partial}{\partial a^2}\left[\Omega^{21}\left(\dfrac{\partial B}{\partial a^1} - \Lambda_1 \right) \right] \end{array} \right] \tag{9.5.9}
$$

令

$$
\begin{aligned}
&b_{11} = \frac{\partial^2 B}{\partial a^1 \partial a^1} - \frac{\partial \Lambda_1}{\partial a^1}, \quad b_{12} = \frac{\partial^2 B}{\partial a^1 \partial a^2} - \frac{\partial \Lambda_1}{\partial a^2} \\
&b_{21} = \frac{\partial^2 B}{\partial a^2 \partial a^1} - \frac{\partial \Lambda_2}{\partial a^1}, \quad b_{22} = \frac{\partial^2 B}{\partial a^2 \partial a^2} - \frac{\partial \Lambda_2}{\partial a^2} \\
&C_{11} = \frac{\partial \Omega^{21}}{\partial a^1}\left(\frac{\partial B}{\partial a^1} - \Lambda_1 \right), \quad C_{21} = \frac{\partial \Omega^{21}}{\partial a^2}\left(\frac{\partial B}{\partial a^1} - \Lambda_1 \right) \\
&C_{12} = \frac{\partial \Omega^{12}}{\partial a^1}\left(\frac{\partial B}{\partial a^2} - \Lambda_2 \right), \quad C_{22} = \frac{\partial \Omega^{12}}{\partial a^2}\left(\frac{\partial B}{\partial a^2} - \Lambda_2 \right)
\end{aligned} \tag{9.5.10}
$$

则有

$$
F(\boldsymbol{a}) = \left(\begin{array}{cc} C_{12} + \Omega^{12} b_{12} & C_{22} + \Omega^{12} b_{22} \\[2mm] C_{11} + \Omega^{21} b_{11} & C_{21} + \Omega^{21} b_{21} \end{array} \right) \tag{9.5.11}
$$

$$
\hat{F}(\boldsymbol{a}) = \left(\begin{array}{cc} 2(C_{12} + \Omega^{12} b_{12}) & C_{11} + C_{22} + \Omega^{12} b_{22} + \Omega^{21} b_{11} \\[2mm] C_{11} + C_{22} + \Omega^{12} b_{22} + \Omega^{21} b_{11} & 2(C_{21} + \Omega^{21} b_{21}) \end{array} \right) \tag{9.5.12}
$$

然后, 根据式 (9.5.12) 的各阶主子式来判断其是否为负定的. 根据命题可进一步判断其全局稳定性.

例 二阶自治广义 Birkhoff 系统为

$$
\begin{aligned}
&R_1 = a^2, \quad R_2 = 0, \quad B = -\frac{1}{2}(a^1)^2 - \frac{1}{2}(a^2)^2 \\
&\Lambda = -a^2[(a^1)^2 + (a^2)^2 + 1], \quad \Lambda_2 = a^1[(a^1)^2 + (a^2)^2 + 1]
\end{aligned} \tag{9.5.13}
$$

试研究系统的全局稳定性.

广义 Birkhoff 方程有形式

$$
\begin{aligned}
\dot{a}^1 &= -a^2 - a^1[(a^1)^2 + (a^2)^2 + 1] \\
\dot{a}^2 &= a^1 - a^2[(a^1)^2 + (a^2)^2 + 1]
\end{aligned} \tag{9.5.14}
$$

计算 $F(\boldsymbol{a})$ 和 $\hat{F}(\boldsymbol{a})$, 有

$$
F(\boldsymbol{a}) = \frac{\partial f(\boldsymbol{a})}{\partial \boldsymbol{a}} = \left(\begin{array}{cc} -3(a^1)^2 - (a^2)^2 - 1 & -1 - 2a^1 a^2 \\[2mm] 1 - 2a^1 a^2 & -(a^1)^2 - 3(a^2)^2 - 1 \end{array} \right)
$$

$$\hat{F}(\boldsymbol{a}) = F^{\mathrm{T}}(\boldsymbol{a}) + F(\boldsymbol{a}) = \begin{pmatrix} -b(a^1)^2 - 2(a^2)^2 - 2 & -4a^1a^2 \\ -4a^1a^2 & -2(a^1)^2 - b(a^2)^2 - 2 \end{pmatrix}$$

可见 $\hat{F}(\boldsymbol{a})$ 是负定的. 而且, 当 $\|\boldsymbol{a}\| \longrightarrow \infty$ 时, 有

$$V(\boldsymbol{a}) = f^{\mathrm{T}}(\boldsymbol{a})f(\boldsymbol{a}) \longrightarrow \infty$$

根据命题知, 系统是全局渐近稳定的.

9.6　梯度表示与稳定性

专著 [8] 的第 9 章 "大范围的非线性技巧" 中研究了两类重要系统, 一类是梯度系统, 另一类是 Hamilton 系统. 梯度系统是微分方程和动力系统中的重要问题, 特别适合用 Lyapunov 函数来研究. 如果一个力学系统能够成为梯度系统, 那么就可用来研究系统的稳定性. 本节研究广义 Birkhoff 系统的梯度表示和稳定性, 包括梯度系统的一般结论、广义 Birkhoff 系统的梯度表示, 以及相关的稳定性问题.

9.6.1　梯度系统

梯度系统的微分方程有形式

$$\dot{x}_i = -\frac{\partial V}{\partial x_i} \quad (i = 1, 2, \cdots, n) \tag{9.6.1}$$

其中 $V = V(x_1, x_2, \cdots, x_n)$ 称为势函数. 方程 (9.6.1) 可表示为矢量形式

$$\dot{\boldsymbol{X}} = -\mathrm{grad}\,V(\boldsymbol{X}) \tag{9.6.2}$$

其中

$$\boldsymbol{X} = (x_1, x_2, \cdots, x_n)$$

$$\mathrm{grad}\,V = \left(\frac{\partial V}{\partial x_1}, \frac{\partial V}{\partial x_2}, \cdots, \frac{\partial V}{\partial x_n} \right)$$

梯度系统有如下重要性质 [8]

1) 函数 V 是系统 (9.6.2) 的一个 Lyapunov 函数, 并且 $\dot{V} = 0$, 当且仅当 $\boldsymbol{X}$ 是一个平衡点;

2) 设 Z 是一个梯度流的解的 α 极限点或 ω 极限点, 则 Z 为平衡点;

3) 对梯度系统 (9.6.2), 任一平衡点处的线性化系统都只有实特征根.

以上性质可用来研究力学系统的平衡及其稳定性.

9.6.2 广义 Birkhoff 系统的梯度表示

研究自治广义 Birkhoff 系统, 此时有

$$\frac{\partial B}{\partial t} = \frac{\partial R_\mu}{\partial t} = \frac{\partial \Lambda_\mu}{\partial t} = 0 \quad (\mu = 1, 2, \cdots, 2n) \tag{9.6.3}$$

而广义 Birkhoff 方程有形式

$$\dot{a}^\mu = \Omega^{\mu\nu}\left(\frac{\partial B}{\partial a^\nu} - \Lambda_\nu\right) \quad (\mu, \nu = 1, 2, \cdots, 2n) \tag{9.6.4}$$

一般情形下, 方程 (9.6.4) 并不一定是一个梯度系统. 对方程 (9.6.4), 如果满足条件

$$\frac{\partial}{\partial a^\rho}\left\{\Omega^{\mu\nu}\left(\frac{\partial B}{\partial a^\nu} - \Lambda_\nu\right)\right\} - \frac{\partial}{\partial a^\mu}\left\{\Omega^{\rho\nu}\left(\frac{\partial B}{\partial a^\nu} - \Lambda_\nu\right)\right\} = 0 \quad (\mu, \nu, \rho = 1, 2, \cdots, 2n)$$
$$\tag{9.6.5}$$

则它是一个梯度系统. 此时可找到势函数 $V = V(\boldsymbol{a})$, 使得

$$\Omega^{\mu\nu}\left(\frac{\partial B}{\partial a^\nu} - \Lambda_\nu\right) = -\frac{\partial V}{\partial a^\mu} \tag{9.6.6}$$

9.6.3 稳定性问题

在广义 Birkhoff 系统表示为梯度系统之后, 便可利用 Lyapunov 理论来研究系统的稳定性.

例 1 二阶广义 Birkhoff 系统为

$$R_1 = a^2, \quad R_2 = 0, \quad B = a^1 a^2, \quad \Lambda_1 = -(a^2)^2, \quad \Lambda_2 = 2a^1 - (a^1)^2 \tag{9.6.7}$$

试将其化成梯度系统, 并研究零解的稳定性.

方程 (9.6.4) 给出

$$\dot{a}^1 = -a^1 + (a^1)^2$$
$$\dot{a}^2 = -a^2 - (a^2)^2$$

容易看出条件 (9.6.5) 满足, 因此, 这是一个梯度系统. 此时可由式 (9.6.6) 求得势函数

$$V = \frac{1}{2}(a^1)^2 + \frac{1}{2}(a^2)^2 - \frac{1}{3}(a^1)^3 + \frac{1}{3}(a^2)^3$$

它在 $a^1 = a^2 = 0$ 的邻域内是正定的. 按方程求 $\dot{V}$, 得

$$\dot{V} = -(a^1)^2 - (a^2)^2 + 2(a^1)^3 - 2(a^2)^3 - (a^1)^4 - (a^2)^3$$

它是负定的. 利用 Lyapunov 定理知, 零解 $a^1 = a^2 = 0$ 是渐近稳定的.

例 2　四阶广义 Birkhoff 系统为

$$R_1 = R_2 = 0, \quad R_3 = a^1, \quad R_4 = a^2, \quad B = \frac{1}{2}(a^1)^2 + \frac{1}{2}(a^2)^2$$

$$\Lambda_1 = -(a^3)^2, \quad \Lambda_2 = -(a^4)^2, \quad \Lambda_3 = a^3, \quad \Lambda_4 = a^4 \tag{9.6.8}$$

试将其化成梯度系统, 并研究其零解的稳定性.

方程 (9.6.4) 给出

$$\dot{a}^1 = a^3, \quad \dot{a}^2 = a^4, \quad \dot{a}^3 = a^1 + (a^3)^2, \quad \dot{a}^4 = a^2 + (a^4)^2$$

容易验证, 式 (9.6.5) 满足, 它是一个梯度系统, 其势函数为

$$V = -a^1 a^3 - a^2 a^4 - \frac{1}{3}(a^3)^3 - \frac{1}{3}(a^4)^3$$

它是变号的, 还不能成为 Lyapunov 函数. 方程的一次近似方程为

$$\dot{a}^1 = a^3, \quad \dot{a}^2 = a^4, \quad \dot{a}^3 = a^1, \quad \dot{a}^4 = a^2$$

其特征方程为

$$\Delta(\lambda) = \begin{vmatrix} \lambda & 0 & -1 & 0 \\ 0 & \lambda & 0 & -1 \\ -1 & 0 & \lambda & 0 \\ 0 & -1 & 0 & \lambda \end{vmatrix} = (\lambda^2 - 1)^2 = 0$$

它有正实根. 据 Lyapunov 一次近似理论, 知零解 $a^1 = a^2 = a^3 = a^4 = 0$ 是不稳定的.

例 3　二阶 Birkhoff 系统为

$$R_1 = \frac{1}{2}a^2, \quad R_2 = -\frac{1}{2}a^1, \quad B = a^1 a^2 \tag{9.6.9}$$

试研究其零解的稳定性.

方程 (9.6.4) 给出

$$\dot{a}^1 = a^1, \quad \dot{a}^2 = -a^2$$

这是一个梯度系统, 其势函数为

$$V = -\frac{1}{2}(a^1)^2 + \frac{1}{2}(a^2)^2$$

按方程求 $\dot{V}$, 得

$$\dot{V} = -(a^1)^2 - (a^2)^2$$

可见, V 相对变量 a^1 是负定的, 相对变量 a^2 是正定的, 而 $\dot{V}$ 相对 a^1 是负定的, 相对 a^2 也是负定的. 利用 Rumyatsev 相对部分变量稳定性定理, 知系统的零解 $a^1 = a^2 = 0$ 相对 a^1 是不稳定的, 相对 a^2 是稳定的.

例 4 Birkhoff 系统为

$$R_1 = 0, \quad R_2 = a^1, \quad B = \frac{1}{2}(a^1)^2 - \frac{1}{2}(a^2)^2 + ta^1 + 2ta^2 \tag{9.6.10}$$

试研究解 $a_0^1 = 2 - t, a_0^2 = 2t - 1$ 的稳定性.

Birkhoff 方程为

$$\dot{a}^1 = a^2 - 2t, \quad \dot{a}^2 = a^1 + t$$

它有解

$$a_0^1 = 2 - t, \quad a_0^2 = 2t - 1$$

作变换

$$a^1 = a_0^1 + \xi_1, \quad a^2 = a_0^2 + \xi_2$$

则方程表示为

$$\dot{\xi}_1 = \xi_2, \quad \dot{\xi}_2 = \xi_1$$

这是一个梯度系统, 其势函数为

$$V = -\xi_1 \xi_2$$

它不能成为 Lyapunov 函数. 但是, 因为系统有正的实特征根, 故零解 $\xi_1 = \xi_2 = 0$ 是不稳定的.

参 考 文 献

[1] 梅凤翔, 史荣昌, 张永发, 吴惠彬. Birkhoff 系统动力学. 北京: 北京理工大学出版社, 1996
[2] 梅凤翔, 史荣昌, 张永发, 朱海平. 约束力学系统的运动稳定性. 北京: 北京理工大学出版社, 1997

[3] 崔金超, 梅凤翔. 广义 Birkhoff 系统的平衡稳定性. 动力学与控制学报, 2010, 8(4):297–299

[4] Румянцев В В, Озинанер А С. Устойчивость И Стабилизация Движения по Отношению к Части Переменных. Москва: Наука, 1987

[5] Li Y M, Mei F X. Stability for manifolds of equilibrium states of generalized Birkhoff system. Chin Phys. B, 2010,19(8): 080302, 1–3

[6] Zhang Y. Stability of motion for generalized Birkhoffian systems. J of China Ordnance, 2010, 6(3): 161–165

[7] 陈向炜. Birkhoff 系统的全局分析. 开封: 河南大学出版社, 2002

[8] Hirsch M W, Smale S, Devaney R L. Differential Equations, Dynamical Systems, and an Introduction to Chaos. Singapore: Elsevier, 2004

索　引